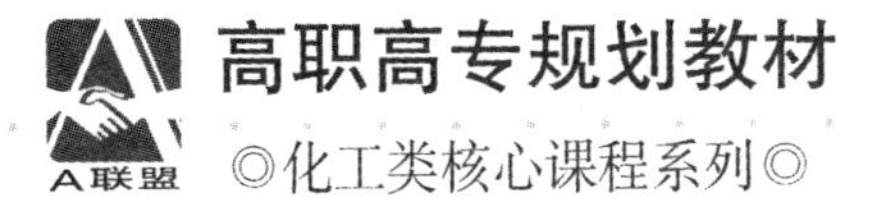

高职高专规划教材

◎化工类核心课程系列◎

化工总控工技能鉴定和竞赛指导

主　编　方向红　陈桂娟

副主编　孙文娟　郝建文　王志艳

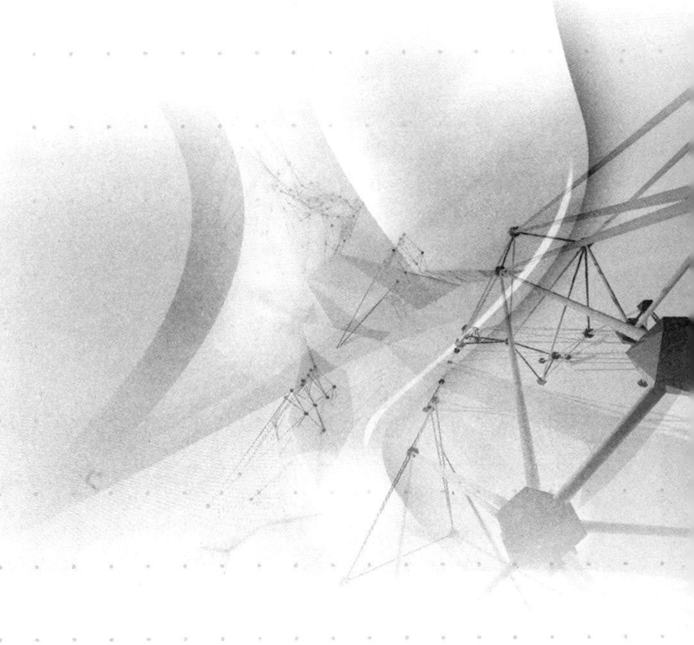

北京师范大学出版集团
BEIJING NORMAL UNIVERSITY PUBLISHING GROUP
安徽大学出版社

图书在版编目(CIP)数据

化工总控工技能鉴定和竞赛指导/方向红,陈桂娟主编. —合肥:安徽大学出版社,2014.5
高职高专规划教材.化工类核心课程系列
ISBN 978-7-5664-0506-7

Ⅰ.①化… Ⅱ.①方… ②陈… Ⅲ.①化工过程－过程控制－高等职业教育－教学参考资料 Ⅳ.①TQ02

中国版本图书馆CIP数据核字(2013)第229275号

化工总控工技能鉴定和竞赛指导 **方向红 陈桂娟 主编**

出版发行:北京师范大学出版集团
安 徽 大 学 出 版 社
(安徽省合肥市肥西路3号 邮编230039)
www.bnupg.com.cn
www.ahupress.com.cn
印　　刷:中国科学技术大学印刷厂
经　　销:全国新华书店
开　　本:184mm×260mm
印　　张:14.5
字　　数:363千字
版　　次:2014年5月第1版
印　　次:2014年5月第1次印刷
定　　价:29.00元
ISBN 978-7-5664-0506-7

策划编辑:李　梅　张明举
责任编辑:张明举
责任校对:程中业
装帧设计:李　军　金伶智
美术编辑:李　军
责任印制:赵明炎

前 言

随着各行各业对人才需求的迅速增长，职业院校作为培养和输送各类技能型、技术型实用人才的基地，在经过迅速扩大办学规模的发展阶段后，现进入调整专业结构、加强内涵建设、提高人才培养质量的发展阶段，以适应社会主义市场经济对各类实用人才的需求。职业教育的根本任务是培养有较强实际动手能力和职业能力的技能型人才，而实际训练则是培养这种能力的关键环节。

化工单元过程及设备课程是化工技术类专业的核心课程，理论知识的学习和实践能力的训练犹如火车的两条铁轨，是化工高技能人才培养过程中两个必不可少的的条件，编者根据多年的教育教学经验，在先进的教学理念指导下，根据化工生产过程"三传一反"的共性特点，组织编写了化工单元过程与设备系列教材——化工单元过程与设备理论学习教材和与之配套的化工单元技能和综合能力训练配套教材，分为化工单元技能训练指导，化工总控工技能鉴定和竞赛指导，有机合成工技能鉴定和竞赛指导。

由于化工生产的特殊性，在高等职业院校的实践教学中受到硬件条件的限制，大多没有与真实生产过程完全相同的生产装置。安徽职业技术学院从实际出发，以化工生产操作为背景，利用多数学校现有的化工单元实训装置，模拟化工产品生产过程，开发出一些基本的生产操作任务。这些操作任务虽不能完全代表真实生产过程中的操作内容，但通过操作训练，能够使学习者对化工生产操作的基本程序、操作要求、操作规范、安全知识等有一个概括的了解，并掌握基本的操作技能。通过毕业前进行化工总控工职业技能培训，要求学生通过专业对应工程职业资格的鉴定，养成化工生产操作人员应当具有的基本工作素质，为顺利在化工行业从事工作奠定基础。化工总控工技能鉴定和竞赛指导教材，是学生在学习了基础化学课程、进行化学实验技能训练之后，在学习化工单元过程与设备理论知识的同时，进行化工单元技能训练，并以化工总控工职业资格为标准进行化工总控工职业技能鉴定的应知应会的综合训练，注重培养理论知识的应用能力和实际动手操作能力，以及化工生产操作人员应当具有的基本素质，充分提升学生的职业技能，为在校化工技术类专业学生和企业员工进行化工总控工技能鉴定培训提供理论综合复习及技能训练提供指导，也为参加安徽省和全国职业技能大赛石油化工类“化工生产技术”赛项的参赛选手提供指导。

由于编者水平有限，不完善之处甚至缺点错误在所难免，敬请读者和同仁指正。

编　者

2013年8月

目　录

模块一　化工总控工技能大赛指导

项目1　化工总控工国家职业标准 …… 2

一、职业道德 …… 2
二、应知、应会基础知识 …… 2
三、化工生产技能 …… 5

项目2　化工总控工技能鉴定应知内容 …… 10

一、基础化学部分 …… 10
二、化工制图与化工机械部分 …… 37
三、化工仪表及自动化部分 …… 52
四、安全与环保部分 …… 62
五、工业催化与反应部分 …… 76
六、化工基础数据与主要生产指标部分 …… 84
七、生产过程与工艺部分 …… 94
八、化工单元操作部分 …… 104

模块二　化工总控工技能鉴定指导

项目1　化工总控工技能鉴定仿真项目
——乙醛氧化制醋酸工艺仿真项目 …… 144

一、氧化工段概述 …… 144
二、氧化工段生产方法及工艺路线 …… 145
三、氧化工段工艺技术指标 …… 148
四、氧化工段岗位操作法 …… 151

项目2 化工总控工技能鉴定实操项目 …… 174

一、流体输送技能操作考核评分标准 …… 174
二、换热器技能操作考核评分标准 …… 177
三、精馏操作技能考核评分标准 …… 182
四、吸收—解吸操作技能考核评分标准 …… 184

模块三 化工总控工技能大赛模拟试卷

化工总控工技能大赛模拟题(一) …… 190
化工总控工技能大赛模拟题(二) …… 198
化工总控工技能大赛模拟题(三) …… 205
化工总控工技能大赛模拟题(四) …… 212
化工总控工技能大赛模拟题(五) …… 220

模块一

化工总控工技能大赛指导

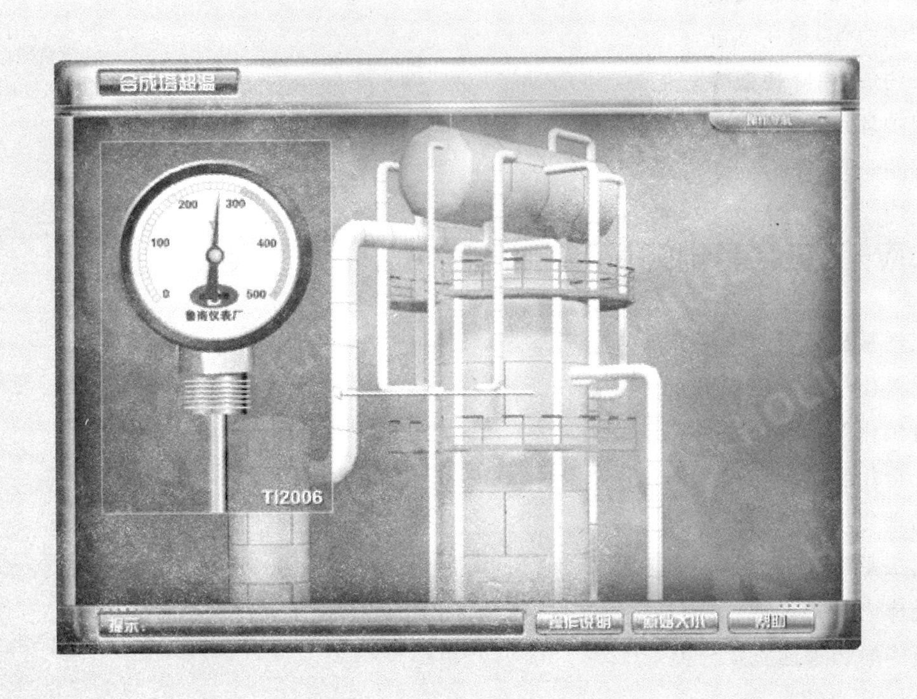

项目 1
化工总控工国家职业标准

按化工总控工国家职业标准，对从事化工生产控制的操作工，除要求能遵守职业道德基础知识、掌握必备的化工生产基础知识外，还应当具备从事化工生产的基本技能。各项具体要求如下：

一、职业道德

化工岗位职业守则：

①爱岗敬业，忠于职守。

②按章操作，确保安全。

③认真负责，诚实守信。

④遵规守纪，着装规范。

⑤团结协作，相互尊重。

⑥节约成本，降耗增效。

⑦保护环境，文明生产。

⑧不断学习，努力创新。

二、应知、应会基础知识

1. 化学基础知识

①无机化学基础知识。

②有机化学基础知识。

③分析化学基础知识。

④物理化学基础知识。

2. 化工基础知识

①流体力学知识。

a. 流体的物理性质及分类。

b. 流体静力学。

c. 流体输送基础知识。

②传热学知识。

a. 传热的基础概念。

b. 传热的基础方程。

c. 传热学应用知识。

③传质知识。

a. 传质基础概念。

b. 传质基础原理。

④压缩、制冷基础知识。

a. 压缩基础知识。

b. 制冷基础知识。

⑤干燥知识。

a. 干燥基础概念。

b. 干燥的操作方式及基础原理。

c. 干燥影响因素。

⑥精馏知识。

a. 精馏基础原理。

b. 精馏流程。

c. 精馏塔的操作。

d. 精馏的影响因素。

⑦结晶基础知识。

⑧气体的吸收基础原理。

⑨蒸发基础知识。

⑩萃取基础知识。

(3)催化剂基础知识。

(4)识图知识。

①投影的基础知识。

②三视图。

③工艺流程图和设备结构图。

(5)分析检验知识。

①分析检验常识。

②主要分析项目、取样点、分析频次及指标范围。

(6)化工机械与设备知识。

①主要设备工作原理。

②设备维护保养基础知识。

③设备安全使用常识。

(7)电工、电器、仪表知识。

①电工基础概念。

②直流电与交流电知识。

③安全用电知识。

④仪表的基础概念。

⑤常用温度、压力、液位、流量(计)、湿度(计)知识。

⑥误差知识。

⑦本岗位所使用的仪表、电器、计算机的性能、规格、使用和维护知识。

⑧常规仪表、智能仪表、集散控制系统(DCS、FCS)使用知识。

(8)计量知识。

①计量与计量单位。

②计量国际单位制。

③法定计量单位基本换算。

(9)安全及环境保护知识。

①防火、防爆、防腐蚀、防静电、防中毒知识。

②安全技术规程。

③环保基础知识。

④废水、废气、废渣的性质、处理方法和排放标准。

⑤压力容器的操作安全知识。

⑥高温高压、有毒有害、易燃易爆、冷冻剂等特殊介质的特性及安全知识。

⑦现场急救知识。

(10)消防知识。

①物料危险性及特点。

②灭火的基本原理及方法。

③常用灭火设备及器具的性能和使用方法。

(11)相关法律、法规知识。

①劳动法相关知识。

②安全生产法及化工安全生产法规相关知识。

③化学危险品管理条例相关知识。

④职业病防治法及化工职业卫生法规相关知识。

三、化工生产技能

对初级工、中级工、高级工、技师、高级技师的技能要求分别为：

1.初级工

职业功能	工作内容	技能要求	相关知识
一、开车准备	(一)工艺文件准备	1.能识读、绘制工艺流程简图 2.能识读本岗位主要设备的结构简图 3.能识记本岗位操作规程	1.流程图各种符号的含义 2.化工设备图形代号知识 3.本岗位操作规程、工艺技术规程
	(二)设备检查	1.能确认盲板是否抽堵、阀门是否完好、管路是否通畅 2.能检查记录报表、用品、防护器材是否齐全 3.能确认应开、应关阀门的阀位 4.能检查现场与总控室内压力、温度、液位、阀位等仪表指示是否一致	1.盲板抽堵知识 2.本岗位常用器具的规格、型号及使用知识 3.设备、管道检查知识 4.本岗位总控系统基础知识
	(三)物料准备	能引进本岗位水、气、汽等公用工程介质	公用工程介质的物理、化学特征
二、总控操作	(一)运行操作	1.能进行自控仪表、计算机控制系统的台面操作 2.能利用总控仪表和计算机控制系统对现场进行遥控操作及切换操作 3.能根据指令调整本岗位的主要工艺参数 4.能进行常用计量单位换算 5.能完成日常的巡回检查 6.能填写各种生产记录 7.能悬挂各种警示牌	1.生产控制指标及调节知识 2.各项工艺指标的制定标准和依据 3.计量单位换算知识 4.巡回检查知识 5.警示牌的类别及挂牌要求
	(二)设备维护保养	1.能保持总控仪表、计算机的清洁卫生 2.能保持打印机的清洁、完好	仪表、控制系统维护知识
三、事故判断与处理	(一)事故判断	1.能判断设备的温度、压力、液位、流量异常等事故 2.能判断传动设备的跳车事故	1.装置运行参数 2.跳车事故的判断方法
	(二)事故处理	1.能处理酸、碱等腐蚀介质的灼伤事故 2.能按指令切断事故物料	1.酸、碱等腐蚀介质灼伤事故的处理方法 2.有毒有害物料的理化性质

2.中级工

职业功能	工作内容	技能要求	相关知识
一、开车准备	(一)工艺文件准备	1.能识读并绘制带控制点的工艺流程图(PID) 2.能绘制主要设备结构简图 3.能识读工艺配管图 4.能识记工艺技术规程	1.带控制点的工艺流程图中控制点符号的含义 2.设备结构图绘制方法 3.工艺管道轴测图绘图知识 4.工艺技术规程知识
	(二)设备检查	1.能完成本岗位设备的查漏、置换操作 2.能确认本岗位电气、仪表是否正常 3.能检查确认安全阀、爆破膜等安全附件是否处于备用状态	1.压力容器操作知识 2.仪表联锁、报警基本原理 3.联锁设定值,安全阀设定值、校验值,安全阀校验周期知识
	(三)物料准备	能将本岗位原料、辅料引进到界区	本岗位原料、辅料理化特性及规格知识
二、总控操作	(一)开车操作	1.能按操作规程进行开车操作 2.能将各工艺参数调节至正常指标范围 3.能进行投料配比计算	1.本岗位开车操作步骤及注意事项 2.工艺参数调节方法 3.物料配方计算知识
	(二)运行操作	1.能操作总控仪表、计算机控制系统对本岗位的全部工艺参数进行跟踪监控和调节,并能指挥进行参数调节 2.能根据中控分析结果和质量要求调整本岗位的操作 3.能进行物料衡算	1.生产控制参数的调节方法 2.中控分析基础知识 3.物料衡算知识
	(三)停车操作	1.能按操作规程进行停车操作 2.能完成本岗位介质的排空、置换操作 3.能完成本岗位机、泵、管线、容器等设备的清洗、排空操作 4.能确认本岗位阀门处于停车时的开闭状态	1.本岗位停车操作步骤 2.“三废”排放点、“三废”处理要求 3.介质排空、置换知识 4.岗位停车要求
三、事故判断与处理	(一)事故判断	1.能判断物料中断事故 2.能判断跑料、串料等工艺事故 3.能判断停水、停电、停气、停汽等突发事故 4.能判断常见的设备、仪表事故 5.能根据产品质量标准判断产品质量事故	1.设备运行参数 2.岗位常见事故的原因分析知识 3.产品质量标准
	(二)事故处理	1.能处理温度、压力、液位、流量异常等事故 2.能处理物料中断事故 3.能处理跑料、串料等工艺事故 4.能处理停水、停电、停气、停汽等突发事故 5.能处理产品质量事故 6.能发相应的事故信号	1.设备温度、压力、液位、流量异常的处理方法 2.物料中断事故处理方法 3.跑料、串料事故处理方法 4.停水、停电、停气、停汽等突发事故的处理方法 5.产品质量事故的处理方法 6.事故信号知识

3.高级工

职业功能	工作内容	技能要求	相关知识
一、开车准备	（一）工艺文件准备	1.能绘制工艺配管简图 2.能识读仪表联锁图 3.能识记工艺技术文件	1.工艺配管图绘制知识 2.仪表联锁图知识 3.工艺技术文件知识
	（二）设备检查	1.能完成多岗位化工设备的单机试运行 2.能完成多岗位试压、查漏、气密性试验、置换工作 3.能完成多岗位水联动试车操作 4.能确认多岗位设备、电气、仪表是否符合开车要求 5.能确认多岗位的仪表联锁、报警设定值以及控制阀阀位 6.能确认多岗位开车前准备工作是否符合开车要求	1.化工设备知识 2.装置气密性试验知识 3.开车需具备的条件
	（三）物料准备	1.能指挥引进多岗位的原料、辅料到界区 2.能确认原料、辅料和公用工程介质是否满足开车要求	公用工程运行参数
二、总控操作	（一）开车操作	1.能按操作规程完成多岗位的开车操作 2.能指挥多岗位的开车工作 3.能将多岗位的工艺参数调节至正常指标范围内	1.相关岗位的操作方法 2.相关岗位操作注意事项
	（二）运行操作	1.能进行多岗位的工艺优化操作 2.能根据控制参数的变化，判断产品质量 3.能进行催化剂还原、钝化等特殊操作 4.能进行热量衡算 5.能进行班组经济核算	1.岗位单元操作原理、反应机理 2.操作参数对产品理化性质的影响 3.催化剂升温还原、钝化等操作方法及注意事项 4.热量衡算知识 5.班组经济核算知识
	（三）停车操作	1.能按工艺操作规程要求完成多岗位停车操作 2.能指挥多岗位完成介质的排空、置换操作 3.能确认多岗位阀门处于停车时的开闭状态	1.装置排空、置换知识 2.装置“三废”名称及“三废”排放标准、“三废”处理的基本工作原理 3.设备安全交出检修的规定
事故判断与处理	（一）事故判断	1.能根据操作参数、分析数据判断装置事故隐患 2.能分析、判断仪表联锁动作的原因	1.装置事故的判断和处理方法 2.操作参数超指标的原因
	（二）事故处理	1.能根据操作参数、分析数据处理事故隐患 2.能处理仪表联锁跳车事故	1.事故隐患处理方法 2.仪表联锁跳车事故处理方法

4.技师

职业功能	工作内容	技能要求	相关知识
一、总控操作	(一)开车准备	1.能编写装置开车前的吹扫、气密性试验、置换等操作方案 2.能完成装置开车工艺流程的确认 3.能完成装置开车条件的确认 4.能识读设备装配图 5.能绘制技术改造简图	1.吹扫、气密性试验、置换方案编写要求 2.机械、电气、仪表、安全、环保、质量等相关岗位的基础知识 3.机械制图基础知识
	(二)运行操作	1.能指挥装置的开车、停车操作 2.能完成装置技术改造项目实施后的开车、停车操作 3.能指挥装置停车后的排空、置换操作 4.能控制并降低停车过程中的物料及能源消耗 5.能参与新装置及装置改造后的验收工作 6.能进行主要设备效能计算 7.能进行数据统计和处理	1.装置技术改造方案实施知识 2.物料回收方法 3.装置验收知识 4.设备效能计算知识 5.数据统计处理知识
二、事故判断与处理	(一)事故判断	1.能判断装置温度、压力、流量、液位等参数大幅度波动的事故原因 2.能分析电气、仪表、设备等事故	1.装置温度、压力、流量、液位等参数大幅度波动的原因分析方法 2.电气、仪表、设备等事故原因的分析方法
	(二)事故处理	1.能处理装置温度、压力、流量、液位等参数大幅度波动事故 2.能组织装置事故停车后恢复生产的工作 3.能组织演练事故应急预案	1.装置温度、压力、流量、液位等参数大幅度波动的处理方法 2.装置事故停车后恢复生产的要求 3.事故应急预案知识
三、管理	(一)质量管理	能组织开展质量攻关活动	质量管理知识
	(二)生产管理	1.能指导班组进行经济活动分析 2.能应用统计技术对生产工况进行分析 3.能参与装置的性能负荷测试工作	1.工艺技术管理知识 2.统计基础知识 3.装置性能负荷测试要求
四、培训与指导	(一)理论培训	1.能撰写生产技术总结 2.能编写常见事故处理预案 3.能对初级、中级、高级操作人员进行理论培训	1.技术总结撰写知识 2.事故预案编写知识
	(二)操作指导	1.能传授特有操作技能和经验 2.能对初级、中级、高级操作人员进行现场培训指导	

5.高级技师

职业功能	工作内容	技能要求	相关知识
一、总控操作	(一)开车准备	1.能编写装置技术改造后的开车、停车方案 2.能参与改造项目工艺图纸的审定	1.装置的有关设计资料知识 2.装置的技术文件知识 3.同类型装置的工艺、生产控制技术知识 4.装置优化计算知识 5.产品物料、热量衡算知识
	(二)运行操作	1.能组织完成同类型装置的联动试车、化工投产试车 2.能编制优化生产方案并组织实施 3.能组织实施同类型装置的停车检修 4.能进行装置或产品物料平衡、热量平衡的工程计算 5.能进行装置优化的相关计算 6.能绘制主要设备结构图	
二、事故判断与处理	(一)事故判断	1.能判断反应突然终止等工艺事故 2.能判断有毒有害物料泄漏等设备事故 3.能判断着火、爆炸等重大事故	1.化学反应突然终止的判断及处理方法 2.有毒有害物料泄漏的判断及处理方法 3.着火、爆炸事故的判断及处理方法
	(二)事故处理	1.能处理反应突然终止等工艺事故 2.能处理有毒有害物料泄漏等设备事故 3.能处理着火、爆炸等重大事故 4.能落实装置安全生产的安全措施	
三、管理	(一)质量管理	1.能编写提高产品质量的方案并组织实施 2.能按质量管理体系要求指导工作	1.影响产品质量的因素 2.质量管理体系相关知识
	(二)生产管理	1.能组织实施本装置的技术改进措施项目 2.能进行装置经济活动分析	1.实施项目技术改造措施的相关知识 2.装置技术经济指标知识
	(三)技术改进	1.能编写工艺、设备改进方案 2.能参与重大技术改造方案的审定	1.工艺、设备改进方案的编写要求 2.技术改造方案的编写知识
四、培训与指导	(一)理论培训	1.能撰写技术论文 2.能编写培训大纲	1.技术论文撰写知识 2.培训教案、教学大纲的编写知识 3.本职业的理论及实践操作知识
	(二)操作指导	1.能对技师进行现场指导 2.能系统讲授本职业的主要知识	

项目 2 化工总控工技能鉴定应知内容

一、基础化学部分

(一)选择题

1.反应 $2A(g) \rightleftharpoons 2B(g)+E(g)$(正反应为吸热反应)达到平衡时,要使正反应速率降低,A的浓度增大,应采取的措施是(　　)。

A.加压　　B.减压　　C.减小E的浓度　　D.降温

2.要同时除去 SO_2 气体中的 SO_3(气)和水蒸气,应将气体通入(　　)。

A. NaOH溶液　　B.饱和 $NaHSO_3$ 溶液

C.浓 H_2SO_4　　D. CaO粉末

3.在乡村,常用明矾溶于水,其目的是(　　)。

A.利用明矾使杂质漂浮而得到纯水　　B.利用明矾吸附杂质后沉降来净化水

C.利用明矾与杂质反应而得到纯水　　D.利用明矾杀菌消毒来净化水

4.下列物质不需用棕色试剂瓶保存的是(　　)。

A.浓 HNO_3　　B. $AgNO_3$　　C.氯水　　D.浓 H_2SO_4

5.关于热力学第一定律正确的表述是(　　)。

A.热力学第一定律就是能量守恒与转化的定律

B.第一类永动机是可以创造的

C.在隔离体系中,自发过程向着熵增大的方向进行

D.第二类永动机是可以创造的

6.除去混在 Na_2CO_3 粉末中的少量 $NaHCO_3$,最合理的方法是(　　)。

A.加热　　B.加NaOH溶液　　C.加盐酸　　D.加 $CaCl_2$ 溶液

7.为了提高硫酸工业的综合经济效益,下列做法正确的是(　　)。(1)对硫酸工业生产中产生的废气、废渣和废液实行综合利用。(2)充分利用硫酸工业生产中的"废热"。(3)不把硫酸工厂建在人口稠密的居民区和环保要求高的地区。

A.只有(1)　　B.只有(2)　　C.只有(3)　　D.(1)(2)(3)全正确

8.既有颜色又有毒性的气体是(　　)。

A. Cl_2　　B. H_2　　C. CO　　D. CO_2

9.金属钠着火时,可以用来灭火的物质或器材是(　　)。

A.煤油　　B.砂子　　C.泡沫灭火器　　D.浸湿的布

10.用乙醇生产乙烯利用的化学反应是(　　)。

A. 氧化反应　　B. 水和反应　　C. 脱水反应　　D. 水解反应

11. 通常用来衡量一个国家石油化工发展水平的标志是(　　)。

A. 石油产量　　B. 乙烯产量　　C. 苯的产量　　D. 合成纤维产量

12. 下列各组液体混合物能用分液漏斗分开的是(　　)。

A. 乙醇和水　　B. 四氯化碳和水　　C. 乙醇和苯　　D. 四氯化碳和苯

13. 禁止用工业酒精配制饮料酒,是因为工业酒精中含有(　　)。

A. 甲醇　　B. 乙二醇　　C. 丙三醇　　D. 异戊醇

14. 在铁的催化作用下,苯与液溴反应,使溴的颜色逐渐变浅直至无色,此反应属于(　　)。

A. 取代反应　　B. 加成反应　　C. 氧化反应　　D. 萃取反应

15. 芳烃 C_9H_{10} 的同分异构体有(　　)。

A. 3 种　　B. 6 种　　C. 7 种　　D. 8 种

16. 下列哪种方法不能制备氢气(　　)。

A. 电解食盐水溶液　　B. Zn 与稀硫酸

C. Zn 与盐酸　　D. Zn 与稀硝酸

17. 实验室不宜用浓 H_2SO_4 与金属卤化物制备 HX 气体的有(　　)。

A. HF 和 HI　　B. HBr 和 HI　　C. HF、HBr 和 HI　　D. HF 和 HBr

18. 实验室用 FeS 和酸作用制备 H_2S 气体,所使用的酸是(　　)。

A. HNO_3　　B. 浓 H_2SO_4　　C. 稀 HCl　　D. 浓 HCl

19. 下列关于氨的性质的叙述中,错误的是(　　)。

A. 金属钠可取代干燥氨气中的氢原子,放出氢气

B. 氨气可在空气中燃烧生成氮气和水

C. 以 NH_2 取代 $COCl_2$ 中的氯原子,生成 $CO(NH_2)_2$

D. 氨气与氯化氢气体相遇,可生成白烟

20. 置于空气中的铝片能与(　　)反应。

A. 水　　B. 浓冷硝酸　　C. 浓冷硫酸　　D. NH_4Cl 溶液

21. 下列物质的水溶液呈碱性的是(　　)。

A. 氯化钙　　B. 硫酸钠　　C. 甲醇　　D. 碳酸氢钠

22. 金属钠应保存在(　　)。

A. 酒精中　　B. 液氨中　　C. 煤油中　　D. 空气中

23. 下列滴定方法不属于滴定分析类型的是(　　)。

A. 酸碱滴定法　　B. 浓差滴定法　　C. 配位滴定法　　D. 氧化还原滴定法

24. 有外观相似的两种白色粉末,已知它们分别是无机物和有机物,可用下列(　　)的简便方法将它们鉴别出来。

A. 分别溶于水,不溶于水的为有机物

B. 分别溶于有机溶剂,易溶的是有机物

C. 分别测熔点,熔点低的为有机物

D. 分别灼烧,能燃烧或炭化变黑的为有机物

25. 从石油分馏得到的固体石蜡,用氯气漂白后,燃烧时会产生含氯元素的气体,这是由于石蜡在漂白时与氯气发生(　　)。

A. 加成反应 B. 取代反应 C. 聚合反应 D. 催化裂化反应

26. 将石油中的(　　)转变为芳香烃的过程，叫作“石油的芳构化”。

A. 烷烃或脂环烃 B. 乙烯 C. 炔烃 D. 醇

27. 一定量的某气体，压力增为原来的 4 倍，绝对温度是原来的 2 倍，那么气体体积变化的倍数是(　　)。

A. 8 B. 2 C. 1/2 D. 1/8

28. 当可逆反应：$2Cl_2(g)+2H_2O \rightleftharpoons 4HCl(g)+O_2(g)+Q$ 达到平衡时，下面(　　)的操作，能使平衡向右移动。

A. 增大容器体积 B. 减小容器体积 C. 加入氧气 D. 加入催化剂

29. 可逆反应：$C(s)+H_2O \rightleftharpoons CO(g)+H_2(g)$　$\Delta H>0$，下列说法正确的是(　　)。

A. 达到平衡时，反应物的浓度和生成物的浓度相等

B. 达到平衡时，反应物和生成物的浓度不随时间的变化而变化

C. 由于反应前后分子数相等，所以增加压力对平衡没有影响

D. 升高温度使正反应速度增大，逆反应速度减小，结果平衡向右移

30. 配平下列反应式：$FeSO_4+HNO_3+H_2SO_4=Fe_2(SO_4)_3+NO\uparrow+H_2O$，下列答案中系数自左到右正确的是(　　)。

A. 6，2，2，3，2，4 B. 6，2，3，3，2，4

C. 6，2，1，3，2，1 D. 6，2，3，3，2，9

31. 下列电子运动状态正确的是(　　)。

A. $n=1、l=1、m=0$ B. $n=2、l=0、m=\pm1$

C. $n=3、l=3、m=\pm1$ D. $n=4、l=3、m=\pm1$

32. 关于 NH_3 分子描述正确的是(　　)。

A. N 原子采取 SP^2 杂化，键角为 107.3°

B. N 原子采取 SP^3 杂化，包含一条 σ 键三条 π 键，键角 107.3°

C. N 原子采取 SP^3 杂化，包含一条 σ 键二条 π 键，键角 109.5°

D. N 原子采取不等性 SP^3 杂化，分子构形为三角锥形，键角 107.3°

33. 硼砂是治疗口腔炎中成药冰硼散的主要成分，其分子式为(　　)。

A. H_3BO_3 B. $Na_2B_4O_7\cdot 8H_2O$

C. $Na_2B_4O_7\cdot 10H_2O$ D. $Na_2BO_3\cdot 10H_2O$

34. 化学反应速率随反应浓度增加而加快，其原因是(　　)。

A. 活化能降低

B. 反应速率常数增大

C. 活化分子数增加，有效碰撞次数增大

D. 活化分子百分数增加，有效碰撞次数增大

35. 熔化时只破坏色散力的是(　　)。

A. NaCl(s) B. 冰 C. 干冰 D. SiO_2

36. 下列各组物质沸点高低顺序中正确的是(　　)。

A. $HI>HBr>HCl>HF$ B. $H_2Te>H_2Se>H_2S>H_2O$

C. $NH_3>AsH_3>PH_3$ D. $CH_4>GeH_4>SiH_4$

37. 下列物质中，分子之间不存在氢键的是（ ）。

A. C_2H_5OH B. CH_4 C. H_2O D. HF

38. 滴定分析中，化学计量点与滴定终点间的关系是（ ）。

A. 两者必须吻合 B. 两者互不相干

C. 两者愈接近，滴定误差愈小 D. 两者愈接近，滴定误差愈大

39. 下列化合物中不溶于水的是（ ）。

A. 醋酸 B. 乙酸乙酯 C. 乙醇 D. 乙胺

40. 下列化合物与 $FeCl_3$ 发生显色反应的是（ ）。

A. 对苯甲醛 B. 对甲苯酚 C. 对甲苯甲醇 D. 对甲苯甲酸

41. 下列关于氯气的叙述，正确的是（ ）。

A. 在通常情况下，氯气比空气轻

B. 氯气能与氢气化合生成氯化氢

C. 红色的铜丝在氯气中燃烧后生成蓝色的 $CuCl_2$

D. 液氯与氯水是同一种物质

42. 对于 H_2O_2 性质的描述，正确的是（ ）。

A. 只有强氧化性 B. 既有氧化性，又有还原性

C. 只有还原性 D. 很稳定，不易发生分解

43. 氮分子的结构很稳定的原因是（ ）。

A. 氮原子是双原子分子

B. 氮是分子晶

C. 在常温常压下，氮分子是气体

D. 氮分子中有个三键，其键能大于一般的双原子分子

44. 下列气体的制取中，与氨气的实验室制取装置相同的是（ ）。

A. Cl_2 B. CO_2 C. H_2 D. O_2

45. 下列金属常温下能和水反应的是（ ）。

A. Fe B. Cu C. Mg D. Na

46. 氧和臭氧的关系是（ ）。

A. 同位素 B. 同素异形体 C. 同分异构体 D. 同一物质

47. 工业上广泛采用的大规模制取氯气的方法是（ ）。

A. 浓硫酸与二氧化锰反应 B. 电解饱和食盐水溶液

C. 浓硫酸与高锰酸钾反应 D. 二氧化锰、食盐与浓硫酸反应

48. 实验室制取氯气的收集方法应采用（ ）。

A. 排水集气法 B. 向上排气集气法

C. 向下排气集气法 D. 排水和排气法都可以

49. 氯化氢的水溶性是（ ）。

A. 难溶 B. 微溶 C. 易溶 D. 极易溶

50. 氯化氢气体能使（ ）。

A. 干燥的石蕊试纸变红色 B. 干燥的石蕊试纸变蓝色

C. 湿润的石蕊试纸变红色 D. 湿润的石蕊试纸变蓝色

51. 实验室制取氯化氢的方法是(　　)。

A. 氯化钠溶液与浓硫酸加热反应　B. 氯化钠溶液与稀硫酸加热反应

C. 氯化钠晶体与浓硫酸加热反应　D. 氯化钠晶体与稀硫酸加热反应

52. 在冷浓硝酸中最难溶解的金属是(　　)。

A. Cu　B. Ag　C. Al　D. Zn

53. 某盐水溶液，无色，加入硝酸银溶液后，产生白色沉淀，加入氢氧化钙并加热，有刺激性气味气体放出。该盐可能是(　　)。

A. 氯化钠　B. 氯化铵　C. 醋酸锌　D. 硝酸汞

54. 欲制备干燥的氨，所需的药品是(　　)。

A. 氯化铵、熟石灰、浓硫酸　B. 氯化铵、生石灰、五氧化二磷

C. 氯化铵、熟石灰、碱石灰　D. 硫酸铵、熟石灰

55. 盛烧碱溶液的瓶口，常有白色固体物质，其成分是(　　)。

A. 氧化钠　B. 氢氧化钠　C. 碳酸钠　D. 过氧化钠

56. 下列物质能用铝容器保存的是(　　)。

A. 稀硫酸　B. 稀硝酸　C. 冷浓硫酸　D. 冷浓盐酸

57. 钢中含碳量(　　)。

A. 小于 0.2%　B. 大于 1.7%　C. 0.2%～1.7%　D. 任意值

58. 要准确量取 25.00mL 的稀盐酸，可用的仪器是(　　)。

A. 25mL 移液管　B. 25mL 量筒　C. 25mL 酸式滴定管　D. 25mL 碱式滴定管

59. 使用碱式滴定管进行滴定的正确操作是(　　)。

A. 用左手捏稍低于玻璃珠的近旁　B. 用左手捏稍高于玻璃珠的近旁

C. 用右手捏稍低于玻璃珠的近旁　D. 用右手捏稍高于玻璃珠的近旁

60. 讨论实际气体时，若压缩因子 $Z>1$，则表示该气体(　　)。

A. 容易液化

B. 在相同温度和压力下，其内压为零

C. 在相同温度和压力下，其 V_m 较理想气体摩尔体积大

D. 该气体有较大的对比压力

61. $(CH_3CH_2)_3CH$ 所含的伯、仲、叔碳原子的个数比是(　　)。

A. 3∶3∶1　B. 3∶2∶3　C. 6∶4∶1　D. 9∶6∶1

62. 要准确量取一定量的液体，最适当的仪器是(　　)。

A. 量筒　B. 烧杯　C. 试剂瓶　D. 滴定管

63. 在只含有 Cl^- 和 Ag^+ 的溶液中，能产生 AgCl 沉淀的条件是(　　)。

A. 离子积＞溶度积　B. 离子积＜溶度积

C. 离子积＝溶度积　D. 不能确定

64. 下列物质中属于酸碱指示剂的是(　　)。

A. 钙指示剂　B. 铬黑 T　C. 甲基红　D. 二苯胺

65. 对于真实气体，下列与理想气体相近的条件是(　　)。

A. 高温高压　B. 高温低压　C. 低温高压　D. 低温低压

66. 影响化学反应平衡常数数值的因素是(　　)。

A. 反应物浓度　　B. 温度　　C. 催化剂　　D. 产物浓度

67. 利用下列哪种方法能制备乙醇？（　　）

A. 乙烯通入水中　　B. 溴乙烷与水混合加热

C. 淀粉在稀酸下水解　　D. 乙醛蒸气和氢气通过热的镍丝

68. 缓冲容量的大小与组分比有关，总浓度一定时，缓冲组分的浓度比接近（　　）时，缓冲容量最大。

A. 2∶1　　B. 1∶2　　C. 1∶1　　D. 3∶1

69. 封闭系统经任意循环过程，则（　　）。

A. $Q=0$　　B. $W=0$　　C. $Q+W=0$　　D. 以上均不对

70. 相同条件下，质量相同的下列物质，所含分子数最多的是（　　）。

A. 氢气　　B. 氯气　　C. 氯化氢　　D. 二氧化碳

71. 在分光光度计中，其原理为（　　）。

A. 牛顿定律　　B. 朗伯－比尔定律　　C. 布朗定律　　D. 能斯特定律

72. 化合物①乙醇、②碳酸、③水、④苯酚的酸性由强到弱的顺序是（　　）。

A. ①②③④　　B. ②③①④　　C. ④③②①　　D. ②④③①

73. 气体 CO 与 O_2 在一坚固的绝热箱内发生化学反应，系统的温度升高，该过程（　　）。

A. $\Delta U=0$　　B. $\Delta H=0$　　C. $\Delta S=0$　　D. $\Delta G=0$

74. 下列气体中不能用浓硫酸做干燥剂的是（　　）。

A. NH_3　　B. Cl_2　　C. N_2　　D. O_2

75. 在酸性溶液中用高锰酸钾标准溶液滴定草酸盐反应的催化剂是（　　）。

A. $KMnO_4$　　B. Mn^{2+}　　C. MnO_2　　D. Ca^{2+}

76. 烷烃①正庚烷、②正己烷、③2－甲基戊烷、④正癸烷的沸点由高到低的顺序是（　　）。

A. ①②③④　　B. ③②①④　　C. ④③②①　　D. ④①②③

77. 对于二组分系统能平衡共存的最多相数为（　　）。

A. 1　　B. 2　　C. 3　　D. 4

78. 氢气还原氧化铜的实验过程中，包含 4 步操作：①加热盛有氧化铜的试管；②通入氢气；③撤去酒精灯；④继续通入氢气直至冷却，正确的操作顺序是（　　）。

A. ①②③④　　B. ②①③④　　C. ②①④③　　D. ①②④③

79. 下列物质中，不能由金属和氯气反应制得的是（　　）。

A. $MgCl_2$　　B. $AlCl_3$　　C. $FeCl_2$　　D. $CuCl_2$

80. 下列气体中无毒的是（　　）。

A. CO_2　　B. Cl_2　　C. SO_2　　D. H_2S

81. 下列气态氢化物中，最不稳定的是（　　）。

A. NH_3　　B. H_2S　　C. PH_3　　D. H_2O

82. 下列物质被还原可生成红棕色气体的是（　　）。

A. 溴化氢　　B. 一氧化氮　　C. 稀硫酸　　D. 浓硝酸

83. 下列不能通过电解食盐水得到的是（　　）。

A. 烧碱　　B. 纯碱　　C. 氢气　　D. 氯气

84. 既能跟盐酸，又能跟氢氧化钠反应，产生氢气的物质是（　　）。

A. 铝　B. 铁　C. 铜　D. 氧化铝

85. 用盐酸滴定氢氧化钠溶液时，下列操作不影响测定结果的是(　　)。

A. 酸式滴定管洗净后直接注入盐酸　B. 锥形瓶用蒸馏水洗净后未经干燥

C. 锥形瓶洗净后再用碱液润洗　D. 滴定至终点时，滴定管尖嘴部位有气泡

86. 下列化合物，属于烃类的是(　　)。

A. CH_3CHO　B. CH_3CH_2OH　C. C_4H_{10}　D. C_6H_5Cl

87. 下列属于可再生燃料的是(　　)。

A. 煤　B. 石油　C. 天然气　D. 柴草

88. 目前，工业上乙烯的主要来源是(　　)。

A. 乙醇脱水　B. 乙炔加氢　C. 煤的干馏　D. 石油裂解

89. 范德瓦尔斯方程对理想气体方程做了哪两项修正？(　　)

A. 分子间有作用力，分子本身有体积

B. 温度修正，压力修正

C. 分子不是球形，分子间碰撞有规律可循

D. 分子间有作用力，温度修正

90. 化学反应活化能的概念是(　　)。

A. 基元反应的反应热　B. 基元反应，分子反应需吸收的能量

C. 一般反应的反应热　D. 一般反应，分子反应需吸收的能量

91. 热力学第一定律和第二定律表明的是(　　)。

A. 敞开体系能量守恒定律和敞开体系过程方向和限度

B. 隔离体系能量守恒定律和隔离体系过程方向和限度

C. 封闭体系能量守恒定律和隔离体系过程方向和限度

D. 隔离体系能量守恒定律和封闭体系过程方向和限度

92. 实际气体与理想气体的区别是(　　)。

A. 实际气体分子有体积

B. 实际气体分子间有作用力

C. 实际气体与理想气体间并无多大本质区别

D. 实际气体分子不仅有体积，而且分子间还有作用力

93. 滴定管在待装溶液加入前应(　　)。

A. 用水润洗　B. 用蒸馏水润洗

C. 用待装溶液润洗　D. 用蒸馏水洗净即可

94. 在氧化还原法滴定中，高锰酸钾法使用的是(　　)。

A. 特殊指示剂　B. 金属离子指示剂

C. 氧化还原指示剂　D. 自身指示剂

95. 对完全互溶的双液系 A、B 组分来说，若组成一个具有最高恒沸点相图，其最高恒沸点对应的组成为 C，如体系点在 A、C 之间，则(　　)。

A. 塔底为 A，塔顶为 C　B. 塔底为 C，塔顶为 A

C. 塔底为 B，塔顶为 C　D. 塔底为 C，塔顶为 B

96. 一个人精确地计算了他一天当中做功所需付出的能量，包括工作、学习、运动、散步、

读书、看电视、甚至做梦，等等，共12800kJ。所以他认为每天所需摄取的能量总值就是12800kJ。这个结论是否正确？（　　）

A. 正确　　B. 违背热力学第一定律

C. 违背热力学第二定律　　D. 很难说

97. 下列物质久置空气中会变质的是（　　）。

A. 烧碱　　B. 亚硝酸钠　　C. 氢硫酸　　D. 硫单质

98. 下列反应中既表现了浓硫酸的酸性，又表现了浓硫酸的氧化性的是（　　）。

A. 与铜反应　　B. 使铁钝化　　C. 与碳反应　　D. 与碱反应

99. "三苯"指的是（　　）。

A. 苯，甲苯，乙苯　　B. 苯，甲苯，苯乙烯

C. 苯，苯乙烯，乙苯　　D. 苯，甲苯，二甲苯

100. 关于氨的下列叙述中，错误的是（　　）。

A. 是一种制冷剂　　B. 氨在空气中可以燃烧

C. 氨易溶于水　　D. 氨水是弱碱

101. 下面哪一个不是高聚物聚合的方法？（　　）

A. 本体聚合　　B. 溶液聚合　　C. 链引发　　D. 乳液聚合

102. 下列高聚物加工制成的塑料杯中哪种对身体无害？（　　）

A. 聚苯乙烯　　B. 聚氯乙烯　　C. 聚丙烯　　D. 聚四氟乙烯

103. 不利于合成氨 $N_2+3H_2 \rightleftharpoons 2NH_3+92.4kJ$ 的条件是（　　）。

A. 加正催化剂　　B. 升高温度

C. 增大压强　　D. 不断地让氨气分离出来，并及时补充氮气和氢气

104. 禁止用工业酒精配制饮料，这是因为工业酒精中含有少量会使人中毒的（　　）。

A. 甲醇　　B. 乙醇　　C. 乙酸乙酯　　D. 乙醚

105. 苯、液溴、铁粉放在烧瓶中发生的反应是（　　）。

A. 加成反应　　B. 氧化反应　　C. 水解反应　　D. 取代反应

106. 下列哪种情况气体属于理想气体？（　　）

A. 低压、高温　　B. 低压、低温　　C. 高压、高温　　D. 高压、低温

107. 下列关于金属钠的叙述，错误的是（　　）。

A. 钠与水作用放出氢气，同时生成氢氧化钠

B. 少量钠通常储存在煤油里

C. 和Au、Ag等金属一样，钠在自然界中，可以以单质的形式存在

D. 金属钠的熔点低，密度、硬度都较低

108. 聚丙烯腈主要用作生产（　　）。

A. 塑料　　B. 合成纤维　　C. 合成橡胶　　D. 天然橡胶

109. 工业上生产乙炔常采用（　　）。

A. 乙醛脱水法　　B. 电石法　　C. 煤气化法　　D. 煤液化

110. 下列不属于水解反应的是（　　）。

A. 油脂的皂化反应　　B. 乙烯在硫酸作用下与水反应

C. 卤代烃与氢氧化钠的水溶液反应　　D. 乙酸乙酯在硫酸溶液里反应

111. 属于石油的一次加工的是(　　)。

A. 常减压蒸馏　B. 催化重整　C. 催化加氢　D. 催化裂化

112. 电解食盐水，在阴、阳电极上产生的是(　　)。

A. 金属钠、氯气　B. 氢气、氯气　C. 氢氧化钠、氯气　D. 氢氧化钠、氧气

113. 有关 Cl_2 的用途，不正确的论述是(　　)。

A. 用来制备 Br_2　B. 用来制杀虫剂

C. 用在饮用水的消毒　D. 合成聚氯乙烯

114. 下列气体会对大气造成污染的是(　　)。

A. N_2　B. CO　C. SO_2　D. O_2

115. 干燥 H_2S 气体，通常选用的干燥剂是(　　)。

A. 浓 H_2SO_4　B. NaOH　C. P_2O_5　D. $NaNO_3$

116. 下列反应中哪个是水解反应？(　　)。

A. 烯烃与水反应　B. 在酸存在下腈与水反应

C. 甲醛与水反应　D. 炔烃与水反应

117. 下列烯烃中哪个不是最基本的有机合成原料"三烯"中的一个？(　　)

A. 乙烯　B. 丁烯　C. 丙烯　D. 1，3-丁二烯

118. 下列化合物中哪个在水中溶解度最大？(　　)

A. $CH_3CH_2CH_2CH_3$　B. $CH_3CH_2OCH_2CH_3$

C. $CH_3CH_2CH_2CHO$　D. $CH_3CH_2CH_2CH_2OH$

119. 在滴定分析中，出现的下列情况，哪种有系统误差？(　　)

A. 试样未经充分混匀　B. 滴定管的读数读错

C. 滴定时有液滴溅出　D. 砝码未经校正

120. 测定石灰石中碳酸钙的含量宜采用哪种滴定分析法？(　　)

A. 直接滴定法　B. 返滴定法　C. 置换滴定法　D. 间接滴定法

121. 按酸碱质子理论，磷酸氢二钠是(　　)。

A. 中性物质　B. 酸性物质　C. 碱性物质　D. 两性物质

122. 佛尔哈德法测定氯含量时，溶液应为(　　)。

A. 酸性　B. 弱酸性　C. 中性　D. 碱性

123. 对可逆反应来说，其正反应和逆反应的平衡常数间的关系为(　　)。

A. 相等　B. 二者正、负号相反

C. 二者之和为 1　D. 二者之积为 1

124. 下列物质中燃烧热不为零的是(　　)。

A. $N_2(g)$　B. $H_2O(g)$　C. $SO_2(g)$　D. $CO_2(g)$

125. 当系统发生下列变化时，哪一种变化的 ΔG 为零？(　　)

A. 理想气体向真空自由膨胀　B. 理想气体的绝热可逆膨胀

C. 理想气体的等温可逆膨胀　D. 水在正常沸点下变成蒸汽

126. 在恒定温度下，向一容积为 $2dm^3$ 的抽空容器中依次充初始状态为 100kPa、$2dm^3$ 的气体 A 和 200kPa、$2dm^3$ 的气体 B。A、B 均可当作理想气体，且 A、B 之间不发生化学反应。容器中混合气体总压力为(　　)。

A. 300kPa　　B. 200kPa　　C. 150kPa　　D. 100kPa

127. 下列有关物质的用途，由物质的化学性质决定的是(　　)。

A. 用活性炭吸附有色物质　　B. 用金刚石作钻头

C. 用氢气充灌气球做广告　　D. 用盐酸除铁锈

128. 氧气是我们身边常见的物质，以下有关氧气的叙述不正确的是(　　)。

A. 氧气具有可燃性

B. 氧气能提供动植物呼吸

C. 氧气能支持燃烧

D. 某些物质在空气中不能燃烧，但在氧气中能燃烧

129. 液化石油气燃烧的化学方程式分别为：$CH_4+2O_2=CO_2+2H_2O$；$C_3H_8+5O_2=3CO_2+4H_2O$。现有一套以天然气为燃料的灶具，要改为以液化石油气为燃料的灶具，应该采取的措施是(　　)。

A. 燃料气和空气的进入量都减小

B. 燃料气和空气的进入量都增大

C. 减小燃料气进入量或增大空气进入量

D. 增大燃料气进入量或减小空气进入量

130. 将 Mg、Al、Zn 分别放入相同溶质质量分数的盐酸中，反应完全后，放出的氢气质量相同，其可能原因是(　　)。

A. 放入的三种金属质量相同，盐酸足量

B. 放入的 Mg、Al、Zn 的质量比为 12∶18∶32.5，盐酸足量

C. 盐酸质量相同，放入足量的三种金属

D. 放入盐酸的质量比为 3∶2∶1，反应后无盐酸剩余

131. 下列与人的生理有关的叙述中，不正确的是(　　)。

A. 脂肪(由碳、氢、氧元素组成)在人体内代谢的最终产物是 CO_2 和 H_2O

B. 剧烈运动时人体代谢加快，代谢产物不能及时排出，血液的 pH 增大

C. 人的胃液中含有少量盐酸，可以帮助消化

D. 煤气中毒主要是 CO 与血红蛋白牢固结合，使血红蛋白失去输氧能力

132. 体积为 1L 的干燥烧瓶中用排气法收集 HCl 后，测得烧瓶内气体对氧气的相对密度为 1.082。用此烧瓶做喷泉实验，当喷泉停止后进入烧瓶液体的体积是(　　)。

A. 1L　　B. 3/4L　　C. 1/2L　　D. 1/4L

133. 将等物质量的 SO_2、H_2S 于常温下在定容的密闭容器中充分反应后恢复到常温，容器内是原压强的(　　)。

A. 1/2　　B. 1/4　　C. $<1/4$　　D. $>1/4$

134. 甲苯苯环上的 1 个氢原子被含 3 个碳原子的烷基取代，可能得到的一元取代物有(　　)。

A. 3 种　　B. 4 种　　C. 5 种　　D. 6 种

135. 下列物质中，在不同条件下能分别发生氧化、消去、酯化反应的是(　　)。

A. 乙醇　　B. 乙醛　　C. 乙酸　　D. 苯甲酸

136. 测得某合成氨反应中合成塔入口气体体积比为：$N_2:H_2:NH_3=6:18:1$，出口为：N_2

$:H_2:NH_3=9:27:8$,则氨的转化率为(　　)。

A. 20%　　B. 25%　　C. 50%　　D. 75%

137. 目前有些学生喜欢使用涂改液,经实验证明,涂改液中含有许多挥发性有害物质,二氯甲烷就是其中一种。下面关于二氯甲烷(CH_2Cl_2)的几种说法:①它是由碳、氢、氯三种元素组成的化合物;②它是由氯气和甲烷组成的混合物;③它的分子中碳、氢、氯元素的原子个数比为1:2:2;④它是由多种原子构成的一种化合物。说法正确的是(　　)。

A. ①③　　B. ②④　　C. ②③　　D. ①④

138. 检验烧碱中含纯碱的最佳方法是(　　)。

A. 加热有气体生成　　B. 焰色反应为黄色火焰

C. 加入$CaCl_2$溶液有白色沉淀生成　　D. 加入$BaCl_2$溶液有白色沉淀生成

139. 下列物质中,既能与盐酸反应,又能与NaOH溶液反应的是(　　)。

A. Na_2CO_3　　B. $NaHCO_3$　　C. $NaHSO_4$　　D. Na_2SO_4

140. 下列各组离子中,能大量共存于同一溶液中的是(　　)。

A. CO_3^{2-}、H^+、Na^+、NO_3^-　　B. NO_3^-、SO_4^{2-}、K^+、Na^+

C. H^+、Ag^+、SO_4^{2-}、Cl^-　　D. Na^+、NH_4^+、Cl^-、OH^-

141. 只加入一种试剂,一次就能鉴别NH_4Cl、KCl、Na_2CO_3、$(NH_4)_2SO_4$四种溶液的是(　　)。

A. NaOH　　B. $AgNO_3$　　C. HCl　　D. $Ba(OH)_2$

142. 酸雨主要是燃烧含硫燃料时释放出的SO_2造成的,收集一定量的雨水每隔一段时间测定酸雨的pH,随时间的推移测得pH(　　)。

A. 逐渐变大　　B. 逐渐变小至某一定值

C. 不变　　D. 无法判断是否变化

143. SO_2和Cl_2都具有漂白作用,若将等物质的量的两种气体混合,再作用于潮湿的有色物质,则可观察到有色物质(　　)。

A. 立即褪色　　B. 慢慢褪色　　C. 先褪色后恢复原色　　D. 不褪色

144. 下列气体中,既能用浓硫酸干燥,又能用碱石灰干燥的是(　　)。

A. NH_3　　B. SO_2　　C. N_2　　D. NO_2

145. 工业上对反应$2SO_2+O_2=2SO_3+Q$使用催化剂的目的是(　　)。

A. 扩大反应物的接触面

B. 促使平衡向正反应方向移动

C. 缩短达到平衡所需的时间,提高SO_2的转化率

D. 增大产品的产量

146. 压强变化不会使下列化学反应的平衡移动的是(　　)。

A. $H_2(g)+I_2(g)=2HI(g)$　　B. $3H_2(g)+N_2(g)=2NH_3(g)$

C. $2SO_2(g)+O_2(g)=2SO_3(g)$　　D. $C(s)+CO_2(g)=2CO(g)$

147. 有关实验室制乙烯的说法中,不正确的是(　　)。

A. 温度计的水银球要插入到反应物的液面以下

B. 反应过程中溶液的颜色会逐渐变黑

C. 生成的乙烯中混有刺激性气味的气体

D. 加热时要注意使温度缓慢上升至 170℃

148. 通常情况下能共存且能用浓硫酸干燥的气体组是（　　）。

A. SO_2、Cl_2、H_2S　B. O_2、H_2、CO　C. CH_4、Cl_2、H_2　D. CO、SO_3、O_2

149. 下列反应属于脱水反应的是（　　）。

A. 乙烯与水反应　B. 乙烯与溴水反应

C. 乙醇与浓硫酸共热 170℃反应　D. 乙烯与氯化氢在一定条件下反应

150. 某元素 R 的气态氢化物的化学式为 H_2R，则它的最高价氧化物对应的水化物的化学式为（　　）。

A. HRO_4　B. H_3RO_4　C. H_2RO_3　D. H_2RO_4

151. 下列物质中，由于发生化学反应能使酸性高锰酸钾褪色，又能使溴水因发生反应而褪色的是（　　）。

A. 苯　B. 甲苯　C. 乙烯　D. 乙烷

152. 能用来分离 Fe^{3+} 和 Al^{3+} 的试剂是（　　）。

A. 氨水　B. NaOH 溶液和盐酸

C. 氨水和盐酸　D. NaOH 溶液

153. 关于 O_3 与 O_2 的说法，错误的是（　　）。

A. 它们是同素异形体　B. O_3 比 O_2 更稳定

C. O_3 的氧化性比 O_2 强　D. O_3 在水中的溶解度比 O_2 大

154. 工业上常用硫碱代替烧碱使用的原因是（　　）。

A. 含有相同的 Na^+　B. 它们都是碱

C. 含有还原性的 S^{2-}　D. S^{2-} 水解呈强碱性

155. 汽油中有少量烯烃杂质，在实验室中最简便的提纯方法是（　　）。

A. 催化加氢　B. 加入浓 H_2SO_4 洗涤，再使其分离

C. 加入 HBr 使烯烃与其反应　D. 加入水洗涤，再分离

156. 在分析测定中，下面情况哪些是属于系统误差（　　）？①天平的两臂不等长；②滴定管的读数看错；③试剂中含有微量的被测组分；④在沉淀重量法中，沉淀不完全。

A. ①②　B. ①③　C. ②③　D. ①③④

157. 色谱定量分析的依据是进入检测器的组分量与（　　）成正比。

A. 峰宽　B. 保留值　C. 校正因子　D. 峰面积

158. 下列叙述错误的是（　　）。

A. 误差是以真值为标准的，偏差是以平均值为标准的

B. 对某项测定来说，它的系统误差大小是可以测定的

C. 某项测定的精度越好，其准确度也越好

D. 标准偏差是用数理统计方法处理测定数据而获得的

159. H_2、N_2、O_2 三种理想气体分别盛于三个容器中，当温度和密度相同时，这三种气体的压强大小关系是（　　）。

A. $p_{H_2}=p_{N_2}=p_{O_2}$　B. $p_{H_2}>p_{N_2}>p_{O_2}$

C. $p_{H_2}<p_{N_2}<p_{O_2}$　D. 不能判断大小

160. 理想气体经历绝热自由膨胀，下述答案中哪一个正确。(   )

A. $\Delta U>0, \Delta S>0$ B. $\Delta U<0, \Delta S<0$

C. $\Delta U=0, \Delta S<0$ D. $\Delta U=0, \Delta S>0$

161. 甲状腺肿大是常见的地方病，下列元素对该病有治疗作用的是(   )。

A. 钠元素 B. 氯元素 C. 碘元素 D. 铁元素

162. 下列烯烃中，用作水果催熟剂的物质是(   )。

A. 乙烯 B. 丙烯 C. 丁烯 D. 异丁烯

163. 在气相色谱仪中，起分离作用的是(   )。

A. 净化器 B. 热导池 C. 气化室 D. 色谱柱

164. 下列各项措施中可以减小随机误差的是(   )。

A. 进行称量器的校正 B. 空白试验

C. 对照试验 D. 增加测定次数

165. 在抽真空的容器中加热固体 $NH_4Cl(s)$，有一部分分解成 $NH_3(g)$和 $HCl(g)$，当体系建立平衡时，其独立组分数 c 和自由度数 f 为(   )。

A. $c=1$ $f=1$ B. $c=2$ $f=2$ C. $c=3$ $f=3$ D. $c=2$ $f=1$

166. 氯气泄漏后，处理空气中氯的最好方法是向空气中(   )。

A. 喷洒水 B. 喷洒石灰水 C. 喷洒 NaI 溶液 D. 喷洒 NaOH 溶液

167. 下列物质常温下可盛放在铁制或铝制容器中的是(   )。

A. 浓盐酸 B. 浓硫酸 C. 硫酸铜 D. 稀硝酸

168. 对离子膜电解装置，下列叙述错误的是(   )。

A. 用阳离子交换膜将阴极室和阳极室隔开

B. 精制盐水加入阴极室，纯水加入阳极室

C. 氢氧化钠的浓度可由纯水量来调节

D. 阳离子交换膜只允许阳离子通过

169. 浓硝酸系强氧化剂，严禁与(   )接触。

A. 铝制品 B. 陶 C. 硅铁 D. 木材、纸等有机物

170. 影响弱酸盐沉淀溶解度的主要因素是(   )。

A. 水解效应 B. 同离子效应 C. 酸效应 D. 盐效应

171. 关于正催化剂，下列说法中正确的是(   )。

A. 降低反应的活化能，增大正、逆反应速率

B. 增加反应的活化能，使正反应速率加快

C. 增加正反应速率，降低逆反应速率

D. 提高平衡转化率

172. 下列有机物质中，须保存于棕色试剂瓶中的是(   )。

A. 丙酮 B. 氯仿 C. 四氯化碳 D. 二硫化碳

173. 下列溶液中，须保存于棕色试剂瓶中的是(   )。

A. 浓硫酸 B. 浓硝酸 C. 浓盐酸 D. 亚硫酸钠

174. 工业甲醛溶液一般偏酸性，主要是由于该溶液中的(   )所造成。

A. CH_3OH B. HCHO C. HCOOH D. H_2CO_3

175. 下列各组化合物中，只用溴水就可鉴别的是(　　)。

A. 丙烯、丙烷、环丙烷　　B. 苯胺、苯、苯酚

C. 乙烷、乙烯、乙炔　　D. 乙烯、苯、苯酚

176. 福尔马林液的有效成分是(　　)。

A. 石炭酸　　B. 甲醛　　C. 谷氨酸钠　　D. 对甲基苯酚

177. 下列物质在空气中能稳定存在的是(　　)。

A. 苯胺　　B. 苯酚　　C. 乙醛　　D. 乙酸

178. 在滴定分析法测定中，可能出现下列几种情况，其中能导致系统误差的是(　　)。

A. 试样未经充分混匀　　B. 砝码未经校正

C. 滴定管的读数读错　　D. 滴定时有液体溅出

179. 用 25mL 的移液管移出的溶液体积应记为(　　)。

A. 25mL　　B. 25.0mL　　C. 25.00mL　　D. 25.0000mL

180. 下列各组物质中，不能产生氢气的是(　　)。

A. $Zn+HCl$　　B. $Cu+HNO_3$(浓)

C. $Mg+H_2O$(沸水)　　D. $Al+NaOH$

181. 有关滴定管的使用，错误的是(　　)。

A. 使用前应洗净，并检漏

B. 滴定前应保证尖嘴部分无气泡

C. 要求较高时，要进行体积校正

D. 为保证标准溶液浓度不变，使用前可加热烘干

182. 水和空气是宝贵的自然资源，与人类、动植物的生存发展密切相关。以下对水和空气的认识，你认为正确的是(　　)。

A. 饮用的纯净水不含任何化学物质

B. 淡水资源有限和短缺

C. 新鲜空气是纯净的化合物

D. 目前城市空气质量日报的监测项目中包括二氧化碳含量

183. 某同学将带火星的木条插入一瓶无色气体中，木条剧烈燃烧，该气体可能是(　　)。

A. 空气　　B. 氧气　　C. 氮气　　D. 二氧化碳

184. 下列气体有臭鸡蛋气味的是(　　)。

A. HCl　　B. SO_2　　C. H_2S　　D. NO

185. 浓硫酸使蔗糖炭化，是利用浓硫酸的(　　)。

A. 氧化性　　B. 脱水性　　C. 吸水性　　D. 酸性

186. 氨气和氯化氢气体一样，可以作喷泉实验，这是由于(　　)。

A. 氨的密度比空气小　　B. 氨水的密度比水小

C. 氨分子是极性分子，极易溶于水　　D. 氨气很容易液化

187. 下列关于金属钠的叙述，错误的是(　　)。

A. 钠与水作用生成氢气，同时生成氢氧化钠

B. 少量的钠通常贮存在煤油里

C. 在自然界中，钠可以单质的形式存在

D. 金属钠的熔点低、密度小、硬度小

188. 工业上所谓的“三酸两碱”中的“两碱”通常是指(　　)。

A. 氢氧化钠和氢氧化钾　　B. 碳酸钠和碳酸氢钠

C. 氢氧化钠和碳酸氢钠　　D. 氢氧化钠和碳酸钠

189. 石油被称为“工业的血液”,下列有关石油的说法正确的是(　　)。

A. 石油是一种混合物　　B. 石油是一种化合物

C. 石油可以直接作飞机燃料　　D. 石油蕴藏量是无限的

190. 随着化学工业的发展,能源的种类也变得多样化,现在很多城市都开始使用天然气,天然气的主要成分是(　　)。

A. CO　　B. CO_2　　C. H_2　　D. CH_4

191. 国际上常用(　　)的产量来衡量一个国家的石油化学工业水平。

A. 乙烯　　B. 甲烷　　C. 乙炔　　D. 苯

192. 最容易脱水的化合物是(　　)。

A. R_3COH　　B. R_2CHOH　　C. CH_3OH　　D. RCH_2OH

193. 下列反应不属于氧化反应的是(　　)。

A. 乙烯通入酸性高锰酸钾溶液中　　B. 烯烃催化加氢

C. 天然气燃烧　　D. 醇在一定条件下反应生成醛

194. 在某一化学反应中,所谓的惰性气体是指(　　)。

A. 氦、氖、氩、氙　　B. 不参加化学反应的气体

C. 杂质气体　　D. 氮气等

195. 下列钠盐中,(　　)可认为是沉淀。

A. Na_2CO_3　　B. Na_2SiF_6　　C. $NaHSO_4$　　D. 酒石酸锑钠

196. 用下列(　　)物质处理可将 ZnO 原料中的杂质 CuO、Fe_2O_3、PbO 除去。

A. H_2SO_4　　B. HCl　　C. NaOH　　D. Na_2CO_3

197. 从地下开采出未经炼制的石油叫“原油”,原油中(　　)含量一般较少,它主要是在二次加工过程中产生的。

A. 烷烃　　B. 环烷烃　　C. 芳香烃　　D. 不饱和烃

198. 有机化合物分子中由于碳原子之间的连接方式不同而产生的异构称为(　　)。

A. 构造异构　　B. 构象异构　　C. 顺反异构　　D. 对映异构

199. 甲醛、乙醛、丙酮三种化合物可用(　　)一步区分开。

A. NaHSO 试剂　　B. 席夫试剂(Schiff's)

C. 托伦试剂(Tollen)　　D. 费林试剂(Fehing)

200. pH 玻璃电极在使用前应(　　)。

A. 在水中浸泡 24 小时以上　　B. 在酒精中浸泡 24 小时以上

C. 在氢氧化钠溶液中浸泡 24 小时以上　　D. 不必浸泡

201. 气一液色谱法,其分离原理是(　　)。

A. 吸附平衡　　B. 分配平衡　　C. 子交换平衡　　D. 渗透平衡

202. 测定某有色溶液的吸光度,用 1cm 比色皿时吸光度为 A,若用 2cm 比色皿,吸光度为(　　)。

A. 2A　　B. A/2　　C. A　　D. 4A

203. 空心阴极灯内充的气体是(　　)。

A. 大量的空气　　B. 大量的氖或氩等惰性气体

C. 少量的空气　　D. 少量的氖或氩等惰性气体

204. 原子吸收光谱法的背景干扰表现为下列哪种形式?(　　)

A. 火焰中被测元素发射的谱线　　B. 火焰中干扰元素发射的谱线

C. 火焰产生的非共振线　　D. 火焰中产生的分子吸收

205. 符合光吸收定律的溶液适当稀释时,其最大吸收波长位置(　　)。

A. 向长波移动　　B. 向短波移动　　C. 不移动　　D. 都不对

206. 在法庭上,涉及审定一种非法的药品,起诉表明该非法药品经气相色谱分析测得的保留时间在相同条件下,刚好与已知非法药品的保留时间相一致,而辩护证明有几个无毒的化合物与该非法药品具有相同的保留值,最宜采用的定性方法为(　　)。

A. 用加入已知物增加峰高的方法　　B. 利用相对保留值定性

C. 用保留值双柱法定性　　D. 利用保留值定性

207. 影响氧化还原反应平衡常数的因素是(　　)。

A. 反应物浓度　　B. 温度　　C. 催化剂　　D. 反应产物浓度

208. 电极电位对判断氧化还原反应的性质很有用,但它不能判断(　　)。

A. 氧化还原反应的完全程度　　B. 氧化还原反应速率

C. 氧化还原反应的方向　　D. 氧化还原能力的大小

209. 根据置信度为95%对某项分析结果计算后,写出的合理分析结果表达式应为(　　)。

A. (25.48±0.1)%　　B. (25.48±0.13)%

C. (25.48±0.135)%　　D. (25.48±0.1348)%

210. 按酸碱质子理论,Na_2HPO_4是(　　)。

A. 中性物质　　B. 酸性物质　　C. 碱性物质　　D. 两性物质

211. 在纯水中加入一些酸,则溶液中(　　)。

A. $[H^+][OH^-]$的乘积增大　　B. $[H^+][OH^-]$的乘积减小

C. $[H^+][OH^-]$的乘积不变　　D. $[OH^-]$浓度增加

212. 1993年根据GB3100-P3规定标准压力为(　　)。

A. 1atm　　B. 101.3kPa　　C. 100kPa　　D. 都不是

213. 在温度、容积恒定的容器中,含有A和B两种理想气体,它们的物质的量、分压和分体积分别为n_A、p_A、V_A和n_B、p_B、V_B,容器中的总压力为P,试判断下列公式中哪个是正确的?(　　)

A. $p_AV=n_ART$　　B. $p_BV=(n_A+n_B)RT$

C. $p_AV_A=n_ART$　　D. $p_BV_B=n_BRT$

214. 有一高压钢筒,打开活塞后气体喷出筒外,当筒内压力与筒外压力相等时关闭活塞,此时筒内温度将(　　)。

A. 不变　　B. 降低　　C. 升高　　D. 无法判断

215. 在一个密闭绝热的房间里放置一台电冰箱,将冰箱门打开,并接通电源使其工作,过一段时间之后,室内的气温将如何变化?(　　)

A. 升高　　B. 降低　　C. 不变　　D. 无法判断

216. 在恒温抽空的玻璃罩中，将规格相同的甲乙两个杯子放入其中，甲杯装糖水，乙杯装纯水，两者液面高度相同。经历若干时间后，两杯液体的液面高度将是（　　）。

A. 甲杯高于乙杯　　B. 甲杯等于乙杯　　C. 甲杯低于乙杯　　D. 不能确定

217. 在 CO(气)＋H_2O(气)$\rightleftharpoons$$CO_2$(气)＋$H_2$(气)－$Q$ 的平衡中，能同等程度的增加正、逆反应速度的是（　　）。

A. 加催化剂　　B. 增加 CO_2 的浓度

C. 减少 CO 的浓度　　D. 升高温度

218. 在饱和的 AgCl 溶液中加入 NaCl，AgCl 的溶解度降低，这是因为（　　）。

A. 异离子效应　　B. 同离子效应　　C. 酸效应　　D. 配位效应

219. 向 1 毫升 pH＝1.8 的盐酸中加入水（　　）才能使溶液的 pH＝2.8。

A. 9ml　　B. 10ml　　C. 8ml　　D. 12ml

220. 氯气和二氧化硫皆可用作漂白剂。若同时用于漂白一种物质时，其漂白效果会（　　）。

A. 增强　　B. 不变　　C. 减弱　　D. 不能确定

221. 下列气体中是有机物的是（　　）。

A. 氧气　　B. 氢气　　C. 甲烷　　D. 一氧化碳

222. 单质 A 和单质 B 化合成 AB(其中 A 显正价)，下列说法正确的是（　　）。

A. B 被氧化　　B. A 是氧化剂　　C. A 发生氧化反应　　D. B 具有还原性

223. 下列石油馏分中沸点最低的是（　　）。

A. 重石脑油　　B. 粗柴油　　C. 煤油　　D. 润滑油

224. 下列酸中能腐蚀玻璃的是（　　）。

A. 盐酸　　B. 硫酸　　C. 硝酸　　D. 氢氟酸

225. 关于氨的下列叙述中，错误的是（　　）。

A. 一种制冷剂　　B. 能在空气中燃烧

C. 氨极易溶于水　　D. 氨水是弱碱

226. 下列物质中既溶于盐酸又溶于氢氧化钠的是（　　）。

A. Fe_2O_3　　B. Al_2O_3　　C. $CaCO_3$　　D. SiO_2

227. 下列物质不能与溴水发生反应的是（　　）。

A. 苯酚溶液　　B. 苯乙烯　　C. 碘化钾溶液　　D. 甲苯

228. 工业生产乙烯中，乙烯精馏塔塔顶出料成分有（　　）。

A. 乙烯　　B. 乙烯、甲烷、氢气

C. 甲烷、氢气　　D. 乙烯、甲烷

229. 在标准物质下，相同质量的下列气体中体积最大的是（　　）。

A. 氧气　　B. 氮气　　C. 二氧化硫　　D. 二氧化碳

230. 下列物质，哪种不能由乙烯直接合成（　　）。

A. 乙酸　　B. 乙醇　　C. 乙醛　　D. 合成塑料

231. 要同时除去 SO_2 气体中的 SO_3(气)和水蒸气，应将气体通入（　　）。

A. NaOH 溶液　　B. 饱和 $NaHSO_3$ 溶液

C. 浓 H_2SO_4　　D. CaO 粉末

232. 除去混在 Na_2CO_3 粉末中的少量 $NaHCO_3$，最合理的方法是（　　）。

A. 加热　B. 加 NaOH 溶液　C. 加盐酸　D. 加 $CaCl_2$ 溶液

233. 硬水是指（　　）。

A. 含有二价钙、镁离子的水　B. 含金属离子较多的水

C. 矿泉水　D. 自来水

234. 下列叙述不正确的是（　　）。

A. 工业上制备氯气是用电解饱和食盐水方法制的

B. 氯气溶于水在光照作用下可得氧气

C. 氯气是黄绿色又有刺激性气味的有毒气体

D. 氯气对人体的危害是因为具有强烈的脱水性

235. 下列金属所制器皿不能用于盛装浓硫酸的是（　　）。

A. Al　B. Fe　C. Cr　D. Zn

236. 从氨的结构可知，氨不具有的性质是（　　）。

A. 可发生中和反应　B. 可发生取代反应

C. 可发生氧化反应　D. 可发生加成反应

237. 在合成氨反应过程中，为提高氢气反应转化率而采取的措施是（　　）。

A. 增加压力　B. 升高温度　C. 使用催化剂　D. 不断增加氢气的浓度

238. 下列有关硝酸反应的叙述，错误的是（　　）。

A. 浓硫酸和硫化亚铁反应有硫化氢气体放出

B. 浓硝酸和铜反应有二氧化氮气体放出

C. 硝酸和碳酸钠反应有二氧化碳气体放出

D. 硝酸加热时有二氧化氮、氧气放出

239. 能在硝酸溶液中存在的是（　　）。

A. 碘离子　B. 亚硫酸根离子　C. 高氯酸根离子　D. 碳酸根离子

240. 下列叙述错误的是（　　）。

A. 单质铁及铁盐在许多场合可用作催化剂

B. 铁对氢氧化钠较为稳定，小型化工厂可用铁锅熔碱

C. 根据 Fe^{3+} 和 SCN^- 以不同比例结合显现颜色不同，可用目视比色法测定 Fe^{3+} 含量

D. 实际上锰钢的主要成分是锰

241. 下列叙述错误的是（　　）。

A. 铝是一种亲氧元素，可用单质铝和一些金属氧化物高温反应得到对应金属

B. 铝表面可被冷浓硝酸和浓硫酸钝化

C. 铝是一种轻金属，易被氧化，使用时尽可能少和空气接触

D. 铝离子对人体有害，最好不用明矾净水

242. 滴定分析中，用重铬酸钾为标准溶液测定铁，属于（　　）。

A. 酸碱滴定法　B. 配位滴定法　C. 氧化还原滴定法　D. 沉淀滴定法

243. 下列物质中含羟基的官能团是（　　）。

A. 乙酸甲酯　B. 乙醛　C. 乙醇　D. 甲醚

244. 苯硝化时硝化剂应是（　　）。

A. 稀硝酸　　B. 浓硝酸

C. 稀硝酸和稀硫酸的混合液　　D. 浓硝酸和浓硫酸的混合液

245. NaCl 水溶液和纯水经半透膜达成渗透平衡时，该体系的自由度是(　　)。

A. 1　　B. 2　　C. 3　　D. 4

246. 在滴定分析中常用的酸性 $KMnO_4$ 测定某还原性物质的含量，反应中 $KMnO_4$ 的还原产物为(　　)。

A. MnO_2　　B. K_2MnO_4　　C. $MnO(OH)_2$　　D. Mn^{2+}

247. 用 $ZnCl_2$ 浓溶液清除金属表面的氧化物，利用的是它的(　　)。

A. 氧化性　　B. 还原性　　C. 配位性　　D. 碱性

248. 成熟的水果在运输途中容易因挤压颠簸而损坏腐烂，为防止损失常将未成熟的果实放在密闭的箱子里使水果自身产生的(　　)聚集起来，以达到催熟目的。

A. 乙炔　　B. 甲烷　　C. 乙烯　　D. 丙烯

249. 丁苯橡胶具有良好的耐磨性和抗老化性，主要用于制造轮胎，是目前产量最大的合成橡胶，它是 1,3-丁二烯与(　　)发生聚合反应得到的。

A. 苯　　B. 苯乙烯　　C. 苯乙炔　　D. 甲苯

250. 下列不属于 EDTA 分析特性的选项为(　　)。

A. EDTA 与金属离子的配位比为 1∶1　　B. 生成的配合物稳定且易溶于水

C. 反应速度快　　D. EDTA 显碱性

251. 用双指示剂法分步滴定混合碱时，若 $V_1>V_2$，则混合碱为(　　)。

A. Na_2CO_3、$NaHCO_3$　　B. Na_2CO_3、$NaOH$

C. $NaHCO_3$　　D. Na_2CO_3

252. 根据熵的物理意义，下列过程中系统的熵增大的是(　　)。

A. 水蒸气冷凝成水　　B. 乙烯聚合成聚乙烯

C. 气体在催化剂表面吸附　　D. 盐酸溶液中的 HCl 挥发的气体

253. 在一个绝热刚性容器中发生一化学反应，使系统的温度从 T_1 升高到 T_2，压力从 p_1 升高到 p_2，则(　　)。

A. $Q>0, W>0, \Delta U>0$　　B. $Q=0, W=0, \Delta U=0$

C. $Q=0, W>0, \Delta U<0$　　D. $Q>0, W=0, \Delta U>0$

254. 在 $K_2Cr_2O_7$ 溶液中加入 Pb^{2+}，生成的沉淀物是(　　)。

A. $PbCr_2O_7$　　B. $PbCrO_4$　　C. PbO_2　　D. PbO

255. 向 $Al_2(SO_4)_3$ 和 $CuSO_4$ 的混合溶液中放入一个铁钉，其变化是(　　)。

A. 生成 Al、H_2 和 Fe^{2+}　　B. 生成 Al、Cu 和 Fe^{2+}

C. 生成 Cu 和 Fe^{2+}　　D. 生成 Cu 和 Fe^{3+}

256. 氮气的键焓是断开键后形成下列哪一种物质所需要的能量？(　　)

A. 氮分子　　B. 氮原子　　C. 氮离子　　D. 氮蒸汽

257. 在向自行车胎打气时，充入车胎的气体温度变化是(　　)。

A. 升高　　B. 降低　　C. 不变　　D. 不一定相同

258. 可以不贮存在棕色试剂瓶中的标准溶液(　　)。

A. I_2　　B. EDTA　　C. $Na_2S_2O_3$　　D. $KMnO_4$

259. 用 $Na_2S_2O_3$ 滴定 I_2，颜色变化是(　　)。

A. 蓝色变无色　B. 蓝色出现　C. 无色变蓝色　D. 无现象

(二)判断题

1. 凡是烃基和羟基相连的化合物都是醇。(　　)
2. 凡是能发生银镜反应的物质都是醛。(　　)
3. 甲苯和苯乙烯都是苯的同系物。(　　)
4. 乙炔是直线型分子，其他炔烃和乙炔类似，都属于直线型的分子结构。(　　)
5. 炔烃和二烯烃是同分异构体。(　　)
6. 浓硫酸有很强的氧化性，而稀硫酸却没有氧化性。(　　)
7. O_3 能杀菌，故空气中 O_3 的量即使较多也有益无害。(　　)
8. 氢硫酸、亚硫酸和硫酸都是酸，因此彼此不发生反应。(　　)
9. 用湿润的淀粉碘化钾试纸就可以区分 Cl_2 和 HCl 气体。(　　)
10. 常温下能用铝制容器盛浓硝酸是因为常温下浓硝酸根本不与铝反应。(　　)
11. NaOH 俗称“烧碱”、“火碱”，而纯碱指的是 Na_2CO_3。(　　)
12. 理想气体状态方程式适用的条件是理想气体和高温低压下的真实气体。(　　)
13. 王水的氧化能力强于浓硝酸，能溶解金和铂。(　　)
14. 在冶金工业上，常用电解法得到 Na、Mg 和 Al 等金属，其原因是这些金属很活泼。(　　)
15. NO 是一种红棕色、有特殊臭味的气体。(　　)
16. 有机化合物都含有碳元素，但含有碳元素的化合物不一定是有机化合物。(　　)
17. 因为氯气具有漂白作用，所以干燥的氯水也具有漂白作用。(　　)
18. Zn 与浓硫酸反应的主要产物是 $ZnSO_4$ 和 NO。(　　)
19. 通常情况下 NH_3、H_2、N_2 能共存，并且既能用浓 H_2SO_4 也能用碱石灰干燥。(　　)
20. 工业中用水吸收二氧化氮可制得浓硝酸并放出氧气。(　　)
21. 工业上主要用电解食盐水溶液来制备烧碱。(　　)
22. 当钠和钾着火时可用大量的水去灭火。(　　)
23. 当用 NaOH 标定盐酸浓度时可用碱式滴定管。(　　)
24. 大多数有机化合物难溶于水，易溶于有机溶剂，是因为有机物都是分子晶体。(　　)
25. 醛与托伦试剂(硝酸银的氨溶液)的反应属于氧化反应。(　　)
26. 石油中一般含芳烃较少，要从石油中取得芳烃，主要是经过石油裂化和铂重整的加工过程实现。(　　)
27. 在铁的催化作用下，苯能使液溴颜色变淡甚至使液溴褪色。(　　)
28. 在温度为 273.15K 和压力为 100kPa 时，2mol 任何气体的体积约为 44.8L。(　　)
29. 不可能把热从低温物体传到高温物体而不引起其他变化。(　　)
30. 当一放热的可逆反应达到平衡时，温度升高 10℃，则平衡常数会降低一半。(　　)
31. 因为催化剂能改变正逆反应速度，所以它能使化学平衡移动。(　　)
32. 电子云图中黑点越密的地方电子越多。(　　)

33. 凡中心原子采用 sp^3 杂化轨道成键的分子，其空间构型必是正四面体。 ( )

34. 金属单质在反应中常做还原剂，并发生氧化反应。 ( )

35. 酸性溶液中只有 H^+，没有 OH^-。 ( )

36. 放热反应是自发的。 ( )

37. 加入催化剂可以缩短达到平衡的时间。 ( )

38. 具有极性共价键分子，一定是极性分子。 ( )

39. 气体只要向外膨胀就要对外做体积功。 ( )

40. 硝酸具有酸的通性，能与活性金属反应放出氢气。 ( )

41. 用托伦试剂可以鉴别甲醛与丙酮。 ( )

42. 戊烷的沸点高于丙烷。 ( )

43. 氨基($-NH_2$)与伯碳原子相连的胺为一级胺。 ( )

44. 当溶液中酸度增大时，$KMnO_4$ 的氧化能力也会增大。 ( )

45. 根据酸碱质子理论酸愈强其共轭碱愈弱。 ( )

46. 反应级数与反应分子数总是一致的。 ( )

47. 0.1mol/LHNO_3溶液和 0.1mol/LHAc 溶液 pH 值相等。 ( )

48. 在常温时，氢气的化学性质很活泼。 ( )

49. 少量钠、钾单质应保存在煤油中。 ( )

50. 钠与氢气在加热条件下反应生成氢化钠，其中钠是氧化剂。 ( )

51. 可逆相变过程中 $\Delta G=0$。 ( )

52. 等温等压下，某反应的 $\Delta_r G_m^\theta = 10kJ \cdot moL^{-1}$，则该反应能自发进行。 ( )

53. 天然气的主要成分是 CO。 ( )

54. 石油是一种由烃类和非烃类组成的非常复杂的多组分的混合物，其元素组成主要是碳、氢、氧、氮、硫等。 ( )

55. 工业电石是由生石灰与焦炭或无烟煤在电炉内，加热至 2200℃反应制得。 ( )

56. CCl_4 是极性分子。 ( )

57. 用 $KMnO_4$ 法测定 MnO_2 的含量时，采用的滴定方式是返滴定。 ( )

58. 有机化合物反应速率慢且副反应多。 ( )

59. 金粉和银粉混合后加热，使之熔融然后冷却，得到的固体是两相。 ( )

60. 平衡常数值改变了，平衡一定会移动；反之，平衡移动了，平衡常数值也一定改变。 ( )

61. 氯气常用于自来水消毒是因为次氯酸是强氧化剂，可以杀菌。 ( )

62. 铜片与浓硝酸反应产生的气体可用排水集气法收集。 ( )

63. 各测定值彼此之间相符的程度就是准确度。 ( )

64. 酸碱的强弱是由离解常数的大小决定。 ( )

65. 75%的乙醇水溶液中，乙醇称为"溶质"，水称为"溶剂"。 ( )

66. 乙酸乙酯在稀硫酸或氢氧化钠水溶液中都能水解，水解的程度前者较后者小。 ( )

67. 苯酚、甲苯、丙三醇在常温下不会被空气氧化。 ( )

68. 一定量气体反抗一定的压力进行绝热膨胀时，其热力学能总是减少的。 ( )

69. 液体的饱和蒸气压与温度无关。（　）

70. 绝热过程都是等熵过程。（　）

71. 理想稀薄溶液中的溶质遵守亨利定律，溶剂遵守拉乌尔定律。（　）

72. 去离子水的电导越高，纯度越高。（　）

73. 能水解的盐，其水溶液不是显酸性，就是显碱性。（　）

74. 以石墨为电极，电解氯化铜水溶液，阴极的产物是铜。（　）

75. 在酸性溶液中，K^+、I^-、SO_4^{2-}、MnO_4^-可以共存。（　）

76. 容量分析法是以化学反应为基础的分析方法，所有化学反应都能作为容量分析法的基础。（　）

77. 碱金属有强还原性，它的离子有强氧化性。（　）

78. 电子层结构相同的离子，核电荷数越小，离子半径就越大。（　）

79. 氯化氢分子中存在氯离子。（　）

80. 硫化氢气体不能用浓硫酸干燥。（　）

81. 常温下氨气极易溶于水。（　）

82. 锌与稀硝酸反应放出氢气。（　）

83. 盛氢氧化钠溶液的试剂瓶，应该用橡皮塞。（　）

84. 地壳中含量最高的金属是钠。（　）

85. 滴定管可用于精确量取溶液体积。（　）

86. 有机化合物都能燃烧。（　）

87. 实验室由乙醇制备乙烯的反应属于水解反应。（　）

88. 石油分馏属于化学变化。（　）

89. 塑料中，产量最大的是聚乙烯。（　）

90. 液体的饱和蒸汽压用符号 p^{θ} 表示，其表述了液体的相对挥发度。（　）

91. 热力学第一定律和第二定律表明的是隔离体系能量守恒定律和隔离体系过程方向和限度。（　）

92. 钠、钾等金属应保存在煤油中，白磷应保存在水中，汞需用水封。（　）

93. 合成氨的反应是放热反应，所以有人认为，为增大产率，反应温度应越低越好。（　）

94. 拿吸收池时只能拿毛面，不能拿透光面，擦拭时必须用擦镜纸擦透光面，不能用滤纸擦。（　）

95. 工业制备烧碱时，阳离子交换膜只允许阴离子及分子通过。（　）

96. 如果加热后才发现没加沸石，应立即停止加热，待液体冷却后再补加。（　）

97. 当苯环上含有硝基、磺基等强吸电基团时，很难发生弗氏烷基化、酰基化反应。（　）

98. 减压蒸馏结束时，应先把水泵关闭。（　）

99. 液相线又可称为“泡点线”，气相线又可称为“露点线”。（　）

100. 工业上广泛采用赤热的碳与水蒸气反应、天然气和石油加工工业中的甲烷与水蒸气反应、电解水或食盐水等方法生产氢气。（　）

101. 低温空气分离和变压吸附空气都可制氧气。（　）

102. 工业制氯气的方法常采用氯碱法，通过电解食盐水，可得到氯气，氢气和纯碱。（ ）

103. 干燥氯化氢化学性质不活泼，溶于水后为盐酸，是一种弱酸。（ ）

104. 电解食盐水阳极得到的是氯气，发生的是还原反应；阴极得到的是氢气，发生的是氧化反应。（ ）

105. 硝酸生产中，要用碱液吸收尾气中的 NO 和 NO_2 以消除公害、保护环境。（ ）

106. 如果有两个以上的相共存，当各相的组成不随时间而改变，就称为“相平衡”。（ ）

107. 二氧化硫和氯气都具有漂白作用，如果将这两种气体同时作用于潮湿的有色物质，可大大增加漂白能力。（ ）

108. 若某化学反应既放热又体积缩小，那么提高压力，或降低温度均有利于反应的进行。（ ）

109. 煤、石油、天然气三大能源，是不可以再生的，我们必须节约使用。（ ）

110. 当外界压力增大时，液体的沸点会降低。（ ）

111. 用酸式滴定管滴定时，应将右手无名指和小指向手心弯曲，轻轻抵住尖嘴，其余三指控制旋塞转动。（ ）

112. 氨合成的条件是高温高压并且有催化剂存在。（ ）

113. 硫酸是一种含氧强酸，浓硫酸具有较强的氧化性。（ ）

114. 压力对气相反应的影响很大，对于反应后分子数增加的反应，增加压力有利于反应的进行。（ ）

115. 氯水就是液态的氯。（ ）

116. 二氧化硫是硫酸的酸酐。（ ）

117. 浓硫酸可以用铁制的容器盛放。（ ）

118. 古代用来制造指南针的磁性物质是三氧化二铁。（ ）

119. 羟基一定是供电子基。（ ）

120. 高锰酸钾可以用来区别甲苯和乙烯。（ ）

121. 苯的硝化反应是可逆反应。（ ）

122. 烷烃的氯代反应有选择性。（ ）

123. 高锰酸钾标准溶液可以用分析纯的高锰酸钾直接配制。（ ）

124. 铵盐中的铵态氮能用直接法滴定。（ ）

125. 高锰酸钾法中能用盐酸作酸性介质。（ ）

126. 使甲基橙显黄色的溶液一定是碱性的。（ ）

127. 对于理想气体反应，等温等容下添加惰性组分时平衡不移动。（ ）

128. 能严格服从 $PV=nRT$ 的气体叫“理想气体”。（ ）

129. 系统的温度越高，向外传递的热量越多。（ ）

130. 热力学第二定律主要解决过程方向和限度的判据问题。（ ）

131. 欲除去 Cl_2 中少量 HCl 气体，可将此混合气体通过饱和食盐水的洗气瓶。（ ）

132. 由铜、锌和稀硫酸组成的原电池，工作时电解质溶液的 pH 不变。（ ）

133. $pH<7$ 的雨水一定是酸雨。（ ）

134. 在同温、同压下，若 A、B 两种气体的密度相同，则 A、B 的摩尔质量一定相等。 （ ）

135. 完全中和某一元强酸，需一定量 NaOH。若改用与 NaOH 等质量的 $Ba(OH)_2$，反应后溶液一定显碱性。 （ ）

136. 中和滴定时，直接用蘸有水滴的锥形瓶进行实验，对实验结果没有影响。 （ ）

137. 在实验室里严禁吃食品，但可以吸烟。 （ ）

138. 金属钠遇水起火，可以用煤油灭火。 （ ）

139. 有 A、B 两种烃，含碳质量分数相同，则 A、B 是同系物。 （ ）

140. 苯、甲苯、乙苯都可以使酸性 $KMnO_4$ 溶液退色。 （ ）

141. 一定量的盐酸跟铁粉反应时，为了减缓反应速率而不影响生成 H_2 的质量，可向其中加入适量的水或醋酸钠固体。 （ ）

142. 煤、石油、天然气是当今世界最重要的三大化石能源。 （ ）

143. 纯碱、烧碱、火碱都是氢氧化钠。 （ ）

144. 城市生活污水的任意排放；农业生产中农药、化肥使用不当；工业生产中“三废”的任意排放，是引起水污染的主要因素。 （ ）

145. 1998 年诺贝尔化学奖授予科恩（美）和波普尔（英），以表彰他们在理论化学领域作出的重大贡献。他们的工作使实验和理论能够共同协力探讨分子体系的性质，引起整个化学领域正在经历一场革命性的变化，化学不再是纯实验科学。 （ ）

146. 功、热与内能均为能量，它们的性质是相同的。 （ ）

147. 因为 $\Delta H = Q_P$，所以 Q_P 也具有状态函数的性质。 （ ）

148. 稀硝酸跟硫化亚铁反应，有硫化氢气体放出。 （ ）

149. 一个可逆反应，当正反应速率与逆反应速率相等时，该反应达到化学平衡。 （ ）

150. 常温下，浓硝酸可以用铝槽贮存，说明铝与浓硝酸不反应。 （ ）

151. “一切实际过程都是热力学不可逆的”是热力学的第二定律的表达法。 （ ）

152. 在任何条件下，化学平衡常数都是一个恒定值。 （ ）

153. MnO_2 与浓盐酸共热，离子方程式为 $MnO_2 + 4H^+ + 2Cl^- = Mn^{2+} + 2H_2O + Cl_2$。 （ ）

154. 次氯酸是强氧化剂，是一种弱酸。 （ ）

155. 自然界酸雨的形成的原因是大气中二氧化硫的含量增多。 （ ）

156. 若在滴定操作中，用高锰酸钾溶液测定未知浓度的硫酸亚铁溶液时，应装入棕色的酸式滴定管中。 （ ）

157. 硬水是指含有很多盐的海水。 （ ）

158. 酸式滴定管用蒸馏水润洗后，未用标准液润洗，在测定 NaOH 时碱的浓度偏高。 （ ）

159. 在反应 $MnO_2 + 4HCl = MnCl_2 + 2H_2O + Cl_2\uparrow$ 中，HCl 起酸和氧化剂的作用。 （ ）

160. 在下列变化中，$SO_2 \rightarrow S$，SO_2 起还原剂的作用。 （ ）

161. 在所有物质中，氢的原子最简单、最小，故氢的熔点、沸点也最低。 （ ）

162.氢氟酸广泛用于分析测定矿石或钢中的SiO_2和玻璃器皿的刻蚀。（　）

163.互为同系物的物质，它们的分子式一定不同；互为同分异构体的物质，它们的分子式一定相同。（　）

164.烯烃的化学性质比烷烃活泼，是因为烯烃分子中存在着π键，炔烃比烯烃多一个π键，因此，炔烃的化学性质比烯烃活泼。（　）

165.用无水Na_2CO_3作基准物质标定HCl溶液浓度，在滴定接近终点时，要将溶液加热煮沸2min，冷后再滴定至终点，是为了除CO_2，防止终点早到使得标定结果偏高。（　）

166.摩尔吸光系数与溶液的性质、浓度和温度有关。（　）

167.分析检验中影响测定精度的是系统误差，影响测定准确度的是随机误差。（　）

168.凡是吉布斯函数改变值减少（$\Delta G<0$）的过程，就一定是自发过程。（　）

169.用酸溶解金属铝时，铝块越纯溶解速率越慢。（　）

170.SiO_2是H_4SiO_4的酸酐，因此可用SiO_2与H_2O作用制硅酸。（　）

171.由碳化钙（电石）法制得的不纯的乙炔气体具有臭味的原因是不纯的乙炔气体中含有磷化氢、硫化氢等杂质。（　）

172.在配制氢氧化钠标准溶液的实验中，称取氢氧化钠固体需要用分析天平。（　）

173.在气相色谱分析中，液体样品通常采用的进样器是旋转六通阀。（　）

174.分析检验中报告分析结果时，常用标准偏差表示数据的分散程度。（　）

175.若浓硫酸溅在皮肤上，应立即用稀碱水冲洗。（　）

176.隔膜法电解氯化钠与离子膜法电解氯化钠相比，得到烧碱含盐量高但对原料纯度要求低。（　）

177.氧化反应的定义有狭义和广义两种含义，狭义定义是：物质与氧化合的反应是氧化反应。广义定义是：得到电子的反应是氧化反应。（　）

178.浓度为10^{-5} mol/L的盐酸溶液稀释10000倍，所得溶液的pH为9。（　）

179.根据可逆变换反应式：$CO+H_2O=CO_2+H_2$，反应前后气体体积不变，则增加压力对该反应平衡无影响，因此变换反应过程应在常压下进行。（　）

180.酸式盐溶液一定显酸性。（　）

181.化工设备的腐蚀大多属于电化学腐蚀。（　）

182.减小分析中的偶然误差的有效方法是增加平行测定次数。（　）

183.最基本的有机原料“三烯”是指乙烯、丙烯、苯乙烯。（　）

184.乙醇中少量的水分可通过加入无水氯化钙或无水硫酸铜而除去。（　）

185.苯酚含有羟基，可与醋酸发生酯化反应生成乙酸苯酯。（　）

186.物质液化时，其操作温度要低于临界温度，操作压力要高于临界压力。（　）

187.相平衡是研究物系伴随有相变化的物理化学过程。（　）

188.一切化学平衡都遵循吕·查德理原理。（　）

189.金属铝的两性指的是酸性和碱性。（　）

190.滴定分析法是以化学反应为基础的分析方法，方法简单、快速，且对化学反应没有要求。（　）

191.工业上制取氯气和氢氧化钠，通常采用电解饱和食盐水的方法。（　）

192. 当在一定条件下，化学反应达到平衡时，平衡混合物中各组分浓度保持不变。（　）

193. 理想气体状态方程是：$PV=RT$（　）

194. 工业上所用的乙烯主要是从石油炼制厂所生产的石油裂化气中分离出来的。（　）

195. 芳香族化合物是指分子中具有苯结构的化合物。它们可以从煤焦油中提取出来。（　）

196. 硝酸工业生产中所产生的尾气可用氢氧化钠溶液吸收。（　）

197. 工业上制备碳酸钠即纯碱多采用侯氏联合制碱法，因其提高了食盐的利用率，同时避免了氯化钙残渣的产生。（　）

198. 氨水的溶质是 $NH_3 \cdot H_2O$。（　）

199. 有机化合物和无机化合物一样，只要分子式相同，就是同一种物质。（　）

200. 根据苯的构造式可知苯可以使酸性高锰酸钾溶液退色。（　）

201. 乙炔在氧气中的燃烧温度很高，故可用氧炔焰切割金属。（　）

202. 二氧化碳密度比空气大，因此在一些低洼处或溶洞中常常会因它的积聚而缺氧。（　）

203. 凡是金属都只有金属性，而不具备非金属性。（　）

204. 化学工业中常用不活泼金属作为材料，以防腐蚀。（　）

205. 甲烷只存在于天然气和石油气中。（　）

206. 乙炔的工业制法，过去用电石生产乙炔，由于碳化钙生产耗电太多，目前已改用天然气和石油为原料生产乙炔。（　）

207. 单环芳烃类有机化合物一般情况下与很多试剂易发生加成反应，不易进行取代反应。（　）

208. 格氏试剂很活泼，能与水、醇、氨、酸等含活泼氢的化合物反应分解为烃，但对空气稳定。（　）

209. 煤通过气化的方式可获得基本有机化学工业原料——一氧化碳和氢(合成气)。（　）

210. 在分析测定中，测定的精密度越高，则分析结果的准确度越高。（　）

211. 吸光光度法只能用于混浊溶液的测量。（　）

212. 氧化还原指示剂必须是氧化剂或还原剂。（　）

213. 吸光光度法灵敏度高，适用于微量组分的测量。（　）

214. 盐碱地的农作物长势不良，甚至枯萎，其主要原因是水分从植物向土壤倒流。（　）

215. 自发过程一定是不可逆的，所以不可逆过程一定是自发的。（　）

216. 298K 时，石墨的标准摩尔生成焓 $\Delta_f H^{\theta}_m$ 等于零。（　）

217. 在物质的三种聚集状态中，液体分子的间距一定大于固体分子的间距。（　）

218. 在化学反应过程中，提高反应温度一定会加快反应速度。（　）

219. 在 101.3kPa 下，水的冰点即水的三相点为 0℃。（　）

220. 工业上的“三酸”是指硫酸、硝酸和盐酸。（　）

221. 乙烯和聚氯乙烯是同系物。（ ）

222. 烃是由碳、氢、氧组成的有机化合物。（ ）

223. 乙烯分子中的双键，一个是 σ 键，一个是 π 键，它们的键能不同。（ ）

224. 乙烯难溶于水，所以无论在什么条件下，它都不会与水作用。（ ）

225. 同温度下的水和水蒸气具有相同的焓值。（ ）

226. 理想气体的密度与温度成正比。（ ）

227. 二氧化硫、漂白粉、活性炭都能使红墨水褪色，其褪色原理是相同的。（ ）

228. 在滴定分析中，利用指示剂变色时停止滴定，这点称为“化学计量点”。（ ）

229. 由于反应前后分子数相等，所以增加压力对平衡没有影响。（ ）

230. 亨利定律的适用范围是低压浓溶液。（ ）

231. 因为 $Q_P=\Delta H$，H 是状态函数，所以 Q 也是状态函数。（ ）

232. 反应的熵变为正值，该反应一定是自发进行。（ ）

233. 水的硬度是由于 CO_3^{2-}，HCO_3^- 引起的。（ ）

234. 提高裂解炉出口温度可以提高乙烯收率。（ ）

235. 氢气在化学反应里只能做还原剂。（ ）

236. 在反应过程中产生的尾气含有 Cl_2 应用水吸收。（ ）

237. 浓硫酸与金属反应时，除生成金属硫酸盐外，还原产物肯定是 SO_2。（ ）

238. 液氨气化时蒸发热较大，故氨可作制冷剂。（ ）

239. 皮肤与浓 HNO_3 接触后显黄色是硝化作用的结果。（ ）

240. HNO_2 是一种中强酸，浓溶液具有强氧化性。（ ）

241. 浓 HNO_3 和还原剂反应还原产物为 NO_2，稀 HNO_3 还原产物为 NO，可见稀 HNO_3 氧化性比浓 HNO_3 强。（ ）

242. Fe、Al 经表面钝化后可制成多种装饰材料。（ ）

243. 铁船在大海中航行时，铁易被腐蚀，若将船体连有一定量的较活泼金属如锌，可减缓腐蚀。（ ）

244. 用 EDTA 作标准溶液进行滴定时，既可以用酸式滴定管，也可以用碱式滴定管。（ ）

245. 甲烷、乙烯、苯、乙炔中化学性质最稳定的是苯。（ ）

246. 利用铝的两性可以制造耐高温的金属陶瓷。（ ）

247. 配制 $SnCl_2$ 溶液时，应将其先溶于适量的浓盐酸中，然后再加水稀释至所需的浓度。（ ）

248. 有机化合物易燃，其原因是有机化合物中含有 C 元素，绝大多数还含有 H 元素，而 C、H 两种元素易被氧化。（ ）

249. 乙醛是重要的化工原料，它是由乙炔和水发生亲核加成反应制得。（ ）

250. 通过测定吸光物质溶液的吸光度 A，利用朗白－比尔定律可直接求出待测物浓度。（ ）

251. 气相色谱法在没有标准物质做对照时，无法从色谱峰做出定性结果。此法适用于难挥发和对热稳定的物质的分析。（ ）

252. 在同样的工作环境下,用可逆热机开动的火车比不可逆热机开动的火车跑得快。 (　　)

253. 催化剂能同等程度地降低正、逆反应的活化能。 (　　)

254. pH=6.70 与 56.7%的有效数字位数相同。 (　　)

255. 反应的化学计量点就是滴定终点。 (　　)

256. 热力学第二定律不是守恒定律。 (　　)

257. 如果体系在变化中与环境没有功的交换,则体系放出的热量一定等于环境吸收的热量。 (　　)

258. 反应分子数等于反应式中的化学计量式之和。 (　　)

259. 定量分析中产生的系统误差是可以校正的误差。 (　　)

260. 人体对某些元素的摄入量过多或缺乏均会引起疾病,骨痛病是由于镉中毒引起的。 (　　)

261. 雪花膏是油包水乳状液。 (　　)

二、化工制图与化工机械部分

(一)选择题

1. 设备分类代号中表示容器的字母为(　　)。

A、T　　B. V　　C. P　　D. R

2. 阀体涂颜色为灰色,表示阀体材料为(　　)。

A. 合金钢　　B. 不锈钢　　C. 碳素钢　　D. 工具钢

3. 高温管道是指温度高于(　　)的管道。

A. 30℃　　B. 350℃　　C. 450℃　　D. 500℃

4. 公称直径为 125mm,工作压力为 0.8MPa 的工业管道应选用(　　)。

A. 普通水煤气管道　　B. 无缝钢管　　C. 不锈钢管　　D. 塑料管

5. 普通水煤气管,适用于工作压力不超出(　　)MPa 的管道。

A. 0.6　　B. 0.8　　C. 1.0　　D. 1.6

6. 疏水阀用于蒸汽管道上自动排除(　　)。

A. 蒸汽　　B. 冷凝水　　C. 空气　　D. 以上均不是

7. 锯割操作,上锯条时,锯齿应向(　　)。

A. 前　　B. 后　　C. 上　　D. 下

8. 表示化学工业部标准符号的是(　　)。

A. GB　　B. JB　　C. HG　　D. HB

9. 在方案流程图中,设备的大致轮廓线应用(　　)表示。

A. 粗实线　　B. 细实线　　C. 中粗实线　　D. 双点画线

10. 有关杠杆百分表的使用问题,以下哪种说法不正确?(　　)

A. 适用于测量凹槽、孔距等　　B. 测量头可拨动 180°

C. 尽可能使测量杆轴线垂直于工件尺寸线　　D. 不能测平面

11.(　　)方式在石油化工管路的连接中应用极为广泛。

A. 螺纹连接　　B. 焊接　　C. 法兰连接　　D. 承插连接

12. 含硫热油泵的泵轴一般选用(　　)钢。

A. 45　　B. 40Cr　　C. 3Cr13　　D. 1Cr18Ni9Ti

13. 氨制冷系统用的阀门不宜采用(　　)。

A. 铜制　　B. 钢制　　C. 塑料　　D. 铸铁

14.(　　)是装于催化裂化装置再生器顶部出口与放空烟囱之间,用以控制再生器的压力,使之与反应器的压力基本平衡。

A. 节流阀　　B. 球阀　　C. 单动滑阀　　D. 双动滑阀

15. 化工工艺流程图是一种表示(　　)的示意性图样,根据表达内容的详略,分为方案流程图和施工流程图。

A. 化工设备　　B. 化工过程　　C. 化工工艺　　D. 化工生产过程

16. 化工工艺流程图中的设备用(　　)线画出,主要物料的流程线用(　　)实线表示。

A. 细,粗　　B. 细,细　　C. 粗,细　　D. 粗,细

17. 设备布置图和管路布置图主要包括反映设备、管路水平布置情况的(　　)图和反映某处立面布置情况的(　　)图。

A. 平面,立面　　B. 立面,平面　　C. 平面,剖面　　D. 剖面,平面

18. 用于泄压起保护作用的阀门是(　　)。

A. 截止阀　　B. 减压阀　　C. 安全阀　　D. 止逆阀。

19. 化工管路常用的连接方式有(　　)。

A. 焊接和法兰连接　　B. 焊接和螺纹连接

C. 螺纹连接和承插式连接　　D. A 和 C 都是

20. 对于使用强腐蚀性介质的化工设备,应选用耐腐蚀的不锈钢,且尽量使用(　　)不锈钢种。

A. 含锰　　B. 含铬镍　　C. 含铅　　D. 含钛

21. 碳钢和铸铁都是铁和碳的合金,它们的主要区别是含(　　)量不同。

A. 硫　　B. 碳　　C. 铁　　D. 磷

22. 水泥管的连接适宜采用的连接方式为(　　)。

A. 螺纹连接　　B. 法兰连接　　C. 承插式连接　　D. 焊接连接

23. 管路通过工厂主要交通干线时高度不得低于(　　)m。

A. 2　　B. 4.5　　C. 6　　D. 5

24. 下列阀门中,(　　)是自动作用阀。

A. 截止阀　　B. 节流阀　　C. 闸阀　　D. 止回阀

25. 阀门阀杆转动不灵活,不正确的处理方法为(　　)。

A. 适当放松压盖　　B. 调直修理　　C. 更换新填料　　D. 清理积存物

26. 指出常用的管路(流程)系统中的阀门图形符号(　　)是“止回阀”。

A. -⋈-　　B. -⋈-　　C. -⋈-　　D. -⧓-

27. 设备类别代号 T 涵义为(　　)。

A. 塔　　B. 换热器　　C. 容器　　D. 泵

28.（　　）在工艺设计中起主导作用，是施工安装的依据，同时又作为操作运行及检修的指南。

A. 设备布置图　　B. 管道布置图

C. 工艺管道及仪表流程图　　D. 化工设备图

29. 电动卷扬机应按规程做定期检查，每（　　）至少一次。

A. 周　　B. 月　　C. 季　　D. 年

30. 工艺流程图基本构成是（　　）。

A. 图形　　B. 图形和标注

C. 标题栏　　D. 图形、标注和标题栏

31. 管道的常用表示方法是（　　）。

A. 管径代号　　B. 管径代号和外径

C. 管径代号、外径和壁厚　　D. 管道外径

32. 管子的公称直径是指（　　）。

A. 内径　　B. 外径

C. 平均直径　　D. 设计、制造的标准直径

33. 在工艺管架中管路采用 U 型管的目的是（　　）。

A. 防止热胀冷缩　　B. 操作方便　　C. 安装需要　　D. 调整方向

34. 中压容器设计压力在（　　）。

A. 0.98≤P<1.2MPa　　B. 1.2MPa≤1.5MPa

C. 1.568MPa≤P<9.8MPa　　D. 1.568MPa≤P≤98MPa

35. 管壳式换热器属于（　　）。

A. 直接混合式换热器　　B. 蓄热式换热器

C. 间壁式换热器　　D. 以上都不是

36. 化工工艺图包括：工艺流程图、设备布置图和（　　）。

A. 物料流程图　　B. 管路立面图　　C. 管路平面图　　D. 管路布置图

37. 常用的检修工具有：起重工具、（　　）、检测工具和拆卸与装配工具。

A. 扳手　　B. 电动葫芦　　C. 起重机械　　D. 钢丝绳

38. 一般化工管路由管子、管件、阀门、支管架、（　　）及其他附件所组成。

A. 化工设备　　B. 化工机器　　C. 法兰　　D. 仪表装置

39. 法兰或螺纹连接的阀门应在（　　）状态下安装。

A. 开启　　B. 关闭　　C. 半开启　　D. 均可

40. 阀门发生关闭件泄漏，检查出产生故障的原因为密封面不严，则排除的方法是（　　）。

A. 正确选用阀门　　B. 提高加工或修理质量

C. 校正或更新阀杆　　D. 安装前试压、试漏，修理密封面

41. 阀门阀杆升降不灵活，是由于阀杆弯曲，则排除的方法是（　　）。

A. 更换阀门　　B. 更换阀门弹簧

C. 使用短杠杆开闭阀杆　　D. 设置阀杆保护套

42. 化工设备常用材料的性能可分为：工艺性能和（　　）。

A. 物理性能　　B. 使用性能　　C. 化学性能　　D. 力学性能

43. 化工容器按工作原理和作用的不同可分为：反应容器、换热容器、储存容器和(　　)。

A. 过滤容器　B. 蒸发容器　C. 分离容器　D. 气体净化分离容器

44. 型号为J41W-16P的截止阀，其中"16"表示(　　)。

A. 公称压力为16MPa　B. 公称压力为16Pa

C. 公称压力为1.6MPa　D. 公称压力为1.6Pa

45. 不锈钢1Cr18Ni9Ti表示平均含碳量为(　　)。

A. 0.9×10^{-2}　B. 2×10^{-2}　C. 1×10^{-2}　D. 0.1×10^{-2}

46. 阅读以下阀门结构图，表述正确的是(　　)。

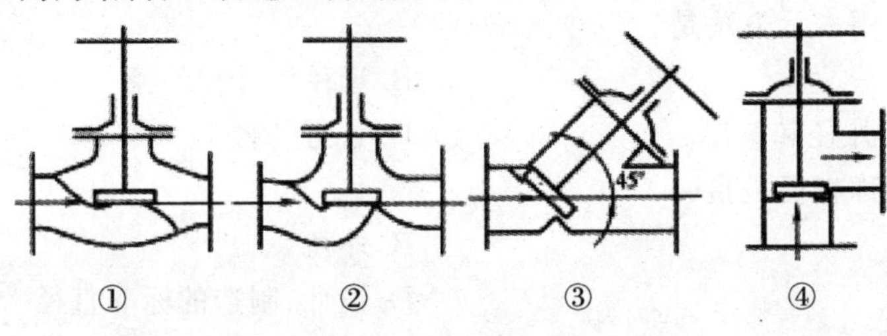

图 1-1　PIC101.OP

A. ①属于截止阀　B. ①②属于截止阀

C. ①②③属于截止阀　D. ①②③④都属于截止阀

47. 左图中所示法兰属于(　　)法兰。

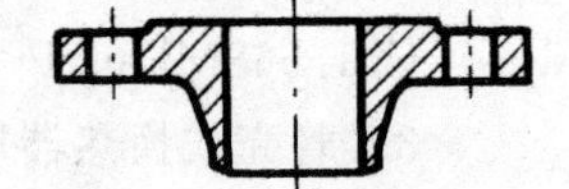

A. 平焊　B. 对焊

C. 插焊　D. 活动

48. 游标卡尺上与游标0线对应的零件尺寸为28mm，游标总长度为19mm，有20个刻度，游标与主尺重合刻度线为5，该零件的实际尺寸是(　　)。

A. 28.5mm　B. 28.25mm　C. 28.1mm　D. 28.75mm

49. 下列管路图例中(　　)代表夹套管路。

A. ━▭━　B. ┼┼┼┼　C. ⌒⌒⌒⌒　D. ━▨━

50. 有一条蒸汽管道和两条涂漆管道相向并行，这些管道垂直面排列时由上而下排列顺序是(　　)。

A. 粉红—红—深绿　B. 红—粉红—深绿　C. 红—深绿—粉红　D. 深绿—红—粉红

51. 用塞尺测量两个对接法兰的端面间隙是为了检查两个法兰端面的(　　)偏差。

A. 法兰轴线与端面的垂直度　B. 两个法兰端面的平行度

C. 密封间隙　D. 表面粗糙度

52. —ss—b—ss—b—ss—表示有(　　)根管线投影重叠。

A. 5　B. 4　C. 3　D. 2

53. 下列(　　)化工设备的代号是E。

A. 管壳式余热锅炉　B. 反应釜　C. 干燥器　D. 过滤器

54. 管道轴测图一般定Z轴为(　　)。

A. 东西方向　B. 南北方向　C. 上下方向　D. 左右方向

55. 使用台虎钳时，所夹工件尺寸不得超过钳口最大行程的(　　)。

A. 1/3　　B. 1/2　　C. 2/3　　D. 3/4

56. 波形补偿器应严格按照管道中心线安装，不得偏斜，补偿器两端应设(　　)。

A. 至少一个导向支架　　B. 至少各有一个导向支架

C. 至少一个固定支架　　D. 至少各有一个固定支架

57. 管道工程中，(　　)的闸阀，可以不单独进行强度和严密性试验。

A. 公称压力小于 1MPa，且公称直径小于或等于 600mm

B. 公称压力小于 1MPa，且公称直径大于或等于 600mm

C. 公称压力大于 1MPa，且公称直径小于或等于 600mm

D. 公称压力大于 1MPa，且公称直径大于或等于 600mm

58. 化工制图中工艺物料管道用(　　)线条绘制流程图。

A. 细实线　　B. 中实线　　C. 粗实线　　D. 细虚线

59. 浓硫酸贮罐的材质应选择(　　)。

A. 不锈钢　　B. 碳钢　　C. 塑料材质　　D. 铅质材料

60. 化工企业中压力容器泄放压力的安全装置有：安全阀与(　　)等。

A. 疏水阀　　B. 止回阀　　C. 防爆膜　　D. 节流阀

61. 在化工工艺流程图中，仪表控制点以(　　)在相应的管道上用符号画出。

A. 虚线　　B. 细实线　　C. 粗实线　　D. 中实线

62. 带控制点的工艺流程图构成有(　　)。

A. 设备、管线、仪表、阀门、图例和标题栏　　B. 厂房

C. 设备和厂房　　D. 方框流程图

63. 20 号钢表示钢中含碳量为(　　)。

A. 0.02%　　B. 0.2%　　C. 2.0%　　D. 20%

64. 下列指标中(　　)不属于机械性能指标。

A. 硬度　　B. 塑性　　C. 强度　　D. 导电性

65. 阀门填料函泄漏的原因不是下列哪项？(　　)

A. 填料装的不严密　　B. 压盖未压紧　　C. 填料老化　　D. 堵塞

66. 管道标准为 W1022—25×2.5B，其中 10 的含义是(　　)。

A. 物料代号　　B. 主项代号　　C. 管道顺序号　　D. 管道等级

67. 在管道布置中(　　)。

A. 不论什么管道都用单线绘制

B. 不论什么管道都用双线绘制

C. 公称直径大于或等于 400mm 的管道用双线，小于和等于 350mm 的管道用单线绘制

D. 不论什么管道都用粗实线绘制

68. 化工管件中，管件的作用是(　　)。

A. 连接管子　　B. 改变管路方向

C. 接出支管和封闭管路　　D. A、B、C 全部包括

69. 阀门的主要作用是(　　)。

A. 启闭作用　　B. 调节作用

C. 安全保护作用　　D. 前三种作用均具备

70. 化工管路的连接方法，常用的有（　　）。

A. 螺纹连接　　B. 法兰连接

C. 轴承连接和焊接　　D. A、B、C 均可

71. 高温下长期受载的设备，要注意其（　　）。

A. 胀性破裂　　B. 热膨胀性　　C. 蠕变现象　　D. 腐蚀问题

72. 化工设备一般都采用塑性材料制成，其所受的压力一般都应小于材料的（　　），否则会产生明显的塑性变形。

A. 比例极限　　B. 弹性极限　　C. 屈服极限　　D. 强度极限

73. 以下属于化工容器常用低合金钢的是（　　）。

A. Q235A. F　　B. 16Mn　　C. 65Mn　　D. 45 钢

74. 压力容器用钢的基本要求是有较高的强度，良好的塑性、韧性、制造性能和与介质相容性，硫和磷是钢中最有害的元素，我国压力容器对硫和磷含量控制在（　　）以下。

A. 0.2%和 0.3%　　B. 0.02%和 0.03%　　C. 2%和 3%　　D. 0.002%和 0.003%

75. 针对压力容器的载荷形式和环境条件选择耐应力腐蚀的材料，高浓度的氯化物介质，一般选用（　　）。

A. 低碳钢　　B. 含镍、铜的低碳高铬铁素体不锈钢

C. 球墨铸铁　　D. 铝合金

76. —|⋈|— 表示（　　）。

A. 螺纹连接，手动截止阀　　B. 焊接连接，自动闸阀

C. 法兰连接，自动闸阀　　D. 法兰连接，手动截止阀

77. 在设备分类代号中哪个字母代表换热器？（　　）

A. T　　B. E　　C. F　　D. R

78. 在工艺管道及仪表流程图中，设备是用（　　）绘制的。

A. 粗实线　　B. 细虚线　　C. 细实线　　D. 点画线

79. 在工艺管道及仪表流程图中，是由图中的（　　）反映实际管道的粗细的。

A. 管道标注　　B. 管线粗细　　C. 管线虚实　　D. 管线长短

80. 在化工管路中，对于要求强度高、密封性能好、能拆卸的管路，通常采用（　　）。

A. 法兰连接　　B. 承插连接　　C. 焊接　　D. 螺纹连接

81. 利用阀杆升降带动与之相连的圆形阀盘，改变阀盘与阀座间的距离达到控制启闭的阀门是（　　）。

A. 闸阀　　B. 截止阀　　C. 蝶阀　　D. 旋塞阀

82.（　　）在管路上安装时，应特别注意介质出入阀口的方向，使其“低进高出”。

A. 闸阀　　B. 截止阀　　C. 蝶阀　　D. 旋塞阀

83. 闸阀的阀盘与阀座的密封面泄漏，一般是采用（　　）方法进行修理。

A. 更换　　B. 加垫片　　C. 研磨　　D. 防漏胶水

84. 工作压力为 8MPa 的反应器属于（　　）。

A. 低压容器　　B. 中压容器　　C. 高压容器　　D. 超高压容器

85. 下列比例中，（　　）是优先选用的比例。

A. 4∶1　　B. 1∶3　　C. 5∶1　　D. $1∶1.5\times10^n$

86. 下列符号中代表指示、控制的是(　　)。

A. TIC　　B. TdRC　　C. PdC　　D. AC

87. 下列四种阀门图形中，表示截止阀的是(　　)。

A. ⋈　　B. ⋈　　C. ⍂　　D. ⋈

88. 在工艺流程图中，常用设备如换热器、反应器、容器、塔的符号表示顺序是(　　)。

A. "T、V、R、E"　　B. "R、F、V、T"

C. "E、R、V、T"　　D. "R、V、L、T"

89. 化工工艺流程图分为(　　)和施工流程图。

A. 控制流程图　　B. 仪表流程图　　C. 设备流程图　　D. 方案流程图

90. 带控制点工艺流程图又称为(　　)。

A. 方案流程图　　B. 施工流程图　　C. 设备流程图　　D. 电气流程图

91. 带控制点流程图一般包括：图形、标注、(　　)、标题栏等。

A. 图例　　B. 说明　　C. 比例说明　　D. 标准

92. 在带控制点工艺流程图中的图例是用来说明(　　)、管件、控制点等符号的意义。

A. 压力表　　B. 阀门　　C. 流量计　　D. 温度计

93. 工艺流程图中，容器的代号是(　　)。

A. R　　B. E　　C. P　　D. U

94. 工艺物料代号 PA 是(　　)。

A. 工艺气体　　B. 工艺空气

C. 气液两相工艺物料　　D. 气固两相工艺物料

95. PG1310—300A1A 为某一管道的标注，其中 300 是指(　　)。

A. 主项编号　　B. 管道顺序号　　C. 管径　　D. 管道等级

96. 为了减少室外设备的热损失，保温层外包的一层金属皮应采用(　　)。

A. 表面光滑，色泽较浅　　B. 表面粗糙，色泽较深　　C. 表面粗糙，色泽较浅

97. 下列关于截止阀的特点叙述不正确的是(　　)。

A. 结构复杂　　B. 操作简单

C. 不易于调节流量　　D. 启闭缓慢时无水锤

98. 法兰连接的优点不正确的是(　　)。

A. 强度高　　B. 密封性好　　C. 适用范围广　　D. 经济

99. 利用一可绕轴旋转的圆盘来控制管路的启闭，转角大小反映阀门的开启程度，这是(　　)。

A. 闸阀　　B. 蝶阀　　C. 球阀　　D. 旋塞阀

100. 合成氨中氨合成塔属于(　　)。

A. 低压容器　　B. 中压容器　　C. 高压容器　　D. 超高压容器

101. 设备分类代号中表示容器的字母为(　　)。

A. T　　B. V　　C. P　　D. 都不对

102. 阀体涂颜色为灰色，表示阀体材料为(　　)。

A. 合金钢　　B. 不锈钢　　C. 碳素钢　　D. 都不对

103. 阀一般适用于低温、低压流体且需作迅速全启和全闭的管道(　　)。

A. 旋塞　B. 闸　C. 截止　D. 隔膜

104. 新盘根要一圈一圈地加，长度要合适，每圈每根相接头要切成(　　)。

A. 30°　B. 45°　C. 60°　D. 90°

105. 以下工具操作有误的是(　　)。

A. 使用手锤工作时要戴手套，锤柄、锤头上不得有油污

B. 尖头錾、扁錾、盘根錾头部有油应及时清除

C. 锉刀必须装好木柄方可使用

D. 使用钢锯锯削时用力要均匀，被锯的管子或工作件要夹紧

106. 阀门由于关闭不当，密封面接触不好造成密封面泄漏时应(　　)。

A. 修理或更换密封面　B. 定期研磨

C. 缓慢、反复启闭几次　D. 更换填料

107. 蝶阀与管道连接时，多采用(　　)连接形式。

A. 螺纹　B. 对夹式　C. 法兰　D. 焊接

108. 工艺流程图的工艺过程内容是用(　　)的线条来表示的。

A. 等比例　B. 准确的　C. 示意性　D. 随意性

109. 带控制点的工艺流程图构成有(　　)。

A. 设备、管线、仪表、阀门、图例和标题栏　B. 厂房

C. 设备和厂房　D. 方框流程图

110. 一步法乙烯直接氧化制乙醛，由于催化剂中含有盐酸，所以反应器的材质应为(　　)。

A. 橡胶　B. 碳钢

C. 不锈钢　D. 碳钢外壳内衬两层橡胶再衬两层耐酸瓷砖

111. 若容器内介质的压力 $p=1.5$MPa，则该容器属于(　　)类容器。

A. 常压　B. 低压　C. 中压　D. 高压

112. 在化工设备中广泛应用的 20 号钢属于(　　)。

A. 低碳钢　B. 中碳钢　C. 高碳钢　D. 低合金钢

113. 厂房的外墙长度尺寸标注 3600，其长度应该是(　　)。

A. 3600m　B. 600cm　C. 3600mm　D. 36m

114. 在安装自动调节阀时，通常再并联一截止阀，其作用是(　　)。

A. 保持加热介质经常通过　B. 没有用，可不设置

C. 检修时临时使用　D. 增加流通量的作用

115. 对压力容器用钢的基本要求是：良好的塑性、韧性，良好的焊接性，较高的(　　)，和耐腐蚀性。

A. 强度　B. 抗冲击力　C. 耐压性　D. 承受温差变化能力

116. 化肥生产设备用高压无缝钢管的适用压力为 10 至(　　)MPa。

A. 20　B. 32　C. 40　D. 42

117. 在列管式换热器中，易结晶的物质走(　　)。

A. 管程　B. 壳程　C. 均不行　D. 均可

118. 硫酸生产中用得最多的材料是(　　)。

A. 铝　B. 不锈钢　C. 碳钢和铸铁　D. 塑料

119. 最小极限尺寸与基本尺寸的代数差，叫(　　)。

A. 上偏差　B. 下偏差　C. 极限偏差　D. 标准偏差

120. 过盈配合中孔的最大极限尺寸与轴的最小极限尺寸的代数差叫(　　)。

A. 最小过盈　B. 最大过盈　C. 最小间隙　D. 最大间隙

121. 含碳量在0.25%～0.5%，通过淬火及高温回火可获得良好的综合力学性能的这类钢，叫(　　)。

A. 渗碳钢　B. 调质钢　C. 弹簧钢　D. 都不对

122. 3/4"＝(　　)mm。

A. 0.75　B. 19.05　C. 3/4　D. 7.5

123. 框式水平仪的精度是以气泡移动一格时，被测表面在1m长度内倾斜(　　)来表示。

A. 1mm　B. 0.22mm　C. 0.001mm　D. 0.01mm

124. 尺寸公差是一个不为零，永远为(　　)的数。

A. 正值　B. 负值　C. 整数　D. 分数

125. 灰铸铁HT200，其数字200表示的是(　　)。

A. 抗拉强度　B. 抗压强度　C. 硬度　D. 材料型号

126. 16Mn是一种平均含碳量为0.16%的(　　)。

A. 低合金钢　B. 普通碳素结构钢

C. 优质碳素钢　D. 高合金钢

127. 选择液压油时，为减少漏损，在使用温度、压力较低或转速较高时，应采用(　　)的油。

A. 黏度较低　B. 黏度较高　C. 无所谓　D. 高辛烷值汽油

128. 下列配合代号中，表示间隙配合的是(　　)。

A. ϕ20(H8/C7)　B. ϕ40(H9/Z9)　C. ϕ50(F7/h7)　D. 都不对

129. 不锈钢是靠加入(　　)金属来实现耐腐蚀性的。

A. 铬和钼　B. 铬和镍　C. 镍和锰　D. 铜和锌

130. 齿轮泵和叶轮泵比较，齿轮泵的使用压力比叶轮泵的使用压力(　　)。

A. 高　B. 低　C. 相等　D. 不好比

131. 只有(　　)公差才有基准要素。

A. 形状　B. 尺寸　C. 位置　D. 都不对

132. 离心泵的物性曲线是(　　)。

A. 扬程与流量的关系曲线

B. 在转速为某一定值下扬程与流量的关系曲线

C. 在扬程为某一定值下流量与转速的关系曲线

D. 功率与流量的关系曲线

133. 单级离心泵减小平衡轴向推力的方法主要有哪些？(　　)

A. 平衡盘　B. 平衡管

C. 平衡孔、平衡管采用双吸式叶轮　D. 都对

134. 在用压力容器安全状况等级为1、2级的，每(　　)年必须进行一次内外部检验。

A. 6　　B. 4　　C. 3　　D. 8

135. 20 钢表示其平均含碳量是(　　)。

A. 0.2%　　B. 2%　　C. 0.02%　　D. 20%

136. 对于低碳钢,可通过(　　)降低塑性,以提高其可切削性。

A. 退火或回火　　B. 正火或调质　　C. 淬火　　D. 煅打

137. 通用离心泵的轴封采用(　　)。

A. 填料密封　　B. 迷宫密封　　C. 机械密封　　D. 静密封

138. 安全阀应(　　)安装。

A. 倾斜　　B. 铅直　　C. 视现场安装方便而定　　D. 水平

139. 阀口研磨时,磨具材料最好选用(　　)。

A. 珠光体铸铁　　B. 20　　C. 45　　D. 2Cr13

140. 管道连接采用活接头时,应注意使水流方向是(　　)。

A. 从活接头公口到母口　　B. 从活接头母口到公口

C. A 与 B 均可　　D. 视现场安装方便而定

141. 23 法兰装配时,法兰面必须垂直于管子中心线。允许偏斜度,当公称直径小于300mm 时为(　　)mm,当公称直径大于 300mm 时为(　　)mm。

A. 1,2　　B. 2,3　　C. 3,4　　D. 4,5

142. 管道与机器最终连接时,应在联轴节上架设百分表监视机器位移,当转速小于或等于 6000r/min 时,其位移值应小于(　　)mm。

A. 0.02　　B. 0.05　　C. 0.10　　D. 0.20

143. 压力容器的气密性试验应在(　　)进行。

A. 内外部检验及焊缝无损探伤合格后

B. 耐压试验合格后

C. 耐压试验进行前

D. 无特殊要求

144. 压力表的刻度上红线标准指示的是(　　)。

A. 工作压力　　B. 最高允许工作压力

C. 安全阀的整定压力　　D. 最低工作压力

145. 130t/h 锅炉至少应装设(　　)个安全阀。

A. 0　　B. 1　　C. 2　　D. 3

146. 锅筒和过热器上的安全阀的总排放量必须(　　)锅炉的额定蒸发量。

A. 大于　　B. 等于　　C. 小于　　D. 没有要求

147. 依据《压力容器安全技术监察规程》,有关压力容器液压试验的说法以下哪项是不正确的?(　　)

A. 奥氏体不锈钢压力容器水压试验时,应严格控制水中氯离子含量不超过 25mg/L

B. 当采用可燃性液体进行液压试验时,试验温度必须高于可燃性气体的闪点,试验场地附近不得有火源,且应配备适用的消防器材

C. 凡在试验时,不会导致发生危险的液体,在低于其沸点之下,都可用作液压试验介质

D. 都不正确

48. 下述有关压力容器液压试验准备工作中，以下哪项不符合《压力容器安全技术监察规程》的要求？（　　）

A. 压力容器中应充满液体，滞留在压力容器内的气体必须排净

B. 压力容器外表必须保持干燥

C. 不必等到液体温度与容器壁温接近时才升压

D. 都不是

（二）判断题

1. 开口扳手不属于专用扳手。（　　）

2. 工艺流程图分为方案流程图和工艺施工流程图。（　　）

3. 在阀门型号 H41T-16 中，4 是表示：法兰连接。（　　）

4. 管件是管路中的重要零件，它起着连接管子，改变方向，接出支管和封闭管路的作用。（　　）

5. 工作温度为－1.6℃的管道为低温管道。（　　）

6. 水、煤气管道广泛应用在小直径的低压管路上。（　　）

7. PPB 塑料管其耐高温性能优于 PPR 塑料管。（　　）

8. 制造压力容器的钢材一般都采用中碳钢。（　　）

9. 氧乙炔管道与易燃、可燃液体、气体管道或有毒液体管道可以铺设在同一地沟内。（　　）

10. Q235-A. F 碳素钢的屈服极限为 235MPa，屈服极限是指材料所能承受的最大应力。（　　）

11. 截止阀安装时应使管路流体由下向上流过阀座口。（　　）

12. 汽轮机防机组超速都是以关闭主汽门的方法来实现的。（　　）

13. 经纬仪主要是用于测量构件的水平和高度。（　　）

14. 为防止往复泵、齿轮泵超压发生事故，一般在排出管线切断阀前应设置安全阀。（　　）

15 管道安全液封高度应在安装后进行复查，允许偏差为 5/1000。（　　）

16. 管路交叉时，一般将上面（或前面）的管路断开，也可将下方（或后方）的管路画上断裂符号断开。（　　）

17. 管路的投影重叠，但需要表示出不可见的管段时，可采用断开显露法将上面管路的投影断开，并画上断裂符号。（　　）

18. 化工工艺图主要包括化工工艺流程图、化工设备布置图和管路布置图。（　　）

19. 甲乙两零件，甲的硬度为 250HBS，乙的硬度为 52HRC，则甲比乙硬。（　　）

20. 錾子前角的作用是减少切屑的变形和切屑轻快。（　　）

21. 研磨是所有的研具材料硬度必须比研磨工件软，但不能太软。（　　）

22. 化工管路是化工生产中所使用的各种管路的总称，一般由管子、管件、阀门、管架等组成。（　　）

23. 常用材料为金属材料、非金属材料、工程材料三大类。（　　）

24. 管路水平排列的一般原则是：大管靠里、小管靠外。（　　）

25.露天阀门的传动装置无需有防护罩。（ ）

26.法兰连接是化工管路最常用的连接方式。（ ）

27.截止阀可用于输送含有沉淀和结晶，以及黏度较大的物料。（ ）

28.狭义上，一切金属的氧化物叫做陶瓷，其中以 SiO_2 为主体的陶瓷通常称为硅酸盐材料。（ ）

29.工艺流程图上，设备图形必须按比例绘制。（ ）

30.使用泄露检测仪检测时，探针和探头不应直接接触带电物体。（ ）

31.当钢丝的磨损或腐蚀量达到或超过原有直径的 50%时，该钢丝应报废。（ ）

32.工艺流程图中设备用粗实线并按比例绘制。（ ）

33.工艺流程图中的管道、阀及设备采用 HG/T20519-1992 系列标准绘制。（ ）

34.一个流程由流程线、物料流向、名称及物料的来源和去向构成。（ ）

35.化工管路中通常在管路的相对低点安装有排液阀。（ ）

36.酸碱性反应介质可采用不锈钢材质的反应器。（ ）

37.安全阀在设备正常工作时是处于关闭状态的。（ ）

38.离心泵开车之前，必须打开进口阀和出口阀。（ ）

39.管道的法兰连接属于可拆连接，焊接连接属于不可拆连接。（ ）

40.在带控制点工艺流程图中，对两个或两个以上的相同设备，一般可采用简化画法。（ ）

41.管子钳主要用来夹持或旋转管子及配件的工具，也可用于六角螺母拆装。（ ）

42.工作介质为气体的管道，一般应用不带油的压缩空气或氮气进行吹扫。（ ）

43.管道安装前必须完成清洗、脱脂、内部防腐与衬里等工序。（ ）

44.旋塞阀是利用带孔的锥形栓塞来控制启闭，可用于温度和压力较低的较小管路上。（ ）

45.闸阀大多用于大直径上水管道，也可用于真空、低压气体和蒸汽管路。（ ）

46.在水平管路上安装阀门时，阀杆一般应安装在上半周范围内，不宜朝下，以防介质泄漏伤害到操作者。（ ）

47.低温容器用钢应考虑钢材的低温脆性问题，选材时首先要考虑钢的冲击韧性。（ ）

48.型号为 Q11F-40P、DN15 是外螺纹连接球阀。（ ）

49.起重用钢丝绳未发现断丝就可继续使用。（ ）

50.新阀门只要有合格证，使用前不需要进行强度和严密性试验，可直接使用。（ ）

51.物料管路一般都铺成一定的斜度，主要目的是在停工时可使物料自然放尽。（ ）

52.截止阀安装方向应遵守“低进高出”的原则。（ ）

53.明杆式闸阀较暗杆式闸阀更适合露天使用。（ ）

54.平焊法兰刚度大，适用于工作压力等级较高、温度较高、密封要求高的管道。（ ）

55.管道安装时，不锈钢螺栓、螺母应涂以二硫化钼。（ ）

56.框式水平仪是用来检查机器、设备安装后的水平性的，不可用来检查机器、设备安装后的垂直性。（ ）

57.节流阀与截止阀的阀芯形状不同，因此它比截止阀的调节性能好。（ ）

58. 蒸汽管路上的安全阀会发生阀盘与阀座胶结故障，检修时可将阀盘抬高，再用热介质经常吹涤阀盘。（　）

59. 往复泵启动前不需要灌泵，因为它具有自吸能力。（　）

60. 硅铁管主要用于高压管道，而铝管则主要用于低压管道。（　）

61. 球阀的阀芯经常采取铜材或陶瓷材料制造，主要可使阀芯耐磨损和防止介质腐蚀。（　）

62. 在化工设备中能承受操作压力 P≥100MPa 的容器是高压容器。（　）

63. 管法兰和压容器法兰的公称直径均应为所连接管子的外径。（　）

64. 水平管道法兰的螺栓孔，其最上面两个应保持水平。（　）

65. 用 90°角尺沿水平管方向可测垂直管法兰螺栓孔是否正。（　）

66. 离心水泵出水管应设置闸阀和调节阀。（　）

67. 一般工业管道的最低点和最高点应装设相应的放水、放气装置。（　）

68. 防腐蚀衬里管道全部用法兰联接，弯头、三通、四通等管件均制成法兰式。（　）

69. 含碳量小于 2%的铁碳合金称为铸铁。（　）

70. 化工管路主要是由管子、管件和阀门等三部分所组成。（　）

71. 化工企业中，管道的连接方式只有焊接与螺纹连接两种。（　）

72. 因为从受力分析角度来说，半球形封头最好，所以不论在任何情况下，都必须首先考虑采用半球形封头。（　）

73. 制造压力容器的钢材一般都采用中碳钢。（　）

74. 不论在什么介质中不锈钢的耐腐蚀性都好于碳钢。（　）

75. 金属垫片材料一般并不要求强度高，而是要求其软韧。金属垫片主要用于中、高温和中、高压的法兰联接密封。（　）

76. 在带控制点的工艺流程图中管径一律用公称直径标注。（　）

77. 当流程线发生交错时，应将一线断开，一般是同一物料交错，按流程顺序“先不断后断”。不同物料线交错时主不断辅断。（　）

78. 旋塞阀属于手动阀门，主要起开启或关闭作用。（　）

79. 15CrMo 是常用的一种高温容器用钢。（　）

80. Q235A 属于优质碳素结构钢。（　）

81. 高硅铸铁对盐酸、硝酸、硫酸和烧碱，不论何种浓度和高温都耐腐蚀。（　）

82. 碳钢可以用来制作易燃、有毒介质，压力和温度波动的容器。（　）

83. 外压容器的破坏形式主要是因筒体强度不够而引起的。（　）

84. 容器的凸缘本身具有开孔补强作用，故不需另行补强。（　）

85. 压力容器一般事故是指容器由于受压部件严重损坏（如变形、泄漏）、附件损坏等，被迫停止运行，必须进行修理的事故。（　）

86. 锡青铜在硝酸和其他含氧介质中以及在氨溶液中耐腐蚀。（　）

87. 在工艺管道及仪表流程图中，管道上的阀门是用粗实线按标准规定的图形符号在相应处画出。（　）

88. 在进行圆柱管螺纹连接时，螺纹连接前必须在外螺纹上加填料，填料在螺纹上的缠绕方向，应与螺纹的方向一致。（　）

89.管路焊接时，应先点焊定位，焊点应在圆周均布，然后经检查其位置正确后方可正式焊接。（　）

90.闸阀具有流体阻力小、启闭迅速、易于调节流量等优点。（　）

91.拆卸闸阀时填料一定要清除干净。（　）

92.截止阀的泄漏可分为外漏和内漏两种情况，由阀盘与阀座间的结合不紧密造成的泄漏属于内漏。（　）

93.按照容器的管理等级分类有一类压力容器、二类压力容器、三类压力容器。高压或超高压容器属于一类压力容器。（　）

94.拆卸阀门时垫片一定要更换，否则重新安装后容易造成泄漏。（　）

95.工艺流程图中的标注，是注写设备位号及名称、管段编号、控制点和必要的说明等。（　）

96.施工流程图是设备布置和管道布置设计的依据。（　）

97.带控制点工艺流程图一般包括：图形、标注和图例3个部分。（　）

98.化工工艺流程图只包含施工流程图。（　）

99.方案流程图一般仅画出主要设备和主要物料的流程线，用于粗略地表示生产流程。（　）

100.某工件实际尺寸为长20m、宽10m、高5m。当图形被缩小100倍后，则其尺寸标注为$200 \times 100 \times 50 mm^3$。（　）

101.图纸中的文字说明部分文字字体大小是根据图形比例来确定的。（　）

102.(TRC/0501)表示集中仪表盘面安装的温度记录控制仪。（　）

103.按部标规定，管道布置图中标注、坐标以m为单位，取小数点2位。（　）

104.化工过程的检测和控制系统的图形符号，一般由测量点、连接线和仪表圆圈三部分组成。（　）

105.在化工制图中，执行器的图形符号由执行机构和调节机构两部分组合而成。（　）

106.垫片的选择主要根据管内压力和介质的性质等综合分析后确定。（　）

107.化工机械常用的防腐措施有改善介质的腐蚀条件，采用电化学保护和表面覆盖层法。（　）

108.优质碳素结构钢，除保证钢材的力学性能和化学成分外，还对硫磷的含量严格控制，品质较高。（　）

109.板式塔气液主要是在塔盘上进行传质过程的，而填料塔气液进行传质的过程主要在填料外表面上。（　）

110.阀门类别用汉语拼音字母表示，如闸阀代号为“Z”。（　）

111.在高空作业时，安装公称通径50mm以上的管子，应用链条钳，不得使用管钳子。（　）

112.管路相遇的避让原则是：分支管路让主干管路；小口径管路让大口径管路；有压力管路让无压力管路，高压管路让低压管路。（　）

113.管道变径处宜采用大小头，安装时应注意：同心大小头宜用在水平管道上，偏心大

小头宜用在垂直管道上。　(　)

114. 小规格阀门更换填料时，把填料函中的旧填料清理干净，将细石棉绳按逆时针方向，围绕阀杆缠上3～4圈装入填料函，放上填料压盖，旋紧盖母即可。　(　)

115. 识读工艺流程图时，一般应从上到下，从右到左进行。　(　)

116. 高温高压和腐蚀性介质用的阀门，大都用法兰连接的阀盖。　(　)

117. 工艺流程图中设备用细实线表示。　(　)

118. 通过含有稀硫酸废水的管线材质应为碳钢。　(　)

119. 换热管在管板上的排列以正方形排列的管数最多，故应用最广。　(　)

120. 阀门与管道的连接画法中⊣⋈⊢表示螺纹连接。　(　)

121. 设备类别代号中P和V分别表示泵和压缩机。　(　)

122. 冷、热管线必须在同一立面布置时，热管在上、冷管在下。　(　)

123. 为了防止停工时物料积存在管内，管道设计时一般应有1/100至5/1000的坡度。　(　)

124. 在列管式换热器中，为了防止管壳程的物质互混，在列管的接头处必须采用焊接方式连接。　(　)

125. 在有机化工生产中为了防止发生溶解腐蚀，全部选用各种金属的钢或不锈钢，而不选用非金属制造设备。　(　)

126. 在选择化工设备的材料时，如要考虑强度问题，均是选择金属而不选非金属，因为金属的强度远远高于非金属。　(　)

127. 在化工管道的连接中，法兰连接和螺纹连接各有优缺点。　(　)

128. 按照几何投影的原理，任何零件图必须具备主视图、俯视图和侧视图，否则不能完整地表示零件。　(　)

129. 任何一张零件图，都必须具备一组视图、制造和检验的全部尺寸、技术要求、标题栏，否则不能满足要求。　(　)

130. 实际尺寸等于基本尺寸，则零件一定合格。　(　)

131. 公差一般为正值，但在个别情况下，也可以是负值或零。　(　)

132. 平行度属于位置公差。　(　)

133. 画公差带图时，上偏差位于零线上方，下偏差位于零线下方。　(　)

134. 未注公差尺寸实际上就是没有公差要求的尺寸。　(　)

135. 当两齿轮接触斑点的位置正确，面积太小时，可在齿面上加研磨剂使两齿轮进行研磨以达足够的接触面积。　(　)

136. 管子弯曲后不得有皱纹。　(　)

137. 管道的热紧和冷紧温度应在保持工作温度2h之后进行。　(　)

138. 在低温管道上可以直接焊接管架。　(　)

139. 管子焊接对口时，其厚度偏差只要不超过公称壁厚的15%即可。　(　)

140. 管子对口时用的对口工具在焊口点焊完后即可松掉。　(　)

141. 管子直径为φ38mm，对口后，经检查两管子中心线偏差为1mm，对口不合格。　(　)

142. 低合金钢管壁厚≤6mm时，环境温度为0℃以上，焊接时可不进行预热。　(　)

143. 钢管弯管后，测量壁厚减薄时应在弯头内弯处测厚。 ( )

144. 管子套丝时应注意不要一扳套成，丝扣要完整，丝扣表面要光滑，丝扣的松紧要适当。 ( )

145. 碳素钢管热弯时的终弯温度比低合金钢管高。 ( )

146. 管道进行蒸气吹扫时不需对管进行预热。 ( )

147. 管道的严密性试验介质可用天然气或氢气。 ( )

148. 止回阀的安装可以不考虑工艺介质的流向。 ( )

149. 升降式止回阀只能水平安装。 ( )

150. 阀口磨具的工作表面应经常用平板检查其平整度。 ( )

151. 化工企业生产用泵种类繁多，按其工作原理划分可归为容积泵、叶片泵、流体动力泵 3 大类。 ( )

152. 过盈联接装配方法中的热胀套合法是把被包容件加热至装配环境温度以上的某个温度后，套入包容件中。 ( )

153. 隔膜泵液压室安全阀一般为弹簧式，主要用来排液压室中多余的油，不应该把它作为泵排出管道上的安全装置。 ( )

154. 浮头式换热器浮头管板的外径应小于壳体外径，为了不至于造成过多的旁路间隙，两者的直径差越小越好。 ( )

155. 按《蒸汽锅炉安全技术监察规程》的规定，安装过程中，安装单位如发现受压部件存在影响安全使用的质量问题时，应停止安装并报当地锅炉压力容器安全监察机构。 ( )

156.《蒸汽锅炉安全技术监察规程》中规定：检验人员进入锅筒、炉膛、烟道前，必须切断与邻炉连接的烟、风、水、汽管路。 ( )

157. 按《蒸汽锅炉安全技术监察规程》的规定，进入锅筒内检验使用电灯照明时，可采用 24V 的照明电压。 ( )

三、化工仪表及自动化部分

(一)选择题

1. 我国工业交流电的频率为( )。

A. 50Hz　　B. 100Hz　　C. 314rad/s　　D. 3. 14rad/s

2. 当三相负载的额定电压等于电源的相电压时，三相负载应做( )联接。

A. Y　　B. X　　C. Δ　　D. S

3. 热电偶温度计是基于( )的原理来测温的。

A. 热阻效应　　B. 热电效应　　C. 热磁效应　　D. 热压效应

4. 测高温介质或水蒸气的压力时要安装( )。

A. 冷凝器　　B. 隔离罐　　C. 集气器　　D. 沉降器

5. 一般情况下，压力和流量对象选( )控制规律。

A. D　　B. PI　　C. PD　　D. PID

6. 电路通电后，却没有电流，此时电路处于( )状态。

A. 导通　　B. 短路　　C. 断路　　D. 电阻等于零

7. 三相交流电中，A 相、B 相、C 相与 N(中性线)之间的电压都为 220V，那么 A 相与 B 相之间的电压应为(　　)。

A. 0V　　B. 440V　　C. 220V　　D. 380V

8. 运行中的电机失火时，应采用(　　)灭火。

A. 泡沫　　B. 干粉　　C. 水　　D. 喷雾水枪

9. 在自动控制系统中，仪表之间的信息传递都采用统一的信号，它的范围是(　　)。

A. 0～10mA　　B. 4～20mA　　C. 0～10V　　D. 0～5V

10. 某控制系统中，为使控制作用具有预见性，需要引入(　　)调节规律。

A. PD　　B. PI　　C. P　　D. I

11. 热电偶是测量(　　)参数的元件。

A. 液位　　B. 流量　　C. 压力　　D. 温度

12. 两个电阻，当它们并联时的功率比为 16∶9，若将它们串联，则两电阻上的功率比将是(　　)。

A. 4∶3　　B. 9∶16　　C. 3∶4　　D. 16∶9

13. 一个电热器接在 10V 的直流电源上，产生一定的热功率。把它改接到交流电源上，使产生的热功率与直流电时相同，则交流电源电压的最大值是(　　)。

A. 7.07V　　B. 5V　　C. 14V　　D. 10V

14. 根据"化工自控设计技术规定"，在测量稳定压力时，最大工作压力不应超过测量上限值的(　　)；测量脉动压力时，最大工作压力不应超过测量上限值的(　　)。

A. 1/3，1/2　　B. 2/3，1/2　　C. 1/3，2/3　　D. 2/3，1/3

15. 在 XCZ101 型动圈式显示仪表安装位置不变的情况下，每安装一次测温元件时，都要重新调整一次外接电阻的数值，当配用热电偶时，使 $R_{外}$ 为(　　)Ω。

A. 10　　B. 15　　C. 5　　D. 2.5

16. 在自动控制系统中，用(　　)控制器可以达到无余差。

A. 比例　　B. 双位　　C. 积分　　D. 微分

17. 电子电位差计是(　　)显示仪表。

A. 模拟式　　B. 数字式　　C. 图形　　D. 无法确定

18. 变压器绕组若采用交叠式放置，为了绝缘方便，一般在靠近上下磁轭(铁芯)的位置安放(　　)。

A. 低压绕组　　B. 中压绕组　　C. 高压绕组　　D. 无法确定

19. 防止静电的主要措施是(　　)。

A. 接地　　B. 通风　　C. 防爆　　D. 防潮

20. 我国低压供电单相电压为 220 伏，三相线电压为 380 伏，此数值指交流电压的(　　)。

A. 平均值　　B. 最大值　　C. 有效值　　D. 瞬时值

21. 自动控制系统中完成比较、判断和运算功能的仪器是(　　)。

A. 变送器　　B. 执行装置　　C. 检测元件　　D. 控制器

22. 基尔霍夫第一定律指出，电路中任何一个节点的电流(　　)。

A. 矢量和相等　　B. 代数和等于零　　C. 矢量和大于零　　D. 代数和大于零

23.正弦交流电的三要素是(　　)。

A.电压、电流、频率　　B.周期、频率、角频率

C.最大值、初相角、角频率　　D.瞬时值、最大值、有效值

24.在负载星形连接的电路中,线电压与相电压的关系为(　　)。

A. $U_{线}=U_{相}$　　B. $U_{线}=3U_{相}$　　C. $U_{线}=U_{相}/\sqrt{3}$　　D. $U_{线}=\sqrt{3}U_{相}$

25.热电偶通常用来测量(　　)500℃的温度。

A.高于等于　　B.低于等于　　C.等于　　D.不等于

26.在选择控制阀的气开和气关形式时,应首先从(　　)考虑。

A.产品质量　　B.产品产量　　C.安全　　D.节约

27.在研究控制系统过渡过程的品质指标时,一般都以在阶跃干扰(包括设定值的变化)作用下的(　　)过程为依据。

A.发散振荡　　B.等幅振荡　　C.非周期衰减　　D.衰减振荡。

28.用万用表检查电容器好坏时,(　　),则该电容器是好的。

A.指示满度　　B.指示零位　　C.指示从大到小变化　　D.指示从小到大变化

29.提高功率因数的方法是(　　)。

A.并联电阻　　B.并联电感　　C.并联电容　　D.串联电容

30.某异步电动机的磁极数为4,该异步电动机的同步转速为(　　)r/min。

A. 3000　　B. 1500　　C. 1000　　D. 750

31.测量氨气的压力表,其弹簧管应用(　　)材料。

A.不锈钢　　B.钢　　C.铜　　D.铁

32.某自动控制系统采用比例积分作用调节器,某人用先比例后积分的试凑法来整定调节器的参数。若在纯比例作用下,比例度的数值已基本合适,在加入积分作用的过程中,则(　　)。

A.应大大减小比例度　　B.应适当减小比例度

C.应适当增加比例度　　D.无需改变比例度

33.在热电偶测温时,采用补偿导线的作用是(　　)。

A.冷端温度补偿　　B.冷端的延伸

C.热电偶与显示仪表的连接　　D.热端温度补偿

34.将电气设备金属外壳与电源中性线相连接的保护方式称为(　　)。

A.保护接零　　B.保护接地　　C.工作接零　　D.工作接地

35.检测、控制系统中字母FRC是指(　　)。

A.物位显示控制系统　　B.物位纪录控制系统

C.流量显示控制系统　　D.流量记录控制系统

36.热继电器在电路中的作用是(　　)。

A.短路保护　　B.过载保护　　C.欠压保护　　D.失压保护

37.在三相负载不对称交流电路中,引入中线可以使(　　)。

A.三相负载对称　　B.三相电流对称　　C.三相电压对称　　D.三相功率对称

38.Ⅲ型仪表标准气压信号的范围是(　　)。

A. 10～100kPa　　B. 20～100kPa　　C. 30～100kPa　　D. 40～100kPa

39. 控制系统中 PI 调节是指(　　)。

A. 比例积分调节　　B. 比例微分调节　　C. 积分微分调节　　D. 比例调节

40. 三相异步电动机的“异步”是指(　　)。

A. 转子转速与三相电流频率不同　　B. 三相电流周期各不同

C. 旋转磁场转速始终小于转子转速　　D. 转子转速始终小于磁场转速

41. 以下哪种方法不能消除人体静电?(　　)

A. 洗手　　B. 双手相握,使静电中和

C. 触摸暖气片　　D. 用手碰触铁门

42. 以下哪种器件不是节流件?(　　)

A. 孔板　　B. 文丘里管　　C. 实心圆板　　D. 喷嘴

43. 变压器的损耗主要有(　　)。

A. 铁损耗　　B. 铜损耗　　C. 铁损耗和铜损耗　　D. 无损耗

44. 三相对称交流电动势相位依次滞后(　　)。

A. 30°　　B. 60°　　C. 90°　　D. 120°

45. 保护接零是指在电源中性点已接地的三相四线制供电系统中,将电气设备的金属外壳与(　　)相连。

A. 接地体　　B. 电源零线　　C. 电源火线　　D. 绝缘体

46. 压力表安装时,测压点应选择在被测介质(　　)的管段部分。

A. 直线流动　　B. 管路拐弯　　C. 管路分叉　　D. 管路的死角

47. 热电偶温度计是用(　　)导体材料制成的,插入介质中,感受介质温度。

A. 同一种　　B. 两种不同　　C. 三种不同　　D. 四种不同

48. 一个“220V,60W”的白炽灯,接在 220V 的交流电源上,其电阻为(　　)。

A. 100Ω　　B. 484Ω　　C. 3.6Ω　　D. 807Ω

49. 要使三相异步电动机反转,只需改变(　　)。

A. 电源电压　　B. 电源相序　　C. 电源电流　　D. 负载大小

50. 为了使异步电动机能采用 Y－△降压启动,前提条件是电动机额定运行时为(　　)。

A. Y 联结　　B. △联结　　C. Y/△联结　　D. 延边三角形联结

51. 热电偶测量时,当导线断路时,温度记录仪表的指示在(　　)。

A. 0℃　　B. 机械零点　　C. 最大值　　D. 原测量值不变

52. 在国际单位制中,压力的法定计量单位是(　　)。

A. MPa　　B. Pa　　C. mmH_2O　　D. mmHg

53. PI 控制规律是指(　　)。

A. 比例控制　　B. 积分控制　　C. 比例积分控制　　D. 微分控制

54. 三相负载不对称时应采用的供电方式为(　　)。

A. △形连接并加装中线　　B. Y 形连接

C. Y 形连接并加装中线　　D. Y 形连接并在中线上加装熔断器

55. 电力变压器的基本结构是由(　　)所组成。

A. 铁芯和油箱　　B. 绕组和油箱　　C. 定子和油箱　　D. 铁芯和绕组

56. 当高压电线接触地面，人体在事故点附近发生的触电称为(　　)。

A. 单相触电　B. 两相触电　C. 跨步触电　D. 接地触电

57. 某仪表精度为0.5级，使用一段时间后其最大相对误差为±0.8%，则此表精度为(　　)级。

A. ±0.8　B. 0.8　C. 1.0　D. 0.5

58. 控制系统中控制器正、反作用的确定依据(　　)。

A. 实现闭环回路正反馈　B. 系统放大倍数合适

C. 生产的安全性　D. 实现闭环回路负反馈

59. 停止差压变送器时应(　　)。

A. 先开平衡阀，后开正负室压阀　B. 先开平衡阀，后关正负室压阀

C. 先关平衡阀，后开正负室压阀　D. 先关平衡阀，后关正负室压阀

60. 在一三相交流电路中，一对称负载采用Y形连接方式时，其线电流有效值I，则采用△形连接方式时，其线电流有效值为(　　)。

A. $\sqrt{3}I$　B. $\frac{1}{\sqrt{3}}I$　C. $3\,I$　D. $\frac{1}{3}I$

61. 某温度控制系统，要求控制精度较高，控制规律应该为(　　)

A. 比例控制、较弱的积分控制、较强的微分控制

B. 比例控制、较强的积分控制、较弱的微分控制

C. 比例控制、较弱的积分控制、较弱的微分控制

D. 比例控制、较强的积分控制、较强的微分控制

62. 在控制系统中，调节器的主要功能是(　　)

A. 完成偏差的计算　B. 完成被控量的计算

C. 直接完成控制　D. 完成检测

63. 在利用热电阻传感器检测温度时，热电阻与仪表之间采用(　　)连接。

A. 二线制　B. 三线制　C. 四线制　D. 五线制

64. 在电力系统中，具有防触电功能的是(　　)。

A. 中线　B. 地线　C. 相线　D. 连接导线

65. 仪表输出的变化与引起变化的被测量变化值之比称为仪表的(　　)。

A. 相对误差　B. 灵敏限　C. 灵敏度　D. 准确度

66. 自动控制系统的控制作用不断克服(　　)的过程。

A. 干扰影响　B. 设定值变化　C. 测量值影响　D. 中间量变化

67. 日光灯电路中，启辉器的作用是(　　)。

A. 限流作用　B. 电路的接通与自动断开

C. 产生高压　D. 提高发光效率

68. 对称三相四线制供电电路，若端线(相线)上的一根保险丝熔断，则保险丝两端的电压为(　　)。

A. 线电压　B. 相电压　C. 相电压+线电压　D. 线电压的一半

69. 三相异步电动机直接启动造成的危害主要指(　　)。

A. 启动电流大，使电动机绕组被烧毁

B. 启动时在线路上引起较大电压降，使同一线路负载无法正常工作

C. 启动时功率因数较低，造成很大浪费

D. 启动时起动转矩较低，无法带负载工作

70. 人体的触电方式中，以(　　)最为危险。

A. 单相触电　　B. 两相触电　　C. 跨步电压触电　　D. 都不对

71. 正弦交流电电流 $I=10\sin(314t-30°)$A，其电流的最大值为(　　)A。

A. $10\sqrt{2}$　　B. 10　　C. $10\sqrt{3}$　　D. 20

72. 变压器不能进行以下(　　)变换。

A. 电流变换　　B. 电压变换　　C. 频率变换　　D. 阻抗变换

73. 在工业生产中，可以通过以下(　　)方法达到节约用电的目的。

A. 选择低功率的动力设备　　B. 选择大功率的动力设备

C. 提高电路功率因素　　D. 选择大容量的电源变压器

74. 热电偶测温时，使用补偿导线是为了(　　)。

A. 延长热电偶　　B. 使参比端温度为 0℃

C. 作为连接导线　　D. 延长热电偶且保持参比端温度为 0℃

75. 与热电阻配套使用的动圈式显示仪表，为保证仪表指示的准确性，热电阻应采用三线制连接，并且每根连接导线的电阻取(　　)。

A. 15 Ω　　B. 25 Ω　　C. 50 Ω　　D. 5 Ω

76. 气动执行器有气开式和气关式两种，选择的依据是(　　)。

A. 负反馈　　B. 安全　　C. 方便　　D. 介质性质

77. 化工自动化仪表按其功能不同，可分为四个大类，即(　　)、显示仪表、调节仪表和执行器。

A. 现场仪表　　B. 异地仪表　　C. 检测仪表　　D. 基地式仪表

78. 某工艺要求测量范围在 0～300℃，最大绝对误差不能大于±4℃，所选仪表的精确度为(　　)。

A. 0.5　　B. 1.0　　C. 1.5　　D. 4.0

79. 在中性点不接地的三相电源系统中，为防止触电，将电器设备的金属外壳与大地可靠连接称为(　　)。

A. 工作接地　　B. 工作接零　　C. 保护接地　　D. 保护接零

80. 异步电动机的功率不超过(　　)，一般可以采用直接启动。

A. 5kW　　B. 10kW　　C. 15kW　　D. 12kW

81. 压力表的使用范围一般在量程的 1/3～2/3 处，如果低于 1/3，则(　　)。

A. 因压力过低，仪表没有指示　　B. 精度等级下降

C. 相对误差增加　　D. 压力表接头处焊口有漏

82. 用电子电位差计配用热电偶测量温度，热端温度升高 2℃，室温(冷端温度)下降 2℃，则仪表示值(　　)。

A. 升高 4℃　　B. 升高 2℃　　C. 下降 2℃　　D. 下降 4℃

83. 积分调节的作用是(　　)。

A. 消除余差　B. 及时有力　C. 超前　D. 以上三个均对

84. 转子流量计指示稳定时，其转子上下的压差是由(　　)决定的。

A. 流体的流速　B. 流体的压力　C. 转子的重量　D. 流道截面积

85. 车床照明灯使用的电压为(　　)。

A. 12V　B. 24V　C. 220V　D. 36V

86. 热电偶温度计是基于(　　)的原理来测温的。

A. 热阻效应　B. 热电效应　C. 热磁效应　D. 热压效应

87. 测高温介质或水蒸气的压力时要安装(　　)。

A. 冷凝器　B. 隔离罐　C. 集气器　D. 沉降器

88. 如果工艺上要求测量650℃的温度，测量结果要求自动记录，可选择的测量元件和显示仪表是(　　)。

A. 热电阻配电子平衡电桥　B. 热电偶配电子电位差计

C. 热电阻配动圈表 XCZ102　D. 热电偶配动圈表 XCZ101

89. 工艺上要求采用差压式流量计测量蒸汽的流量，一般情况下取压点应位于节流装置的(　　)。

A. 上半部　B. 下半部　C. 水平位置　D. 上述三种均可

90. 如果工艺上要求测量650℃的温度，测量结果要求远传指示，可选择的测量元件和显示仪表是(　　)。

A. 热电阻配电子平衡电桥　B. 热电偶配电子电位差计

C. 热电阻配动圈表 XCZ102　D. 热电偶配动圈表 XCZ101

91. 如工艺上要求采用差压式流量计测量液体的流量，则取压点应位于节流装置的(　　)。

A. 上半部　B. 下半部　C. 水平位置　D. 上述三种均可

92. 如果工艺上要求测量150℃的温度，测量结果要求远传指示，可选择的测量元件和显示仪表是(　　)。

A. 热电阻配电子平衡电桥　B. 热电偶配电子电位差计

C. 热电阻配动圈表 XCZ102　D. 热电偶配动圈表 XCZ101

93. 如工艺上要求采用差压式流量计测量气体的流量，则取压点应位于节流装置的(　　)。

A. 上半部　B. 下半部　C. 水平位置　D. 上述三种均可

94. 下列设备中，其中(　　)必是电源。

A. 发电机　B. 蓄电池　C. 电视机　D. 电炉

95. 当被控变量为温度时，控制器应选择(　　)控制规律。

A. P　B. PI　C. PD　D. PID

96. DDZ-Ⅲ型电动单元组合仪表的标准统一信号和电源为(　　)。

A. 0～10mA，220VAC　B. 4～20mA，24VDC

C. 4～20mA，220VAC　D. 0～10mA，24VDC

97. 下列说法正确的是(　　)。

A. 电位随着参考点(零电位点)的选取不同数值而变化

B. 电位差随着参考点(零电位点)的选取不同数值而变化

C. 电路上两点的电位很高，则其间电压也很高

D. 电路上两点的电位很低，则其间电压也很小

98. 欧姆表一般用于测量(　　)。

A. 电压　　B. 电流　　C. 功率　　D. 电阻

99. 一般三相异步电动机在额定工作状态下的转差率为(　　)。

A. 30%～50%　　B. 2%～5%　　C. 15%～30%　　D. 100%

(二)判断题

1. 110V，25W 的灯泡可以和 110V，60W 的灯泡串联接在 220V 的电源上使用。(　　)

2. 万用表可以带电测电阻。(　　)

3. 变压器不仅有变压、变流的作用，而且还有变阻抗的作用。(　　)

4. 压力表的选择只需要选择合适的量程就行了。(　　)

5. 调节阀的最小可控流量与其泄漏量不是一回事。(　　)

6. 采用压差变送器配合节流装置测流量时，在不加开方器时，标尺刻度是非线性的。(　　)

7. 电阻电路中，不论它是串联还是并联，电阻上消耗的功率总和等于电源输出的功率。(　　)

8. 由三相异步电动机的转动原理可知，在电动运行状态下总是旋转磁场的转速小于转子的转速，因此称为“异步”电动机。(　　)

9. 变压器是用来降低电压的。(　　)

10. 电器设备通常都要接地，接地就是将机壳接到零线上。(　　)

11. 在加热炉的燃料控制中，从系统的安全考虑，控制燃料的气动调节阀应选用气开阀。(　　)

12. 自动控制系统通常采用闭环控制，且闭环控制中采用负反馈，因而系统输出对于外部扰动和内部参数变化都不敏感。(　　)

13. 在感性负载电路中，加接电容器，可补偿提高功率因数，其效果是减少了电路总电流，使有功功率减少，节省电能。(　　)

14. 在三相四线制中，当三相负载不平衡时，三相电压值仍相等，但中线电流不等于零。(　　)

15. 为了保证测量值的准确性，所测压力值不能太接近于仪表的下限值，亦即仪表的量程不能选的太大，一般以被测压力的最小值不低于仪表满量程的 1/2 为宜。(　　)

16. DDZ-Ⅱ型电动控制器采用 220V 交流电压作为供电电源，导线采用三线制。(　　)

17. 热电阻温度计是由热电阻、显示仪表以及连接导线所组成，其连接导线采用三线制接法。(　　)

18. 由于防爆型仪表或电气设备在开盖后就失去防爆性能，因此不能在带电的情况下打开外盖进行维修。(　　)

19. 热电阻温度计显示仪表指示无穷大可能原因是热电阻短路。(　　)

20. 变压器温度的测量主要是通过对其油温的测量来实现的。如果发现油温较平时相同负载和相同条件下高出 10℃时，应考虑变压器内发生了故障。(　　)

21. 三相异步电动机定子极数越多，则转速越高，反之则越低。(　　)

22.漏电保护器的使用是防止触电事故。 ( )

23.三相交流对称电路中,如采用星形接线时,线电流等于相电流。 ( )

24.利用降压变压器将发电机端电压降低,可以减少输电线路上的能量损耗。 ( )

25.直流电动机的制动转矩将随着转速的降低而增大。 ( )

26.在直流电路中,负载获得最大功率的条件是负载电阻等于电源内阻。 ( )

27.在自动控制系统中,按给定值的形式不同可以分为定值控制系统、随动控制系统和程序控制系统。 ( )

28.数字式显示仪表是以RAM和ROM为基础,直接以数字形式显示被测变量的仪表。 ( )

29.DCS是一种控制功能和负荷分散,操作、显示和信息管理集中,采用分级分层结构的计算机综合控制系统。 ( )

30.“三相四线”制供电方式是指“三根相线、一根中线”。 ( )

31.电磁流量计不能测量气体介质的流量。 ( )

32.在电路中所需的各种直流电压,可以通过变压器变换获得。 ( )

33.对纯滞后大的被控对象,可引入微分控制作用来提高控制质量。 ( )

34.气开阀在没有气源时,阀门是全开的。 ( )

35.用热电偶和电子电位差计组成的温度记录仪,当电子电位差计输入端短路时,记录仪指示在电子电位差计所处的环境温度上。 ( )

36.自耦变压器适合在变压比不大的场合,可作供电用降压变压器。 ( )

37.调节阀气开、气关作用形式选择原则是一旦信号中断,调节阀的状态能保证人员和设备的安全。 ( )

38.照明电路开关必须安装在相线上。 ( )

39.电流互感器二次侧电路不能断开,铁心和二次绕组均应接地。 ( )

40.精度等级为1.0级的检测仪表表明其最大相对百分误差为±1%。 ( )

41.热电偶与显示仪表间采用“三线制”接法。 ( )

42.正弦交流电的三要素是周期、频率、初相位。 ( )

43.某一变压器的初级绕组与次级绕组匝数比大于1,则此变压器为升压变压器。 ( )

44.压力检测仪表测量高温蒸汽介质时,必须加装隔离罐。 ( )

45.在一个完整的自动控制系统中,执行器是必不可少的。 ( )

46.正弦交流电的有效值是最大值的1.414倍。 ( )

47.三相异步电动机包括定子和绕组两部分。 ( )

48.简单化工自动控制系统的组成包括被控对象、测量元件及变送器、控制器、执行器等。 ( )

49.测温仪表补偿导线连接可以任意接。 ( )

50.三相负载Y(星)接时,中线电流一定为零。 ( )

51.压力仪表应安装在易观察和检修的地方。 ( )

52.当有人触电时,应立即使触电者脱离电源,并抬送医院抢救。 ( )

53.差压变送器只能测量液位。 ( )

54. 热电偶的测温范围比热电阻的测温范围宽。 ( )
55. 执行器的流量特性中使用最广泛的是对数流量特性。 ( )
56. 简单控制系统包括串级、均匀、前馈、选择性系统等类型。 ( )
57. 导电材料的电阻率越大,则导电性越优。 ( )
58. 将三相异步电动机电源的三根线中的任意两根对调即可改变其转动方向。 ( )
59. 工作接地是将电气设备的金属外壳与接地装置之间的可靠连接。 ( )
60. 迁移过程中因改变仪表零点,所以仪表的量程也相应地改变。 ( )
61. 管式加热炉中的燃料调节阀应选用气关阀。 ( )
62. 控制系统时间常数越小,被控变量响应速度越快,则可提高调节系统的稳定性。 ( )
63. 在测量的过程中,一般都要求检测仪表的输出的信号和输入信号呈线性关系,因此差压式流量计测量流量时,差压变送器输出的信号和流量呈线性关系。 ( )
64. 电路中的电流、电压所标的方向是指电流、电压的实际方向。 ( )
65. 在控制系统中,最终完成控制功能的是执行器。因此执行器是控制系统的核心。 ( )
66. 在电机的控制电路中,当电流过大时,熔断器和热继电器都能够切断电源从而起到保护电动机的目的,因此熔断器和热继电器完成的是一样的功能。 ( )
67. 一般在高温段用热电偶传感器进行检测,在低温段用热电阻传感器进行检测。 ( )
68. 测量液体压力时,压力表取压点应在管道下部,测量气体压力时,取压点应在管道上部。 ( )
69. 仪表的精度越高,其准确度越高。 ( )
70. 自动调节系统与自动测量、自动操纵等开环系统比较,最本质的差别就在于有反馈。 ( )
71. 利用硅钢片制成铁心,只是为了减小磁阻,而与涡流损耗和磁滞损耗无关。 ( )
72. 目前家用电风扇、电冰箱、洗衣机中使用的电动机一般均为三相异步电动机。 ( )
73. 采用接触器自锁的控制线路,具有自动欠压保护作用。 ( )
74. 电路分为开路、通路和断路三种工作状态。 ( )
75. 热继电器是利用电流的热效应而动作,常用来作为电动机的短路保护。 ( )
76. 电气设备的保护接零和保护接地是防止触电的有效措施。 ( )
77. 选择压力表时,精度等级越高,则仪表的测量误差越小。 ( )
78. 自动平衡式电子电位差计是基于电压平衡原理工作的。 ( )
79. 对自动控制系统的基本要求是稳定、准确、快速,三者同等重要。 ( )
80. 灵敏度高的仪表精确度一定高。 ( )
81. 因为有玻璃隔开,因此水银温度计属于非接触式温度计。 ( )
82. 选用熔断器时,不管什么负载,只需比用电器的额定电流略大或相等即可。 ( )
83. 热继电器是防止电路短路的保护电器。 ( )
84. TRC121 表示的意义为工段号为 1,序号为 21 的温度记录控制仪表。 ( )

85.热电偶通常都由电阻体、绝缘端子、保护管、接线盒四部分组成。 ( )
86.一般控制系统均为负反馈控制系统。 ( )
87.角接取压和法兰取压只是取压方式的不同,但标准孔板的本体结构是一样的。 ( )
88.灯泡的电阻越大,则其功率就越大。 ( )
89.万用表因其可以测量多种参数,如温度、压力、电阻等故而得名。 ( )
90.变压器不仅有变压、变流的作用,而且还有变阻抗的作用。 ( )
91.压力表的选择只需要选择合适的量程就行了。 ( )
92.调节阀的最小可控流量与其泄漏量不是一回事。 ( )
93.热电偶一般用来测量500℃以上的中高温。 ( )
94.在比例控制规律基础上添加积分控制规律,其主要作用是超前控制。 ( )
95.热电阻可以用来测量中、高范围内的温度。 ( )
96.弹簧管压力表只能就地指示压力,不能远距离传送压力信号。 ( )
97.测量蒸汽压力时,应加装凝液管和隔离罐。 ( )
98.测量氨气压力时,可以用普通的工业用压力表。 ( )
99.电路是由电源、负载和导线三部分组成的。 ( )
100.控制系统由控制器、控制阀、被控对象、测量元件和变送器组成。 ( )
101.为了确保加热炉的安全控制系统应选择气开阀和反作用控制器。 ( )
102.交流电的方向、大小都随时间作周期性变化,并且在一周期内的平均值为零。这样的交流电就是正弦交流电。 ( )
103.变压器比异步电动机效率高的原因是由于它的损耗只有磁滞损耗和涡流损耗。 ( )

四、安全与环保部分

(一)选择题

1.不能用水灭火的是( )。
A.棉花 B.木材 C.汽油 D.纸
2.属于物理爆炸的是( )。
A.爆胎 B.氯酸钾 C.硝基化合物 D.面粉
3.去除助燃物的方法是( )。
A.隔离法 B.冷却法 C.窒息法 D.稀释法
4.下列物质中不是化工污染物质的是( )。
A.酸、碱类污染物 B.二氧化硫 C.沙尘 D.硫铁矿渣
5.气态污染物的治理方法有( )。
A.沉淀 B.吸收法 C.浮选法 D.分选法
6.不适合废水的治理方法是( )。
A.过滤法 B.生物处理法 C.固化法 D.萃取法

7. 不能有效地控制噪声危害的是(　　)。

A. 隔振技术　B. 吸声技术　C. 带耳塞　D. 加固设备

8. 只顾生产，而不管安全的做法是(　　)行为。

A. 错误　B. 违纪　C. 犯罪　D. 故意

9. 我国企业卫生标准中规定硫化氢的最高允许浓度是(　　)mg/m^3空气。

A. 10　B. 20　C. 30　D. 40

10. 触电是指人在非正常情况下，接触或过分靠近带电体而造成(　　)对人体的伤害。

A. 电压　B. 电流　C. 电阻　D. 电弧

11. (　　)有知觉且呼吸和心脏跳动还正常，瞳孔不放大，对光反应存在，血压无明显变化。

A. 轻型触电者　B. 中型触电者　C. 重型触电者　D. 假死现象者

12. 下列气体中(　　)是惰性气体，可用来控制和消除燃烧爆炸条件的形成。

A. 空气　B. 一氧化碳　C. 氧气　D. 水蒸气

13. 当设备内因误操作或装置故障而引起(　　)时，安全阀才会自动跳开。

A. 大气压　B. 常压　C. 超压　D. 负压

14. 燃烧具有三要素，下列哪项不是发生燃烧的必要条件？(　　)

A. 可燃物质　B. 助燃物质　C. 点火源　D. 明火

15. 下列哪项是防火的安全装置？(　　)

A. 阻火装置　B. 安全阀　C. 防爆泄压装置　D. 安全液封

16. 工业毒物进入人体的途径有三种，其中最主要的是(　　)。

A. 皮肤　B. 呼吸道　C. 消化道　D. 肺

17. 触电急救的基本原则是(　　)。

A. 心脏复苏法救治　B. 动作迅速、操作准确

C. 迅速、就地、准确、坚持　D. 对症救护

18. 化工生产中的主要污染物是“三废”，下列哪个有害物质不属于“三废”？(　　)

A. 废水　B. 废气　C. 废渣　D. 有毒物质

19. 废水的处理以深度而言，在二级处理时要用到的方法为(　　)。

A. 物理法　B. 化学法　C. 生物化学法　D. 物理化学法

20. 工业上噪声的个人防护采用的措施为(　　)。

A. 佩戴个人防护用品　B. 隔声装置

C. 消声装置　D. 吸声装置

21. 皮肤被有毒物质污染后，应立即清洗，下列哪个说法准确？(　　)

A. 碱类物质以大量水洗后，然后用酸溶液中和后洗涤，再用水冲洗

B. 酸类物质以大量水洗后，然后用氢氧化钠水溶液中和后洗涤，再用水冲洗

C. 氢氟酸以大量水洗后，然后用5%碳酸氢钠水溶液中和后洗涤，再涂以悬浮剂，消毒包扎

D. 碱金属以大量水洗后，然后用酸性水溶液中和后洗涤，再用水冲洗

22. 金属钠、钾失火时，需用的灭火剂是(　　)。

A. 水　B. 砂　C. 泡沫灭火器　D. 液态二氧化碳灭火剂

23. 吸入微量的硫化氢感到头痛恶心的时候，应采用的解毒方法是(　　)。

A. 吸入 Cl_2　　B. 吸入 SO_2　　C. 吸入 CO_2　　D. 吸入大量新鲜空气

24. 下列说法错误的是(　　)。

A. CO_2 无毒，所以不会造成污染

B. CO_2 浓度过高时会造成温室效应的污染

C. 工业废气之一 SO_2 可用 NaOH 溶液或氨水吸收

D. 含汞、镉、铅、铬等重金属的工业废水必须经处理后才能排放

25. 扑灭精密仪器等火灾时，一般用的灭火器为(　　)。

A. 二氧化碳灭火器　　B. 泡沫灭火器　　C. 干粉灭火器　　D. 卤代烷灭火器

26. 在安全疏散中，厂房内主通道宽度不应少于(　　)。

A. 0.5m　　B. 0.8m　　C. 1.0m　　D. 1.2m

27. 在遇到高压电线断落地面时，导线断落点(　　)米内，禁止人员进入。

A. 10　　B. 20　　C. 30　　D. 40

28. 国家颁布的《安全色》标准中，表示指令、必须遵守的规程的颜色为(　　)。

A. 红色　　B. 蓝色　　C. 黄色　　D. 绿色

29. 一般情况下，安全帽能抗(　　)kg 铁锤自 1m 高度落下的冲击。

A. 2　　B. 3　　C. 4　　D. 5

30. 电气设备火灾时不可以用(　　)灭火器。

A. 泡沫　　B. 卤代烷　　C. 二氧化碳　　D. 干粉

31. 为了保证化工厂的用火安全，动火现场的厂房内和容器内可燃物应保证在百分之(　　)和百分之(　　)以下。

A. 0.1，0.2　　B. 0.2，0.01　　C. 0.2，0.1　　D. 0.1，0.02

32. 使用过滤式防毒面具要求作业现场空气中的氧含量不低于(　　)。

A. 16%　　B. 17%　　C. 18%　　D. 19%

33. 安全电压(　　)。

A. 小于 12V　　B. 小于 36V　　C. 小于 220V　　D. 小于 110V

34. 化工污染物都是在生产过程中产生的，其主要来源为(　　)。

A. 化学反应副产品，化学反应不完全

B. 燃烧废气，产品和中间产品

C. 化学反应副产品，燃烧废气，产品和中间产品

D. 化学反应不完全的副产品，燃烧废气，产品和中间产品

35. 环保监测中的 COD 表示(　　)。

A. 生化需氧量　　B. 化学耗氧量　　C. 空气净化度　　D. 噪音强度

36. 保护听力而言，一般认为每天 8 小时长期工作在(　　)分贝以下，听力不会损失。

A. 110　　B. 100　　C. 80　　D. 90

37. 下列说法正确的是(　　)。

A. 滤浆黏性越大，过滤速度越快　　B. 滤浆黏性越小，过滤速度越快

C. 滤浆中悬浮颗粒越大，过滤速度越快　　D. 滤浆中悬浮颗粒越小，过滤速度越快

38. 安全教育的主要内容包括(　　)。

A. 安全的思想教育，技能教育

B. 安全的思想教育，知识教育和技能教育

C. 安全的思想教育，经济责任制教育

D. 安全的技能教育，经济责任制教育

39. 某泵在运行的时候发现有气蚀现象应(　　)。

A. 停泵，向泵内灌液　　B. 降低泵的安装高度

C. 检查进口管路是否漏液　　D. 检查出口管阻力是否过大

40. 工业毒物进入人体的途径有(　　)。

A. 呼吸道，消化道　　B. 呼吸道，皮肤

C. 呼吸道，皮肤和消化道　　D. 皮肤，消化道

41. 球形固体颗粒在重力沉降槽内作自由沉降，当操作处于层流沉降区时，升高悬浮液的温度，粒子的沉降速度将(　　)。

A. 增大　　B. 不变　　C. 减小　　D. 无法判断

42. 作为人体防静电的措施之一是(　　)。

A. 应穿戴防静电工作服、鞋和手套　　B. 应注意远离水、金属等良导体

C. 应定时检测静电　　D. 应检查好人体皮肤有无破损

43. 燃烧三要素是指(　　)。

A. 可燃物、助燃物与着火点　　B. 可燃物、助燃物与点火源

C. 可燃物、助燃物与极限浓度　　D. 可燃物、氧气与温度

44. 根据《在用压力容器检验规程》的规定，压力容器定期检验的主要内容有(　　)。

A. 外部、内外部、全面检查　　B. 内外部检查

C. 全面检查　　D. 不检查

45. 在生产过程中，控制尘毒危害的最重要的方法是(　　)。

A. 生产过程密闭化　　B. 通风

C. 发放保健食品　　D. 使用个人防护用品

46. 当有电流在接地点流入地下时，电流在接地点周围土壤中产生电压降。人在接地点周围，两脚之间出现的电压称为(　　)。

A. 跨步电压　　B. 跨步电势　　C. 临界电压　　D. 故障电压

47. 爆炸现象的最主要特征是(　　)。

A. 温度升高　　B. 压力急剧升高　　C. 周围介质振动　　D. 发光发热

48. “放在错误地点的原料”是指(　　)。

A. 固体废弃物　　B. 化工厂的废液　　C. 二氧化碳　　D. 二氧化硫

49. 微生物的生物净化作用主要体现在(　　)。

A. 将有机污染物逐渐分解成无机物　　B. 分泌抗生素、杀灭病原菌

C. 阻滞和吸附大气粉尘　　D. 吸收各种有毒气体

50. 防治噪声污染的最根本的措施是(　　)。

A. 采用吸声器　　B. 减振降噪

C. 严格控制人为噪声　　D. 从声源上降低噪声

51. 燃烧必须同时具备的三要素是(　　)。

A. 可燃物、空气、温度　　B. 可燃物、助燃物、火源

C. 可燃物、氧气、温度　　D. 氧气、温度、火花

52. 预防尘毒危害措施的基本原则是(　　)。

A. 减少毒源、降低空气中尘毒含量、减少人体接触尘毒机会

B. 消除毒源

C. 完全除去空气中尘毒

D. 完全杜绝人体接触尘毒

53. 关于爆炸,下列不正确的说法是(　　)。

A. 爆炸的特点是具有破坏力,产生爆炸声和冲击波

B. 爆炸是一种极为迅速的物理和化学变化

C. 爆炸可分为物理爆炸和化学爆炸

D. 爆炸在瞬间放出大量的能量,同时产生巨大声响

54. 下列不属于化工生产防火防爆措施的是(　　)。

A. 点火源的控制　　B. 工艺参数的安全控制

C. 限制火灾蔓延　　D. 使用灭火器

55. 加强用电安全管理,防止触电的组织措施是(　　)。

A. 采用漏电保护装置

B. 使用安全电压

C. 建立必要而合理的电气安全和用电规程及各项规章制度

D. 保护接地和接零

56. 触电急救时首先要尽快地(　　)。

A. 通知医生治疗　　B. 通知供电部门停电

C. 使触电者脱离电源　　D. 通知生产调度

57. 噪声治理的三个优先级顺序是(　　)。

A. 降低声源本身的噪音、控制传播途径、个人防护

B. 控制传播途径、降低声源本身的噪音、个人防护

C. 个人防护、降低声源本身的噪音、控制传播途径

D. 以上选项均不正确

58. 下列不属于化工污染物的是(　　)。

A. 放空酸性气体　　B. 污水　　C. 废催化剂　　D. 副产品

59. 可燃气体的燃烧性能常以(　　)来衡量。

A. 火焰传播速度　　B. 燃烧值

C. 耗氧量　　D. 可燃物的消耗量

60. 泡沫灭火器是常用的灭火器,它适用于(　　)。

A. 扑灭木材、棉麻等固体物质类火灾

B. 扑灭石油等液体类火灾

C. 扑灭木材、棉麻等固体物质类和石油等液体类火灾

D. 扑灭所有物质类火灾

61. 目前应用最广泛且技术最成熟的烟气脱硫的工艺是(　　)。

A. 氨—酸法　　B. 石灰—石膏湿法

C. 钠碱吸收法　　D. 活性炭吸附法

62. 芳香族苯环上的三种异构体的毒性大小次序为(　　)。

A. 对位＞间位＞邻位　　B. 间位＞对位＞邻位

C. 邻位＞对位＞间位　　D. 邻位＞间位＞对位

63. 对人体危害最大的电流频率为(　　)。

A. 20～30Hz　　B. 50～60Hz　　C. 80～90Hz　　D. 100～120Hz

64. 为了消除噪声的污染，除采取从传播途径上控制外，还可以用耳塞作为个人的防护用品，通常耳塞的隔声值可达(　　)。

A. 20～30 分贝　　B. 30～40 分贝　　C. 40～50 分贝　　D. 50～60 分贝

65. 生产过程中产生的静电电压的最高值能达到(　　)以上。

A. 数十伏　　B. 数百伏　　C. 数千伏　　D. 数万伏

66. 下列哪条不属于化工“安全教育”制度的内容？(　　)

A. 入厂教育　　B. 日常教育

C. 特殊教育　　D. 开车的安全操作

67. 防止火灾爆炸事故蔓延的措施是(　　)。

A. 分区隔离　　B. 设置安全阴火装置

C. 配备消防组织和器材　　D. 以上三者都是

68. 安全电压即为人触及不能引起生命危险的电压，我国规定在高度危险的建筑物是(　　)。

A. 12 伏　　B. 36 伏　　C. 72 伏　　D. 110 伏

69. 化学工业安全生产禁令中，操作工有(　　)条严格措施。

A. 3　　B. 5　　C. 6　　D. 12

70. 下列哪项不属于工业生产中的毒物对人体侵害主要途径？(　　)

A. 呼吸道　　B. 眼睛　　C. 皮肤　　D. 消化道

71. 下列符号表示生物需氧量的是(　　)。

A. BOD　　B. COD　　C. PUC　　D. DAB

72. 在下列物质中(　　)不属于大气污染物。

A. 二氧化硫　　B. 铅　　C. 氮氧化物　　D. 镉

73. 控制噪声最根本的办法是(　　)。

A. 吸声法　　B. 隔声法　　C. 控制噪声声源　　D. 消声法

74. 在化工生产中，用于扑救可燃气体、可燃液体和电气设备的起初火灾，应使用(　　)。

A. 酸碱灭火器　　B. 干粉灭火器和泡沫沫灭火器

C. “1211”灭火器　　D. “1301”灭火器

75. 生产现场工艺合格率一般达到(　　)即视为现场工艺处于受控状态。

A. 90%　　B. 100%　　C. 95%　　D. 98%

76. 在环保控制指标中，COD 的全称为(　　)。

A. 总需氧量　　B. 物理需氧量　　C. 溶解氧　　D. 化学需氧量

77. 含有泥砂的水静置一段时间后，泥砂沉积到容器底部，这个过程称为(　　)。

A. 泥砂凝聚过程　　B. 重力沉降过程

C. 泥砂析出过程　　D. 泥砂结块过程

78. 在罐内作业的设备，经过清洗和置换后，其氧含量可达(　　)。

A. 18%～20%　　B. 15%～18%　　C. 10%～15%　　D. 20%～25%

79. 防止人体接触带电金属外壳引起触电事故的基本有效措施是(　　)。

A. 采用安全电压　　B. 保护接地，保护接零

C. 穿戴好防护用品　　D. 采用安全电流

80. 安全阀检验调整时，调整压力一般为操作压力的(　　)倍。

A. 1.0～1.1　　B. 1.05～1.1　　C. 1.05～1.2　　D. 1.1～1.2

81. 环境保护的“三同时”制度是指凡新建、改建、扩建的工矿企业和革新、挖潜的工程项目，都必须有环保设施。这些设施要与主体工程(　　)。

A. 同时设计、同时施工、同时改造　　B. 同时设计、同时施工、同时投产运营

C. 同时设计、同时改造、同时投产　　D. 同时设计、同时报批、同时验收

82. 确认环境是否已被污染的根据是(　　)。

A. 环保方法标准　　B. 污染物排放标准　　C. 环境质量标准　　D. 环境基准

83. 过滤式防毒面具的适用环境为(　　)。

A. 氧气浓度≥18%、有毒气体浓度≥1%　　B. 氧气浓度≥18%、有毒气体浓度≤1%

C. 氧气浓度≤18%、有毒气体浓度≥1%　　D. 氧气浓度≤18%、有毒气体浓度≤1%

84. 国家对严重污染水环境的落后工艺和设备实行(　　)。

A. 限期淘汰制度　　B. 控制使用制度

C. 加倍罚款　　D. 改造后使用

85. 西方国家为加强环境管理而采用的一种卓有成效的行政管理制度是(　　)。

A. 许可证　　B. “三同时”制度

C. 环境影响评价制度　　D. 征收排污许可证制度

86. 三级安全教育制度是企业安全教育的基本教育制度。三级教育是指(　　)。

A. 入厂教育、车间教育和岗位(班组)教育

B. 低级、中级、高级教育

C. 预备级、普及级、提高级教育

D. 都不是

87. 可燃气体的爆炸下限数值越低，爆炸极限范围越大，则爆炸危险性(　　)。

A. 越小　　B. 越大　　C. 不变　　D. 不确定

88. 扑救电器火灾，你必须尽可能首先(　　)。

A. 找寻适合的灭火器扑救　　B. 将电源开关关掉

C. 迅速报告　　D. 用水浇灭

89. 在使用生氧器时，戴好面罩后，应立即(　　)。

A. 打开面罩堵气塞　　B. 用手按快速供氧盒供氧

C. 检查气密性　　D. 打开氧气瓶阀门

90. 吸收法广泛用来控制气态污染物的排放，它基于各组分的(　　)。

A. 溶解度不同　　B. 挥发度不同　　C. 沸点不同　　D. 溶解热不同

91. 世界上死亡率最高的疾病是(　　)，都与噪声有关。

A. 癌症与高血压　B. 癌症与冠心病　C. 高血压与冠心病　D. 以上都正确

92. 环境中多种毒物会对人体产生联合作用。哪一种不属于联合作用？(　　)

A. 相加作用　B. 相减作用　C. 相乘作用　D. 撷抗作用

93. 氧气呼吸器属于(　　)。

A. 隔离式防毒面具　B. 过滤式防毒面具　C. 长管式防毒面具　D. 复合型防尘口罩

94. 毒物的物理性质对毒性有影响，下列哪一个不对？(　　)

A. 可溶性　B. 挥发度　C. 密度　D. 分散度

95. 可燃液体的蒸汽与空气混合后，遇到明火而引起瞬间燃烧，液体能发生燃烧的最低温度，称为该液体的(　　)。

A. 闪点　B. 沸点　C. 燃点　D. 自燃点

96. 触电急救的要点是(　　)。

A. 迅速使触电者脱离电源　B. 动作迅速，救护得法

C. 立即通知医院　D. 直接用手作为救助工具迅速救助

97. 进入有搅拌装置的设备内作业时，除按化工部安全生产禁令的“八个必须”严格执行外，还要求(　　)。

A. 该装置的电气开关要用带门的铁盒装起来

B. 作业人员应用锁具将该装置的开关盒锁好，钥匙由本人亲自保管

C. 应具备以上两种要求

D. 不能确定

98. 燃烧的充分条件是(　　)。

A. 一定浓度的可燃物，一定比例的助燃剂，一定能量的点火源，以及可燃物、助燃物、点火源三者要相互作用

B. 一定浓度的可燃物，一定比例的助燃剂，一定能量的点火源

C. 一定浓度的可燃物，一定比例的助燃剂，点火源，以及可燃物、助燃物、点火源三者要相互作用

D. 可燃物，一定比例的助燃剂，一定能量的点火源，以及可燃物、助燃物、点火源三者要相互作用

99. 爆炸按性质分类，可分为(　　)。

A. 轻爆、爆炸和爆轰　B. 物理爆炸、化学爆炸和核爆炸

C. 物理爆炸、化学爆炸　D. 不能确定

100. 容易随着人的呼吸而被吸入呼吸系统，危害人体健康的气溶胶是(　　)。

A. 有毒气体　B. 有毒蒸汽　C. 烟　D. 不能确定

101. 人触电后不需要别人帮助，能自主摆脱电源的最大电流是(　　)。

A. 交流10毫安、直流20毫安　B. 交流10毫安、直流30毫安

C. 交流10毫安、直流40毫安　D. 交流10毫安、直流50毫安

102. 主要化工污染物质有(　　)。

A. 大气污染物质　B. 水污染物质　C. 以上两类物质　D. 不能确定

103. 采用厌氧法治理废水，属于(　　)。

A. 生物处理法　B. 化学处理法　C. 物理处理法　D. 不能确定

104. 噪声的卫生标准认为(　　)是正常的环境声音。

A. ≤30 分贝　　B. ≤35 分贝　　C. ≤40 分贝　　D. ≤45 分贝

105. 水体的自净化作用是指河水中的污染物浓度在河水向下游流动中的自然降低现象。分为：物理净化、化学净化和(　　)。

A. 生物净化　　B. 工业净化　　C. 农业净化　　D. 沉积净化

106. 在生产中发生触电事故的原因主要有：缺乏电气安全知识；违反操作规程；偶然因素；维修不善；(　　)。

A. 电路设计不合理　　B. 电气设备不合格

C. 电气设备安装不合理　　D. 生产负荷过大

107. 我国的安全电压分为以下几个等级：42V、36V、24V、6V、(　　)V。

A. 30　　B. 28　　C. 48　　D. 12

108. 职业病的来源主要是：①劳动过程中；②生产过程中；③(　　)。

A. 生产环境中　　B. 生活环境中　　C. 个体差异　　D. 遗传因素

109. 生产过程中职业病危害因素有：①化学因素；②物理因素；③(　　)。

A. 心理因素　　B. 全体因素　　C. 生物因素　　D. 环境因素

110. 安全电是指(　　)以下的电源。

A. 32V　　B. 36V　　C. 40V　　D. 42V

111. 物质由一种状态迅速的转变为另一种状态，并在瞬间以机械能的形式放出巨大能量的现象称为(　　)。

A. 爆炸　　B. 燃烧　　C. 反应　　D. 分解

112. 干粉灭火机的使用方法是(　　)。

A. 倒过来稍加摇动，打开开关

B. 一手拿喇叭筒对着火源，另一手打开开关

C. 对准火源，打开开关，液体喷出

D. 提起圈环，即可喷出

113. 废水治理的方法一般可分为四种，下列方法中不正确的是(　　)。

A. 物理法　　B. 化学法　　C. 生物化学法　　D. 生物物理法

114. 城市区域环境噪声标准中，工业集中区昼间噪声标准为(　　)分贝。

A. 55　　B. 60　　C. 65　　D. 70

115. 下列哪一个不是燃烧过程的特征？(　　)

A. 发光　　B. 发热　　C. 有氧气参与　　D. 生成新物质

116. 为了限制火灾蔓延以及减少爆炸损失，下列哪个是不正确的？(　　)

A. 根据所在地区的风向，把火源置于易燃物质的上风

B. 厂址应该靠近水源

C. 采用防火墙、防火门等进行防火间隔

D. 为人员、物料、车辆提供安全通道

117. 下列防毒技术措施，正确的是(　　)。

A. 采用含苯稀料　　B. 采用无铅油漆

C. 使用水银温度计　　D. 使用氰化物作为络合剂

118. 下列中哪些不是电流对人体的伤害？(　　)

A. 电流的热效应　　B. 电流的化学效应

C. 电流的物理效应　　D. 电流的机械效应

119. 噪声对人体的危害不包括(　　)。

A. 影响休息和工作　B. 人体组织受伤　C. 伤害听觉器官　D. 影响神经系统

120. 下列哪些不是化工污染物？(　　)

A. 苯　B. 汞　C. 四氯二酚　D. 双氧水

121. 下列哪个不是废水的化学处理方法？(　　)

A. 湿式氧化法　B. 中和法　C. 蒸发结晶法　D. 电解法

122. 化工生产中要注意人身安全，哪些是错误的？(　　)

A. 远离容易起火爆炸场所

B. 注意生产中的有毒物质

C. 防止在生产中触电

D. 生产中要密切注意压力容器安全运行，人不能离远

123. 高压下操作，爆炸极限会(　　)。

A. 加宽　B. 变窄　C. 不变　D. 不一定

124. 固体废弃物综合处理处置的原则是(　　)。

A. 最小化、无害化、资源化　　B. 规范化、最小化、无害化

C. 无害化、资源化、规范化　　D. 最小化、资源化、规范化

125. 化工生产过程的"三废"是指(　　)。

A. 废水、废气、废设备　　B. 废管道、废水、废气

C. 废管道、废设备、废气　　D. 废水、废气、废渣

126. 下列四种家庭废弃物中，最需要单独分出存放的是(　　)。

A. 果皮、果核　B. 废电池　C. 鱼骨、鱼内脏　D. 剩菜、剩饭

127. 目前有多种燃料被人们使用，对环境最有利的是(　　)。

A. 煤气　B. 天然气　C. 柴草　D. 煤

128. 下列不属于电器防火防爆基本措施的是(　　)。

A. 消除或减少爆炸性混合物

B. 爆炸危险环境接地和接零

C. 消除引燃物

D. 使消防用电设备配电线路与其他动力，照明线路具有共同供电回路

(二)判断题

1. 安全技术就是研究和查明生产过程中事故发生原因的系统科学。(　　)

2. 燃烧就是一种同时伴有发光、发热、生成新物质的激烈的强氧化反应。(　　)

3. 爆炸就是发生的激烈的化学反应。(　　)

4. 可燃物是帮助其他物质燃烧的物质。(　　)

5. 化工废气具有易燃、易爆、强腐蚀性等特点。(　　)

6. 改革能源结构，有利于控制大气污染源。(　　)

7.化工废渣必须进行卫生填埋以减少其危害。 ( )

8.噪声可损伤人体的听力。 ( )

9.一氧化碳是易燃易爆物质。 ( )

10.进入气体分析不合格的容器内作业,应佩带口罩。 ( )

11.使用液化气时的点火方法,应是“气等火”。 ( )

12.在高处作业时,正确使用安全带的方法是高挂(系)低用。 ( )

13.为了预防触电,要求每台电气设备应分别用多股绞合裸铜线缠绕在接地或接零干线上。 ( )

14.吸声材料对于高频噪声是很有用的,对于低频噪声就不太有效了。 ( )

15.对工业废气中的有害气体,采用燃烧法,容易引起二次污染。 ( )

16.通过载体中微生物的作用,将废水中的有毒物质分解、去除,达到净化目的。 ( )

17.爆炸是物质在瞬间以机械功的形式释放出大量气体、液体和能量的现象。其主要特征是压力的急剧下降。 ( )

18.职业中毒是生产过程中由工业毒物引起的中毒。 ( )

19.有害气体的处理方法有催化还原法、液体吸收法、吸附法和电除尘法。 ( )

20.硫化氢是属于血液窒息性气体,CO是属于细胞窒息性气体。 ( )

21.在触电急救中,采用心脏复苏法救治包括:人工呼吸法和胸外挤压法。 ( )

22.为了从根本上解决工业污染问题,就是要采用少废无废技术即采用低能耗、高消耗、无污染的技术。 ( )

23.防毒呼吸器可分为过滤式防毒呼吸器和隔离式防毒呼吸器。 ( )

24.有害物质的发生源,应布置在工作地点机械通风或自然通风的后面。 ( )

25.涂装作业场所空气中产生的主要有毒物质是甲醛。 ( )

26.所谓缺氧环境,通常是指空气中氧气的体积浓度低于18%的环境。 ( )

27.处理化学品工作后洗手,可预防患皮肤炎。 ( )

28.高温场所为防止中暑,应多饮矿泉水。 ( )

29.噪声对人体中枢神经系统的影响是头脑皮层兴奋,抑制平衡失调。 ( )

30.如果被生锈铁皮或铁钉割伤,可能导致伤风病。 ( )

31.在需要设置安全防护装置的危险点,使用安全信息不能代替设置安全保护装置。 ( )

32.化工厂生产区登高(离地面垂直高度)2m必须系安全带。 ( )

33.泡沫灭火器使用方法是稍加摇晃,打开开关,药剂即可喷出。 ( )

34.可燃气体与空气混合遇着火源,即会发生爆炸。 ( )

35.工业毒物侵入人体的途径有呼吸道、皮肤和消化道。 ( )

36.一切电气设备的金属外壳接地是避免人身触电的保护接地。 ( )

37.企业缴纳废水超标准排污费后,就可以超标排放废水。 ( )

38.废水的指标BOD/COD值小于0.3为难生物降解污水。 ( )

39.工业企业的噪声通常分为空气动力性噪声、机械性噪声和电磁性噪声。 ( )

40.物质的沸点越高,危险性越低。 ( )

41.废水的三级处理主要是对废水进行过滤和沉降处理。 ( )

42. 所谓毒物，就是作用于人体，并产生有害作用的物质。 ( )

43. 可燃性混合物的爆炸下限越低，爆炸极限范围越宽，其爆炸危险性越小。 ( )

44. 火灾、爆炸产生的主要原因是明火和静电摩擦。 ( )

45. 大气污染主要来自燃料燃烧、工业生产过程、农业生产过程和交通运输过程。 ( )

46. 我国安全生产方针是："安全第一、预防为主"。 ( )

47. 从事化学品生产、使用、储存、运输的人员和消防救护人员平时应熟悉和掌握化学品的主要危险特性及其相应的灭火措施，并进行防火演习，加强紧急事态时的应变能力。 ( )

48. 工业毒物进入人体的途径有三种，即消化道、皮肤和呼吸道，其中最主要的是皮肤。 ( )

49. 可燃物、助燃物和点火源是导致燃烧的三要素，缺一不可，是必要条件。 ( )

50. 地下水受到污染后会在很短时间内恢复到原有的清洁状态。 ( )

51. 噪声强弱的感觉不仅与噪声的物理量有关，而且还与人的生理和心理状态有关。 ( )

52. 震惊世界的骨痛病事件是由于铬污染造成的。 ( )

53. 危险废物可以与生活垃圾一起填埋处理。 ( )

54. 清洁生产是指食品行业的企业必须注意生产环节的卫生清洁工作，以保证为顾客提供安全卫生的食品。 ( )

55. 燃烧是一种同时伴有发光、发热的激烈的氧化反应，具有发光、发热和生成新物质三个特征。 ( )

56. 按作用性质不同，工业毒物可分为刺激性毒物、窒息性毒物、麻醉性毒物三种。 ( )

57. 电流对人体的伤害可分为电击和电伤两种类型。 ( )

58. 噪声可使人听力损失、使人烦恼和影响人注意力的集中。 ( )

59. 三废的控制应按照排放物治理、排放物排放、排放物循环和减少污染源的四个优先级顺序考虑。 ( )

60. 废水的治理方法可分为物理法、化学法、物理化学法和生物化学法。 ( )

61. 工业上处理有害废气的方法主要有化学与生物法、脱水法、焚烧法和填埋法。 ( )

62. 废渣的处理方法主要有化学法、吸收控制法、吸附控制法和稀释控制法。 ( )

63. 具备了可燃物、助燃物、着火源三个基本条件一定会发生燃烧。 ( )

64. 可燃气体或蒸气与空气的混合物，若其浓度在爆炸下限以下或爆炸上限以上时便不会着火或爆炸。 ( )

65. 半致死剂量 LD_{50} 是指引起全组染毒动物半数死亡的毒性物质的最小剂量或浓度。 ( )

66. 当人体触电时，电流对人体内部造成的伤害，称为电伤。 ( )

67. 人体触电致死，是由于肝脏受到严重伤害。 ( )

68. 1968 年，发生在日本的米糠油事件是由于甲基汞引起的。 ( )

69. 在爆炸性气体混合物中加入 N_2 会使爆炸极限的范围变窄。（ ）

70. 人身防护一般不包括手部的防护。（ ）

71. 闪点越低的液体，火灾危险性就越大。（ ）

72. 化工生产防止火灾、爆炸的基本措施是限制火灾危险物、助燃物、火源三者之间相互直接作用。（ ）

73. 防治尘毒的主要措施是采用合理的通风措施和建立严格的检查管理制度。（ ）

74. 触电对人身有较大的危害，其中电伤比电击对人体的危害更大。（ ）

75. 电气安全管理制度规定了电气运行中的安全管理和电气检修中的安全管理。（ ）

76. 氮氧化合物和碳氢化合物在太阳光照射下，会产生二次污染——光化学烟雾。（ ）

77. 对大气进行监测，如空气污染指数为 54，则空气质量级别为Ⅰ级或优。（ ）

78. 化工企业生产车间作业场所的工作地点，噪声标准为 90 分贝。（ ）

79. 设备上的安全阀泄露后，可以关闭根部阀后长期使用。（ ）

80. 生产现场管理要做到“三防护”，即自我防护、设备防护、环境防护。（ ）

81. 对环境危害极大的“酸雨”的主要成分是 CO_2。（ ）

82. 燃烧的三要素是指可燃物、助燃物与点火源。（ ）

83. 限制火灾爆炸事故蔓延的措施是分区隔离、配置消防器材和设置安全阻火装置。（ ）

84. 化工企业中压力容器泄放压力的安全装置有安全阀和防爆膜。（ ）

85. 氧气呼吸器是一种与外界隔离自供再生式呼吸器，适用于缺氧及任何种类、任何浓度的有毒气体环境，但禁止用于油类、高稳、明火的作业场所。（ ）

86. 环境噪声对健康有害，它主要来自交通、工业生产、建筑施工的社会等四个方面。（ ）

87. 常用安全阀有弹簧式和杠杆式两种，温度高而压力不太高时选用前者，高压设备宜选用后者。（ ）

88. 安全工作的方针是“安全第一、预防为主”，原则是“管生产必须管安全”。（ ）

89. 为保证安全，在给焊炬点火时，最好先开氧气，点燃后再开乙炔。（ ）

90. 焊炬熄火时，应先关乙炔后关氧气，防止火焰倒吸和产生烟灰。（ ）

91. 执行任务的消防车在厂内运行时，不受规定速度限制。（ ）

92. 过滤式防毒面具适用于有毒气体浓度≤1%的场所。（ ）

93. 汽车废气排放量与汽车行驶状态很有关系，如一氧化碳和碳氢化合物的排放量随车速加快而增高。（ ）

94. 室内空气污染物主要为一氧化碳、氮氧化物、悬浮颗粒等。一般来说，其污染程度户外高于室内。（ ）

95. 断续噪声与持续噪声相比，断续噪声对人体危害更大。（ ）

96. 铬化合物中，三价铬对人体的危害比六价铬要大 100 倍。（ ）

97. 爆炸极限和燃点是评价气体火灾爆炸危险的主要指标。（ ）

98. 工业毒物按物理状态可分为粉尘、固体、液体、蒸汽和气体五类。（ ）

99. 粉尘在空气中达到一定浓度，遇到明火发生爆炸，一般粉尘越细，燃点越低，危险性就越大。 （ ）

100. 某工厂发生氯气泄漏事故，无关人员紧急撤离，应向上风处转移。 （ ）

101. “管生产必须同时管安全”是安全生产的基本原则之一。 （ ）

102. 用消防器材灭火时，要从火源中心开始扑救。 （ ）

103. 防止火灾、爆炸事故蔓延的措施，就是配备消防组织和器材。 （ ）

104. 我国化学工业多年来治理尘毒的实践证明，在多数情况下，靠单一的方法去防治尘毒是可行的。 （ ）

105. 人触电后3分钟内开始救治，90%有良好效果。 （ ）

106. 化工污染的特点之一是污染后恢复困难。 （ ）

107. 废渣的治理，大致可采用焚烧和陆地填筑等方法。 （ ）

108. 只要可燃物浓度在爆炸极限之外就是安全的。 （ ）

109. 众所周知重金属对人体会造成中毒，而轻金属则不会。因此我们可以放心地使用铝等轻金属制作的餐具。 （ ）

110. 因重金属有毒，因此我们不能用金、银、铂等重金属作餐具。 （ ）

111. 环境污染按环境要素可划分为大气污染、水污染和土壤污染。 （ ）

112. 固体废物的处理是指将废物处理到无害地排放到环境所容许的标准的最终过程。 （ ）

113. 在电器线路中绝缘的破坏主要有两种情况：a. 击穿；b. 绝缘老化。 （ ）

114. 几种常见的大气污染物为：a. 硫化物；b. 硫氧化物；c. 氮氧化物；d. 碳氢化合物。 （ ）

115. 在发生污染事故时，应采取紧急措施，防止对环境产生进一步的影响。 （ ）

116. 煤块在常温下不易着火，更不易发生爆炸，因此煤矿开采和加工一般不用防爆。 （ ）

117. 电器着火可以用泡沫灭火器灭火。 （ ）

118. 防火防爆最根本的措施就是在火灾爆炸未发生前采取预防措施。 （ ）

119. 失去控制的燃烧现象叫爆炸。 （ ）

120. 使用长管式面具时，须将长管放在上风处的地上。 （ ）

121. 苯中毒可使人昏迷、晕倒、呼吸困难，甚至死亡。 （ ）

122. 废水处理可分为一级处理、二级处理和三级处理，其中二级处理一般用化学法。 （ ）

123. 化工厂排出来的废水有有害性、富氧性、酸碱性、耗营养性等特点。 （ ）

124. 目前处理气态污染物的方法，主要有吸收、吸附、冷凝和燃烧等方法。 （ ）

125. 安全技术就是研究和查明生产过程中事故发生原因的系统科学。 （ ）

126. 燃烧就是一种同时伴有发光、发热、生成新物质的激烈的强氧化反应。 （ ）

127. 爆炸都属于化学变化。 （ ）

128. 可燃物是帮助其他物质燃烧的物质。 （ ）

129. 化工废气具有易燃、易爆、强腐蚀性等特点。 （ ）

130. 改革能源结构，有利于控制大气污染源。 （ ）

131. 化工废渣必须进行卫生填埋以减少其危害。 ( )

132. 噪声可损伤人体的听力。 ( )

133. 凡是可以引起可燃物质燃烧的能源均可以称之为点火源。 ( )

134. 静电能够引起火灾爆炸的原因在于静电放电火花具有点火能量。 ( )

135. 防毒工作可以采取隔离的方法,也可以采取敞开通风的方法。 ( )

136. 心肺复苏法主要指人工呼吸。 ( )

137. 噪声会导致头痛、头晕、失眠、多梦等。 ( )

138. 化工污染一般是由生产事故造成的。 ( )

139. 沉淀法、离心法、过滤法都可以除去废水中的悬浮物。 ( )

140. 在工厂临时参观的时候可以不必穿戴防护服装。 ( )

141. 在污水处理时基本都要有物理处理过程,因该过程能通过一定的反应除去水中的悬浮物。 ( )

142. 工业废水的处理方法有物理法、化学法和生物法。 ( )

143. 火灾、爆炸产生的主要原因是明火和静电摩擦。 ( )

144. 电击对人体的效应是通过电流决定的。 ( )

145. 改进工艺、加强通风、密闭操作、水式作业等都是防尘的有效方法。 ( )

146. 工业粉尘危害性大,在我国,车间空气中有害物质的最高容许浓度是工作地点空气中几次有代表性的采样测定不得超过的浓度。 ( )

147. 在管线法兰连接处通常要将螺帽与螺母同铁丝连接起来,目的是导出静电。 ( )

148. 大气安全阀经常是水封的,可以防止大气向内泄漏。 ( )

五、工业催化与反应部分

(一)选择题

1. 固体催化剂的组成主要有主体和( )两部分组成。

A. 主体 B、助催化剂 C. 载体 D. 阻化剂

2. 使用固体催化剂时一定要防止其中毒,若中毒后其活性可以重新恢复的中毒是( )。

A. 永久中毒 B. 暂时中毒 C. 碳沉积 D. 钝化

3. 流化床反应器主要由四个部分构成,即气体分布装置、换热装置、气体分离装置和( )。

A. 搅拌器 B. 内部构件 C. 导流筒 D. 密封装置

4. 固定床反应器具有反应速度快、催化剂不易磨损、可在高温高压下操作等特点,床层内的气体流动可看成( )。

A. 湍流 B. 对流 C. 理想置换流动 D. 理想混合流动

5. 下列性质不属于催化剂三大特性的是( )。

A. 活性 B. 选择性 C. 稳定性 D. 溶解性

6. 固体催化剂的组成不包括下列哪种组分。( )

A. 活性组分 B. 载体 C. 固化剂 D. 助催化剂

7. 与平推流反应器比较,进行同样的反应过程,全混流反应器所需要的有效体积要( )。

A. 大　　B. 小　　C. 相同　　D. 无法确定

8. 流化床的实际操作速度显然应(　　)临界流化速度。

A. 大于　　B. 小于　　C. 相同　　D. 无关

9. 在石油炼制过程中占有重要地位的催化剂是(　　)。

A. 金属氧化物催化剂　　B. 酸催化剂

C. 分子筛催化剂　　D. 金属硫化物催化剂

10. 对于中温一氧化碳变换催化剂如果遇 H_2S 发生中毒可采用下列哪种方法再生?(　　)

A. 空气处理　　B. 用酸或碱溶液处理

C. 蒸汽处理　　D. 通入还原性气体

11. 工业上甲醇氧化生产甲醛所用的反应器为(　　)。

A. 绝热式固定床反应器　　B. 流化床反应器

C. 具换热式固定床反应器　　D. 釜式反应器

12. 当固定床反应器操作过程中发生超压现象,需要紧急处理时,应按以下哪种方式操作?(　　)

A. 打开入口放空阀放空　　B. 打开出口放空阀放空

C. 降低反应温度　　D. 通入惰性气体

13. 关于催化剂的作用,下列说法中不正确的是(　　)。

A. 催化剂改变反应途径　　B. 催化剂能改变反应的指前因子

C. 催化剂能改变体系的始末态　　D. 催化剂改变反应的活化能

14. 在对峙反应 $A+B \leftrightarrow C+D$ 中加入催化剂(k_1、k_2 分别为正、逆向反应速率常数),则(　　)。

A. k_1、k_2 都增大,k_1/k_2 增大　　B. k_1 增大,k_2 减小,k_1/k_2 增大

C. k_1、k_2 都增大,k_1/k_2 不变　　D. k_1 和 k_2 都增大,k_1/k_2 减小

15. 催化剂使用寿命短,操作较短时间就要更新或活化的反应,比较适用(　　)反应器。

A. 固定床　　B. 流化床　　C. 管式　　D. 釜式

16. 对于非均相液液分散过程,要求被分散的"微团"越小越好,釜式反应器应优先选择(　　)搅拌器。

A. 桨式　　B. 螺旋桨式　　C. 涡轮式　　D. 锚式

17. 在固体催化剂所含物质中,对反应具有催化活性的主要物质是(　　)。

A. 活性成分　　B. 助催化剂　　C. 抑制剂　　D. 载体

18. 催化剂具有(　　)特性。

A. 改变反应速度

B. 改变化学平衡

C. 既改变反应速度又改变化学平衡

D. 反应速度和化学平衡均不改变,只改变反应途径

19. 平推流的特征是(　　)。

A. 进入反应器的新鲜质点与留存在反应器中的质点能瞬间混合

B. 出口浓度等于进口浓度

C. 流体物料的浓度和温度在与流动方向垂直的截面上处处相等,不随时间变化

D. 物料一进入反应器，立即均匀地发散在整个反应器中

20. 一个反应过程在工业生产中采用什么反应器并无严格规定，但首先以满足(　　)为主。

A. 工艺要求　　B. 减少能耗　　C. 操作简便　　D. 结构紧凑

21. 制备好的催化剂在使用的活化过程常伴随着(　　)和(　　)。

A. 化学变化和物理变化　　B. 化学变化和热量变化

C. 物理变化和热量变化　　D. 温度变化和压力变化

22. (　　)温度最高的某一部位的温度，称为热点温度。

A. 反应器内　　B. 催化剂层内　　C. 操作中　　D. 升温时

23. 固定床反应器(　　)。

A. 原料气从床层上方经分布器进入反应器

B. 原料气从床层下方经分布器进入反应器

C. 原料气可以从侧壁均匀地分布进入

D. 反应后的产物也可以从床层顶部引出

24. 釜式反应器可用于不少场合，除了(　　)。

A. 气一液　　B. 液一液　　C. 液一固　　D. 气一固

25. 按(　　)分类，一般催化剂可分为过渡金属催化剂、金属氧化物催化剂、硫化物催化剂、固体酸催化剂等。

A. 催化反应类型　　B. 催化材料的成分

C. 催化剂的组成　　D. 催化反应相态

26. 下列(　　)项不属于预防催化剂中毒的工艺措施。

A. 增加清净工序　　B. 安排预反应器

C. 更换部分催化剂　　D. 装入过量催化剂

27. 对于如下特征的 G—S 相催化反应，(　　)应选用固定床反应器。

A. 反应热效应大　　B. 反应转化率要求不高

C. 反应对温度敏感　　D. 反应使用贵金属催化剂

28. 化学反应器的分类方式很多，按(　　)的不同可分为管式、釜式、塔式、固定床、流化床等。

A. 聚集状态　　B. 换热条件　　C. 结构　　D. 操作方式

29. 催化剂的主要评价指标是(　　)。

A. 活性、选择性、状态、价格　　B. 活性、选择性、寿命、稳定性

C. 活性、选择性、环保性、密度　　D. 活性、选择性、环保性、表面光洁度

30. 固体催化剂的组分包括(　　)。

A. 活性组分、助催化剂、引发剂　　B. 活性组分、助催化剂、溶剂

C. 活性组分、助催化剂、载体　　D. 活性组分、助催化剂、稳定剂

31. 固定床反应器内流体的温差比流化床反应器(　　)。

A. 大　　B. 小　　C. 相等　　D. 不确定

32. 对 G—S 相流化床反应器，操作气速应(　　)。

A. 大于临界流化速度　　B. 小于临界流化速度

C. 大于临界流化速度而小于带出速度　　D. 大于带出速度

33. 催化剂的活性随运转时间变化的曲线可分为(　　)三个时期。

A. 成熟期－稳定期－衰老期　　B. 稳定期－衰老期－成熟期

C. 衰老期－成熟期－稳定期　　D. 稳定期－成熟期－衰老期

34. 催化剂具有(　　)特性。

A. 改变反应速度

B. 改变化学平衡

C. 既改变反应速度,又改变化学平衡

D. 反应速度和化学平衡均不改变,只改变反应途径

35. 当化学反应的热效应较小,反应过程对温度要求较宽,反应过程要求单程转化率较低时,可采用(　　)反应器。

A. 自热式固定床反应器　　B. 单段绝热式固定床反应器

C. 换热式固定床反应器　　D. 多段绝热式固定床反应器

36. 在硫酸生产中,硫铁矿沸腾焙烧炉属于(　　)。

A. 固定床反应器　B. 流化床反应器　C. 管式反应器　D. 釜式反应器

37. 关于催化剂的描述下列哪一种是错误的?(　　)

A. 催化剂能改变化学反应速度　　B. 催化剂能加快逆反应的速度

C. 催化剂能改变化学反应的平衡　　D. 催化剂对反应过程具有一定的选择性

38. 催化剂的作用与下列哪个因素无关?(　　)

A. 反应速度　B. 平衡转化率　C. 反应的选择性　D. 设备的生产能力

39. 在同样的反应条件和要求下,为了更加经济的选择反应釜,通常选择(　　)。

A. 全混釜　B. 平推流反应器　C. 间歇反应器　D. 不能确定

40. 催化剂中具有催化性能的是(　　)。

A. 载体　B. 助催化剂　C. 活性组分　D. 抑制剂

41. 载体是固体催化剂的特有成分,载体一般具有(　　)的特点。

A. 大结晶、小表面、多孔结构　　B. 小结晶、小表面、多孔结构

C. 大结晶、大表面、多孔结构　　D. 小结晶、大表面、多孔结构

42. 当固定床反应器在操作过程中出现超压现象时,需要紧急处理的方法是(　　)。

A. 打开出口放空阀放空　　B. 打开入口放空阀放空

C. 加入惰性气体　　D. 降低温度

43. 对低黏度均相液体的混合,搅拌器的循环流量从大到小的顺序为(　　)。

A. 推进式、桨式、涡轮式　　B. 涡轮式、推进式、桨式

C. 推进式、涡轮式、桨式　　D. 桨式、涡轮式、推进式

44. 在实验室衡量一个催化剂的价值时,下列哪个因素不加以考虑?(　　)

A. 活性　B. 选择性　C. 寿　D. 价格

45. 催化剂失活的类型下列错误的是(　　)。

A. 化学　B. 热的　C. 机械　D. 物理

46. 各种类型反应器采用的传热装置中,描述错误的是(　　)。

A. 间歇操作反应釜的传热装置主要是夹套和蛇管,大型反应釜传热要求较高时,可在釜内安装列管式换热器

B. 对外换热式固定床反应器的传热装置主要是列管式结构

C. 鼓泡塔反应器中进行的放热反应，必须设置如夹套、蛇管、列管式冷却器等塔内换热装置或设置塔外换热器进行换热

D. 同样反应所需的换热装置，传热温差相同时，流化床所需换热装置的换热面积一定小于固定床换热器

47. 既适用于放热反应，也适用于吸热反应的典型固定床反应器类型是(　　)

A. 列管结构对外换热式固定床　　B. 多段绝热反应器

C. 自身换热式固定床　　D. 单段绝热反应器

48. 加氢反应的催化剂的活性组分是(　　)。

A. 单质金属　　B. 金属氧化物　　C. 金属硫化物　　D. 都不是

49. 薄层固定床反应器主要用于(　　)。

A. 快速反应　　B. 强放热反应　　C. 可逆平衡反应　　D. 可逆放热反应

50. 釜式反应器的换热方式有夹套式、蛇管式、回流冷凝式和(　　)。

A. 列管式　　B. 间壁式　　C. 外循环式　　D. 直接式

51. 工业上固体催化剂是由(　　)组成的。

A. 正催化剂和负催化剂　　B. 主催化剂和辅催化剂

C. 活性组分、助催化剂和载体　　D. 活性组分、助剂和载体

52. 催化剂中毒有(　　)两种情况。

A. 短期性和长期性　　B. 短期性和暂时性

C. 暂时性和永久性　　D. 暂时性和长期性

53. 在典型反应器中，釜式反应器是按照(　　)的。

A. 物料聚集状态分类　　B. 反应器结构分类

C. 操作方法分类　　D. 与外界有无热交换分类

54. 纯碱生产的碳化塔属于(　　)。

A. 釜式反应器　　B. 管式反应器　　C. 塔式反应器　　D. 间歇式反应器

55. 下列叙述中不是催化剂特征的是(　　)。

A. 催化剂的存在能提高化学反应热的利用率

B. 催化剂只缩短达到平衡的时间，而不能改变平衡状态

C. 催化剂参与催化反应，但反应终了时，催化剂的化学性质和数量都不发生改变

D. 催化剂对反应的加速作用具有选择性

56. 催化剂按形态可分为(　　)。

A. 固态，液态、等离子态　　B. 固态、液态、气态、等离子态

C. 固态、液态　　D. 固态、液态、气态

57. 催化剂一般由(　　)、助催化剂和载体组成。

A. 黏结剂　　B. 分散剂　　C. 活性主体　　D. 固化剂

58. 催化剂的评价指标主要有：①比表面和内表面利用率；②孔隙率和堆积密度；③(　　)；④机械强度。

A. 形状　　B. 毒物的影响　　C. 活性温度范围　　D. 使用年限

59. 工业反应器按形状分为：管式、(　　)、塔式。

A. 釜式　B. 平推式　C. 固定床式　D. 等温式

60. 工业反应器的设计评价指标有:a. 转化率;b. 选择性;c.(　　)。

A. 效率　B. 产量　C. 收率　D. 操作性

61. 气固相催化反应器,分为固定床反应器,(　　)反应器。

A. 流化床　B. 移动床　C. 间歇　D. 连续

62. 间歇式反应器出料组成与反应器内物料的最终组成(　　)。

A. 不相同　B. 可能相同　C. 相同　D. 可能不相同

63. 间歇反应器是(　　)。

A. 一次加料,一次出料　B. 二次加料,一次出料

C. 一次加料,二次出料　D. 二次加料,二次出料

64. 对于催化剂特征的描述,哪一点是不正确的(　　)。

A. 催化剂只能缩短达到平衡的时间而不能改变平衡状态

B. 催化剂在反应前后其物理性质和化学性质皆不变

C. 催化剂不能改变平衡常数

D. 催化剂加入不能实现热力学上不可能进行的反应

65. 把制备好的钝态催化剂经过一定方法处理后,变为活泼态的催化剂的过程称为催化剂的(　　)。

A. 活化　B. 燃烧　C. 还原　D. 再生

66. 合成氨生产中的加压变换炉是(　　)气固相固定床催化反应器。

A. 单段绝热式　B. 多段绝热式　C. 对外换热式　D. 自身换热式

67. 以下不是尿素合成塔应具备的条件是(　　)。

A. 高温　B. 高压　C. 耐腐蚀　D. 能移走反应热

68. 固体催化剂的组成主要有主体和(　　)两部分组成。

A. 主体　B. 助催化剂　C. 载体　D. 阻化剂

69. 使用固体催化剂时一定要防止其中毒,若中毒后其活性可以重新恢复的中毒是(　　)。

A. 永久中毒　B. 暂时中毒　C. 碳沉积　D. 都不对

70. 流化床反应器主要由四个部分构成,即气体分布装置,换热装置,气体分离装置和(　　)。

A. 搅拌器　B. 内部构件　C. 导流筒　D. 密封装置

71. 固定床反应器具有反应速度快、催化剂不易磨损、可在高温高压下操作等特点,床层内的气体流动可看成(　　)。

A. 湍流　B. 对流　C. 理想置换流动　D. 理想混合流动

72. 在催化剂中常用载体,载体所起的主要作用,哪一条是不存在的?(　　)

A. 提高催化剂的机械强度　B. 增大催化剂活性表面

C. 改善催化剂的热稳定性　D. 防止催化剂中毒

73. 硝酸生产中氨氧化用催化剂的载体是(　　)。

A. SiO_2　B. 无　C. Fe　D. Al_2O_3

74. 属于理想的均相反应器的是(　　)。

A. 全混流反应器　B. 固定床反应器　C. 流化床反应器　D. 鼓泡反应器

75. 乙苯脱氢制苯乙烯，氨合成等都采用(　　)催化反应器。

A. 固定床　B. 流化床反应器　C. 釜式反应器　D. 鼓泡式反应器

76. 工业催化剂不包括下列哪种成分(　　)。

A. 活性组分　B. 蛋白质　C. 载体　D. 抑制剂

77. 反应釜加强搅拌的目的是(　　)。

A. 强化传热与传质　B. 强化传热　C. 强化传质　D. 提高反应物料温度

78. 若反应物料随着反应的进行逐渐变得黏稠则应选择下列哪种搅拌器？(　　)

A. 浆式搅拌器　B. 框式搅拌器　C. 旋浆式搅拌器　D. 涡轮式搅拌器

(二)判断题

1. 优良的固体催化剂应具有：活性好；稳定性强；选择性高；无毒并耐毒；耐热；机械强度高；有合理的流体流动性；原料易得；制造方便等性能。(　　)

2. 通常固体催化剂的机械强度取决于其载体的机械强度。(　　)

3. 按照反应器的结构形式，可把反应器分成釜式、管式、塔式、固定床和流化床。(　　)

4. 釜式反应器、管式反应器、流化床反应器都可用于均相反应过程。(　　)

5. 催化剂的中毒可分为可逆中毒和不可逆中毒。(　　)

6. 在反应过程中催化剂是不会直接参加化学反应的。(　　)

7. 单段绝热床反应器适用于反应热效应较大，允许反应温度变化较大的场合，如乙苯脱氢制苯乙烯。(　　)

8. 一般来说，单个反应器并联操作可以提高反应深度，串联操作可以增大处理量。(　　)

9. 乙烯氧化生产环氧乙烷工艺中所选用的催化剂为银，抑制剂为二氯乙烷。(　　)

10. 在连续操作釜式反应器中，串联的釜数越多，其有效容积越小，则其经济效益越好。(　　)

11. 固定床反应器的传热速率比流化床反应器的传热速率快。(　　)

12. 催化剂只能改变反应达到平衡的时间，不能改变平衡的状态。(　　)

13. 催化剂在反应前后物理和化学性质均不发生改变。(　　)

14. 釜式反应器返混小，所需反应器体积较小。(　　)

15. 催化剂的组成中，活性组分就是含量最大的成分。(　　)

16. 固体催化剂的组成主要包括活性组分、助催化剂和载体。(　　)

17. 管式反应器的优点是减小返混和控制反应时间。(　　)

18. 空速大，接触时间短；空速小，接触时间长。(　　)

19. 固定床催化剂床层的温度必须严格控制在同一温度，以保证反应有较高的收率。(　　)

20. 固体催化剂使用载体的目的在于使活性组分有高度的分散性，增加催化剂与反应物的接触面积。(　　)

21. 对于列管式固定床反应器，当反应温度为280℃时可选用导生油作热载体。(　　)

22. 流化床反应器的操作速度一定要小于流化速度。(　　)

23. 研究一个催化体系时，应先从动力学考虑反应速度，再从热力学考虑反应能进行到什么程度。(　　)

24. 新鲜催化剂的使用温度可以比适宜温度低一点，随活性下降使用温度可适当提高。（　）

25. 为了减少连续操作釜式反应器的返混，工业上常采用多釜串联操作。（　）

26. 对于 $n>0$ 的简单反应，各反应器的生产能力大小为：PFR 最小，N-CSTR 次之，1-CSTR最大。（　）

27. 催化剂是一种可以改变化学反应的速度，而其自身组成、质量和化学性质在反应前后均保持不变的物质。（　）

28. 催化剂能改变化学平衡状态。（　）

29. 按物质的聚集状态，反应器分为均相反应器和非均相反应器。（　）

30. 按结构和形状，反应器可分为固定床反应器和流化床反应器。（　）

31. 制备好的催化剂从生产厂家运来后直接加到反应器内就可以使用。（　）

32. 催化剂的组成主要包括：活性组分、载体和助催化剂三个部分。（　）

33. 固定床反应器在管内装有一定数量的固体催化剂，气体一般自下而上从催化剂颗粒之间的缝隙内通过。（　）

34. 单釜连续操作，物料在釜内停留时间不一，因而会降低转化率。（　）

35. 为了保持催化剂的活性，保证产品的经济效益，在催化剂进入衰退期后，应立即更换催化剂。（　）

36. 催化剂的组成中，主要组分就是含量最大的成分。（　）

37. 反应器并联的一般目的是为了提高生产能力。串联的一般目的是为了提高转化率。（　）

38. 釜式反应器主要由釜体、搅拌器和换热器三部分所组成。（　）

39. 某一反应，当加入催化剂后，不但能加快反应速度，而且可以改变反应系统的始末状态。（　）

40. 对于气—固相反应，适宜的反应器应该是裂解炉。（　）

41. 催化剂一定能加快化学反应速度。（　）

42. 催化剂对化学平衡没有贡献。（　）

43. 间歇操作釜式反应器既可以用于均相的液相反应，也可用于非均相液相反应，但不能用于非均相气液相鼓泡反应。（　）

44. 气液相反应器按气液相接触形态分类时，气体以气泡形式分散在液相中的反应器形式有鼓泡塔反应器、搅拌鼓泡釜式反应器和填料塔反应器等。（　）

45. 催化剂在反应器内升温还原时，必须控制好升温速度、活化温度与活化时间，活化温度不得高于催化剂活性温度上限。（　）

46. 在一定接触时间内，一定反应温度和反应物配比下，主反应的转化率愈高，说明催化剂的活性愈好。（　）

47. 搅拌釜式反应器应用范围广，但基本上不用于气—液—固三相反应。（　）

48. 绝热式固定床反应器适合热效应不大的反应，反应过程无需换热。（　）

49. 能加快反应速度的催化剂为正催化剂。（　）

50. 无论是暂时性中毒后的再生，还是高温烧积炭后的再生，均不会引起固体催化剂结构的损伤，活性也不会下降。（　）

51. 釜式反应器属于液气相反应。 ( )

52. 管式反应器亦可进行间歇或连续操作。 ( )

53. 氨合成催化剂在使用前必须经还原，而一经还原后，以后即不必再作处理，直到达到催化剂的使用寿命。 ( )

54. 催化剂中毒后经适当处理可使催化剂的活性恢复，这种中毒称为暂时性中毒。 ( )

55. 氨氧化催化剂金属铂为不活泼金属，因此硝酸生产中，铂网可以放心使用，不会损坏。 ( )

56. 暂时性中毒对催化剂不会有任何影响。 ( )

57. 工业反应器按换热方式可分为：等温反应器，绝热反应器，非等温、非绝热反应器等。 ( )

58. 间歇反应器的一个生产周期应包括：反应时间，加料时间，出料时间，加热(或冷却)时间，清洗时间等。 ( )

59. 非均相反应器可分为：气固相反应器、气液相反应器。 ( )

60. 生产合成氨、甲醛、丙烯腈等反应器属于固定床反应器。 ( )

61. 催化剂中的各种组分对化学反应都有催化作用。 ( )

62. 催化剂都是由固态物质构成。 ( )

63. 双膜式磺化反应器自上而下分为物料分配、反应、分离三部分。 ( )

64. 流化床中，由于床层内流体和固体剧烈搅动混合，使床层温度分布均匀，避免了局部过热现象。 ( )

65. 优良的固体催化剂应具有：活性好；稳定性强；选择性高；无毒并耐毒；耐热；机械强度高；有合理的流体流动性；原料易得；制造方便等性能。 ( )

66. 催化剂的使用寿命主要由催化剂的活性曲线的稳定期决定。 ( )

67. 釜式反应器、管式反应器、流化床反应器都可用于均相反应过程。 ( )

68. 合成氨工业中氨合成催化剂活化状态的活性成分是铁。 ( )

69. 原料无须净化就可以送入催化反应器。 ( )

70. 均相反应器内不存在微元尺度的质量和热量传递。 ( )

71. 釜式反应器体积越大，传热越容易。 ( )

72. 催化剂的主要作用是缩短反应时间。 ( )

73. 性能优良的催化剂应有较大的比表面积。 ( )

74. 选择反应器要从满足工艺要求出发，并结合各类反应器的性能和特点来确定。 ( )

75. 在管式反应器中单管反应器只适合热效应小的反应过程。 ( )

六、化工基础数据与主要生产指标部分

(一)选择题

1. 单位体积的流体所具有的质量称为( )。

A. 比容　　B. 密度　　C. 压强　　D. 相对密度

2. 真实压力比大气压高出的数值通常用下列哪一项表示？( )

A. 真空度　B. 绝对压强　C. 表压　D. 压强

3. 流体在流动时产生内摩擦力的性质叫做黏性，衡量黏性大小的物理量称为(　　)。

A. 摩擦系数　B. 黏度系数　C. 黏度　D. 运动黏度

4. 热力学第一定律的物理意义是体系的内能增量等于体系吸入的热与环境对体系所做的功之和。其内能用下列哪一项表示？(　　)

A. Q　B. ΔU　C. W　D. ΔH

5. 评价化工生产效果的常用指标有(　　)。

A. 停留时间　B. 生产成本　C. 催化剂的活性　D. 生产能力

6. 反应器中参加反应的乙炔量为 550kg/h，加入反应器的乙炔量为 5000kg/h，则乙炔转化率为(　　)。

A. 91%　B. 11%　C. 91.67%　D. 21%

7. 流体密度随温度的升高而(　　)。

A. 增加　B. 下降　C. 不变　D. 无规律性

8. 液体的黏度随温度的下降而(　　)。

A. 不变　B. 下降　C. 增加　D. 无规律性

9. 水在 10℃时的焓为 41.87kJ/kg，20℃时的焓为 83.73kJ/kg。若采用线性内插，水在 15℃的焓为(　　)kJ/kg。

A. 83.73　B. 41.87　C. 70.50　D. 62.80

10. 在非金属液体中，(　　)的导热系数最高。

A. 水　B. 乙醇　C. 甘油　D. 甲醇

11. 有一湿纸浆含水 50%，干燥后原有水分的 50%除去，干纸浆中纸浆的组成为(　　)。

A. 50%　B. 25%　C. 75%　D. 67%

12. 带有循环物流的化工生产过程中的单程转化率的统计数据(　　)总转化率的统计数据。

A. 大于　B. 小于　C. 相同　D. 无法确定

13. 某液体的比体积为 0.001m^3/kg，则其密度为(　　)kg/m^3。

A. 1000　B. 1200　C. 810　D. 900

14. 某反应的活化能是 33kJ·mol^{-1}，当 T=300K 时，温度增加 1K，反应速率常数增加的百分数约为(　　)。

A、4.5%　B. 9.4%　C. 11%　D. 50%

15. 某反应的速率常数 $k=7.7\times10^{-4}s^{-1}$，又初始浓度为 0.1mol·dm^{-3}，则该反应的半衰期为(　　)。

A. 86580s　B. 900s　C. 1800s　D. 13000s

16. 在氯苯硝化生产一硝基氯化苯生产车间，一硝基氯化苯收率为 92%，选择性为 98%，则氯化苯的转化率为(　　)。

A. 93.9%　B. 90.16%　C. 92.4%　D. 96.5%

17. 一般情况下，液体的黏度随温度升高而(　　)。

A. 增大　B. 减小　C. 不变　D. 无法确定

18. 设备内的真空度愈高，即说明设备内的绝对压强(　　)。

A. 愈大　B. 愈小　C. 愈接近大气压　D. 无法确定

19. 关于物质的导热系数，一般来说金属的导热系数（　　）。

A. 最小　B. 最大　C. 较小　D. 较大

20. 298K 时，C（石墨）与 Cl_2（g）的标准生成热（　　）。

A. 前者为 0，后者不为 0　B. 均小于 0

C. 均等于 0　D. 均大于 0

21. 对于纯物质来说，在一定压力下，它的泡点温度和露点温度的关系是（　　）。

A. 相同　B. 泡点温度大于露点温度

C. 泡点温度小于露点温度　D. 无关系

22. 在金属固体中热传导是（　　）引起的。

A. 分子的不规则运动　B. 自由电子运动

C. 个别分子的动量传递　D. 原子核振动

23. 熔融指数与分子量的关系是（　　）。

A. 分子量越高，熔融指数低　B. 分子量越低，熔融指数低

C. 分子量越高，熔融指数高　D. 无关系

24. 单位质量的某物质，温度升高或降低 1K 时，所吸收或放出的热量称这种物质的（　　）。

A. 焓　B. 比热　C. 显热　D. 潜热

25. 某一化学反应器中的 A 原料每小时进料 500 公斤，进冷却器的 A 原料每小时 50 公斤，该反应选择性为 90%。反应的转化率、收率为（　　）。

A. 90%，90%　B. 95%，85%　C. 90%，81%　D. 85%，95%

26. 转化率 Z、选择性 X、单程收率 S 的关系是（　　）。

A. $Z=X\cdot S$　B. $X=Z\cdot S$　C. $S=Z\cdot X$　D. 以上关系都不是

27. 反映热空气容纳水气能力的参数是（　　）。

A. 绝对湿度　B. 相对湿度　C. 湿容积　D. 湿比热容

28. 液体的饱和蒸汽压用符号 p° 表示，其表达了（　　）。

A. 液体的相对挥发度　B. 液体的挥发度　C. 液体的相对湿度　D. 液体的湿度

29. 下列状态函数中为自由焓变和焓变的符号是（　　）。

A. ΔG、ΔU　B. ΔH、ΔG　C. ΔU、ΔH　D. ΔG、ΔH

30. 乙醛氧化生产醋酸，原料投料量为纯度 99.4% 的乙醛 500kg/h，得到的产物为纯度 98% 的醋酸 580kg/h，乙醛的理论及实际消耗定额为（　　）。

A. 723、862　B. 500、623　C. 723、826　D. 862、723

31. 丙烯氧化生产丙烯酸中，原料丙烯投料量为 600kg/h，出料中有丙烯醛 640kg/h，另有未反应的丙烯 25kg/h，原料丙烯选择性为（　　）。

A. 80%　B. 95.83%　C. 83.48%　D. 79%

32. 在标准条件下石墨燃烧反应的焓变为 $-393.7kJ\cdot mol^{-1}$，金刚石燃烧反应的焓变为 $-395.6kJ\cdot mol^{-1}$，则石墨转变为金刚石反应的焓变为（　　）$kJ\cdot mol^{-1}$。

A. −789.3　B. 0　C. 1.9　D. −1.9

33. 25℃，总压为 100kPa，充有 $36gH_2$，$28gN_2$ 的容器中，H_2 的分压为（　　）。

A. 94.7kPa　B. 94.7Pa　C. 5.26kPa　D. 5.26Pa

34. 苯乙烯正常沸点为 418K，汽化热为 40.31kJ/mol。若控制蒸馏温度为 30℃，压力应

控制为(　　)。

A. 24.8kPa　　B. 0.12kPa　　C. 12.4kPa　　D. 1.24kPa

35. 乙炔与醋酸催化合成醋酸乙烯酯，已知新鲜乙炔的流量为 600kg/h，混合乙炔的流量为 5000kg/h，反应后乙炔的流量为 4450kg/h，循环乙炔的流量为 4400kg/h，驰放乙炔的流量为 50kg/h，则乙炔的单程转化率和总转化率分别为(　　)。

A. 11%，91.67%　　B. 13%，91.67%　　C. 11%，93.55%　　D. 13%，93.55%

36. 纯液体的饱和蒸汽压取决于所处的(　　)。

A. 压力　　B. 温度　　C. 压力和温度　　D. 海拔高度

37. 对于活化能越大的反应，速率常数随温度变化越(　　)。

A. 大　　B. 小　　C. 无关　　D. 不确定

38. 关于物质的导热系数，一般地，下列说法正确的是(　　)。

A. 金属最大、非金属次之、液体较小、气体最小

B. 金属最大、非金属固体次之、液体较小、气体最小

C. 液体最大、金属次之、非金属固体较小、气体最小

D. 非金属固体最大、金属次之、液体较小、气体最小

39. 在相同压力下，物质的汽化热和冷凝热在数值上(　　)。

A. 相等　　B. 不相等

C. 无关系　　D. 是否相等要视大气压力而定

40. 化工过程参数有(　　)。

A. 技术参数、经济参数、工艺参数　　B. 技术参数、平衡常数、速率常数

C. 技术参数、经济参数、物性参数　　D. 平衡常数、速率常数、物性参数

41. 下列不属于化工过程的经济参数有(　　)。

A. 生产能力　　B. 原料价格　　C. 消耗定额　　D. 生产强度

42. 气体和液体的密度分别为 ρ_1 和 ρ_2，当温度下降时两者的变化为(　　)。

A. ρ_1 和 ρ_2 均减小　　B. ρ_1 和 ρ_2 均增大　　C. ρ_1 增大，ρ_2 减小　　D. ρ_1 减小，ρ_2 增大

43. 被绝热材料包围的房间内放有一电冰箱，将电冰箱门打开的同时向冰箱供给电能而使其运行。室内的温度将(　　)。

A. 逐渐降低　　B. 逐渐升高　　C. 不变　　D. 无法确定

44. 在任意条件下，任一基元反应的活化能 Ea(　　)。

A. 一定大于零　　B. 一定小于零　　C. 一定等于零　　D. 条件不全，无法确定

45. 某硫酸厂以 35%S 的标准硫铁矿为原料生产硫酸，设硫被全部烧成 SO_2，如硫的烧出率为 98.5%，SO_2 的洗涤净化率为 94%，硫的转化率为 99%，则 100 吨硫铁矿可得(　　)吨 100%硫酸。

A. 280.7　　B. 32.1　　C. 98.25　　D. 104.5

46. 通过 5000kg/h 的原料乙烷进行裂解制乙烯。反应掉的乙烷量为 3000kg/h，得到乙烯量为 1980kg/h，该反应的选择性为(　　)。

A. 60%　　B. 70.7%　　C. 39.6%　　D. 20.4%

47. 水在常压下的沸腾温度为 100℃，如果现在的压力为 0.3MPa，温度仍为 100℃，此时水的状态为(　　)。

A、蒸汽 B. 沸腾 C. 过热 D. 液态

48. 节流过程为(　　)。

A. 前后焓相等的过程 B. 等熵过程

C. 等压过程 D. 等温过程

49. 对于 R+2S ══P+Q 反应，原料 2molR，3molS，生成了 1molP 与 1molQ，则对于 R 的转化率为(　　)。

A、40％ B. 50％ C. 66.7％ D. 100％

50. 实际生产中煅烧含有 94％$CaCO_3$ 的石灰石 500kg 得到的生石灰实际产量为 253kg，其产品收率为(　　)。

A. 50.6％ B. 53.8％ C. 90.4％ D. 96.2％

51. 在下列热力学数据中，属于状态函数的是(　　)。

A. 内能、自由焓、焓 B. 功、内能、焓

C. 自由焓、焓、热 D. 功、焓、热

52. 对于同一个反应，反应速度常数主要与(　　)有关。

A. 温度、压力、溶剂等 B. 压力、溶剂、催化剂等

C. 温度、溶剂、催化剂等 D. 温度、压力、催化剂等。

53. 导热系数是衡量物质导热能力的物理量。一般来说(　　)的导热系数最大。

A. 金属 B. 非金属 C. 液体 D. 气体

54. 在氯苯硝化生产一硝基氯化苯生产车间，收率为 92％，选择性为 98％，则氯化苯的转化率为(　　)。

A. 93.9％ B. 90.18％ C. 96.5％ D. 92.16％

55. 在制冷循环中，获得低温流体的方法是用高压、常温的流体进行(　　)来实现的。

A. 绝热压缩 B. 蒸发 C. 冷凝 D. 绝热膨胀

56. 流体流经节流阀前后，(　　)不变。

A. 焓值 B. 熵值 C. 内能 D. 压力

57. 以下哪种措施不能提高蒸汽动力循环过程的热效率？(　　)

A. 提高蒸汽的温度 B. 提高蒸汽的压力 C. 采用再热循环 D. 提高乏汽的温度

58. 导热系数的 SI 单位为(　　)。

A. W/(m·℃) B. W/(m^2·℃) C. J/(m·℃) D. J/(m^2·℃)

59. 100mol 苯胺在用浓硫酸进行焙烘磺化时，反应物中含 88.2mol 对氨基苯磺酸、1mol 邻氨基苯磺酸、2mol 苯胺，另有一定数量的焦油物，则以苯胺计的对氨基苯磺酸的理论收率是(　　)。

A. 98.0％ B. 86.4％ C. 90.0％ D. 88.2％

60. 以下有关空间速度的说法，不正确的是(　　)。

A. 空间速度越大，单位时间单位体积催化剂处理的原料气量就越大

B. 空间速度增加，原料气与催化剂的接触时间缩短，转化率下降

C. 空间速度减小，原料气与催化剂的接触时间增加，主反应的选择性提高

D. 空间速度的大小影响反应的选择性与转化率

61. 用铁制成三个大小不同的球体，则三个球体的密度是(　　)。

A. 体积小的密度大　　B. 体积大的密度也大

C. 三个球体的密度相同　　D. 不能确定

62. 相变潜热是指（　　）。

A. 物质发生相变时吸收的热量或释放的热量

B. 物质发生相变时吸收的热量

C. 物质发生相变时释放的热量

D. 不能确定

63. 化学反应热不仅与化学反应有关，而且与（　　）。

A. 反应温度和压力有关　　B. 参加反应物质的量有关

C. 物质的状态有关　　D. 以上三种情况有关

64. 温度对流体的黏度有一定的影响，当温度升高时，（　　）。

A. 液体和气体的黏度都降低　　B. 液体和气体的黏度都升高

C. 液体的黏度升高、而气体的黏度降低　　D. 液体的黏度降低、而气体的黏度升高

65. 由于乙烷裂解制乙烯，投入反应器的乙烷量为 5000kg/h，裂解气中含有未反应的乙烷量为 1000kg/h，获得的乙烯量为 3400kg/h，乙烷的转化率为（　　）。

A. 68%　　B. 80%　　C. 90%　　D. 91.1%

66. 由于乙烷裂解制乙烯，投入反应器的乙烷量为 5000kg/h，裂解气中含有未反应的乙烷量为 1000kg/h，获得的乙烯量为 3400kg/h，乙烯的收率为（　　）。

A. 54.66%　　B. 72.88%　　C. 81.99%　　D. 82.99%

67. 在 100kPa 时，水的沸点是（　　）℃。

A. 100　　B. 98.3　　C. 99.6　　D. 99.9

68. 水在（　　）时的密度为 $1000kg/m^3$。

A. 0℃　　B. 100℃　　C. 4℃　　D. 25℃

69. 在法定单位中，恒压热容和恒容热容的单位都是（　　）。

A. $kJ \cdot mol^{-1} \cdot K^{-1}$　　B. $kcal \cdot mol^{-1} \cdot K^{-1}$　　C. $J \cdot mol^{-1} \cdot K^{-1}$　　D. $kJ \cdot kmol^{-1} \cdot K^{-1}$

70. 化学反应速度常数与下列因素中哪个无关？（　　）

A. 温度　　B. 浓度　　C. 反应物特性　　D. 活化能

71. 在吸收操作中，以气相分压差（$P_A - P_A^*$）为推动力的总传质系数 K_g 中不包含（　　）。

A. 气相传质系数 k_g　　B. 液相传质系数 k_l　　C. 溶解度系数 H　　D. 亨利系数 E

72. 某一化学反应器中的 A 原料每小时进料 500 公斤，进冷却器的 A 原料每小时 50 公斤，该反应选择性为 90%。反应的转化率、收率为（　　）。

A. 90%，90%　　B. 95%，85%　　C. 90%，81%　　D. 85%，95%

73. 下列 4 次平行测定的实验结果中，精密度最好的是（　　）。

A. 30%，31%，33%，34%　　B. 26%，29%，35%，38%

C. 34%，35%，35%，34%　　D. 32%，31%，33%，38%

74. 对于某一反应系统，存在如下两个反应：

(1) $A + 2B \rightleftharpoons C + D$ ①主反应，目的产物为 C；

(2) $3A + 4B \rightleftharpoons E + F$ ②副反应；

已知反应器入口 A＝10mol，出口 C＝6mol，E＝1mol，则此反应系统中反应物 A 的转化

率、目的产物的选择性分别为(   )。

A. 80%、85%　　B. 90%、66.67%　　C. 85%、66.67%　　D. 60%、75%

75. 单程转化率指(   )。

A. 目的产物量/进入反应器的原料总量　　B. 目的产物量/参加反应的原料量

C. 目的产物量/生成的副产物量　　D. 参加反应的原料量/进入反应器的原料总量

76. 通常用(   )作判据来判断化学反应进行的方向。

A. 热力学能　　B. 焓　　C. 熵　　D. 吉布斯函数

77. 乙炔与氯化氢加成生产氯乙烯。通入反应器的原料乙炔量为1000kg/h,出反应器的产物组成中乙炔含量为300kg/h。已知按乙炔计生成氯乙烯的选择性为90%,则按乙炔计氯乙烯的收率为(   )。

A. 30%　　B. 70%　　C. 63%　　D. 90%

78. 气体的黏度随温度的升高而(   )。

A. 无关　　B. 增大　　C. 减小　　D. 不确定

79. 在间歇反应器中进行一级如反应时间为1小时转化率为0.8,如反应时间为2小时转化率为(   ),如反应时间为0.5小时转化率为(   )。

A. 0.9,0.5　　B. 0.96,0.55　　C. 0.96,0.5　　D. 0.9,0.55

80. 由乙烯制取二氯乙烷,反应式为 $C_2H_4+Cl_2 \rightleftharpoons ClH_2C-CH_2Cl$。通入反应的乙烯量为600kg/h,其中乙烯含量为92%(wt%),反应后得到二氯乙烷为1700kg/h,并测得尾气中乙烯量为40kg/h,则乙烯的转化率、二氯乙烷的产率及收率分别是(   )。

A. 93.3%,94%,92.8%　　B. 93.3%,95.1%,93.2%

C. 94.1%,95.4%,93.1%　　D. 94.1%,95.6%,96.7%

81. mol/L是(   )的计量单位。

A. 浓度　　B. 压强　　C. 体积　　D. 功率

82. 温度升高,液体的黏度(   ),气体的黏度(   )。

A. 减小,减小　　B. 增大,增大　　C. 减小,增大　　D. 增大,减小

83. $R=82.06atmcm^3/(mol\cdot K)$可换算成(   )$kJ/(kmol\cdot K)$。

A. 8.314　　B. 83.14　　C. 0.082　　D. 8.2

84. 在下列参数中(   )可更为准确的判断液体分离的难易程度。

A. 沸点差　　B. 浓度差　　C. 黏度差　　D. 相对挥发度

85. 某氯碱厂每天需要90℃食盐饱和溶液10t,一年按330天计算,需要(   )t含量为93%的食盐。(食盐90℃时的溶解度为39g)

A. 995.59　　B. 982.37　　C. 998.56　　D. 979.20

86. 单位体积的流体所具有的质量称为(   )。

A. 比容　　B. 密度　　C. 压强　　D. 相对密度

87. 真实压力比大气压高出的数值通常用下列哪一项表示?(   )

A. 真空度　　B. 绝对压强　　C. 表压　　D. 压强

88. 流体在流动时产生内摩擦力的性质叫做黏性,衡量黏性大小的物理量称为(   )。

A. 摩擦系数　　B. 黏度系数　　C. 黏度　　D. 运动黏度

89. 对于一级反应其半衰期与反应物的起始浓度(   )。

A. 无关　　B. 成正比　　C. 成反比　　D. 不确定

90. 评价化工生产效果的常用指标有(　　)。

A. 停留时间　　B. 生产成本　　C. 催化剂的活性　　D. 生产能力

91. 反应器中参加反应的乙炔量为 550kg/h，加入反应器的乙炔量为 5000kg/h 则乙炔转化率为(　　)。

A. 91%　　B. 11%　　C. 91.67%　　D. 21%

92. 在 0℃和 1atm 下，若 CCl_4 蒸气可近似的作为理想气体处理，则其密度(g/l)为(　　)。

A. 4.52　　B. 6.88　　C. 3.70　　D. 3.44

93. H_2 和 O_2 以 2∶1 的比例在绝热的钢瓶中反应而生成水，在该过程中正确的是(　　)。

A. $\Delta H=0$　　B. $\Delta T=0$　　C. $\Delta p=0$　　D. $\Delta U=0$

94. 水的三相点附近，其蒸发热和熔化热分别为 44.82kJ/mol 和 5.994kJ/mol，则在三相点附近冰的升华热(kJ/mol)约为(　　)。

A. 38.83　　B. 50.81　　C. −38.83　　D. −50.81

95. 二级反应 2A→B，当 A 的初始浓度为 $0.200mol\cdot L^{-1}$ 时半衰期为 40s，则该反应的速度常数是(　　)。

A. $8s^{-1}\cdot L\cdot mol^{-1}$　　B. $0.125s^{-1}\cdot L\cdot mol^{-1}$

C. $40s^{-1}$　　D. $40s^{-1}\cdot L\cdot mol^{-1}$

96. 氨合成塔入口中 CH_4+Ar 含量为 20%，H_2 含量要求为(　　)合适。

A. 40%　　B. 50%　　C. 60%　　D. 70%

97. 理想气体状态方程式适用于(　　)的气体。

A. 高温低压　　B. 低温低压　　C. 高温高压　　D. 低温高压

(二)判断题

1. 计算对流传热系数的关联式都是一些经验公式。(　　)

2. 当地大气压为 100kPa 时，若某设备上的真空表的读数为 20mmHg，则某设备中的绝压为 97.33kPa。(　　)

3. 转化率是参加化学反应的某种原料量占通入反应体系的该种原料总量的百分率。(　　)

4. 实际过程的原料消耗量有可能低于理论消耗定额。(　　)

5. 某纯液体的饱和蒸气压是该液体温度的函数。(　　)

6. 理想气体状态方程适用于高压低温下气体的计算。(　　)

7. 化学反应器的空时就是反应物料在反应器内的停留时间，用来表明反应时间长短。(　　)

8. 对于连串反应，若目的产物是中间产物，则反应物转化率越高其目的产物的选择性越低。(　　)

9. 生产上，保温材料的导热系数都较大。(　　)

10. 若一个化学反应是一级反应，则该反应的速率与反应物浓度的一次方成正比。(　　)

11. 消耗定额越高，生产过程的经济效益越高。(　　)

12. 从经济观点看，提高总转化率比提高单程转化率更有利。(　　)

13. 气相压力一定，温度提高 1 倍，组分在气相中的扩散系数增大 1 倍。 ( )

14. 将蔗糖溶于纯水中形成稀溶液，与纯水比较，其沸点升高。 ( )

15. 在单位时间内，反应器处理的原料量或生产的产品量称为反应器的生产能力。 ( )

16. 转化率越大，原料利用率越高，则产率越小。 ( )

17. 油品越重，自燃点越高。 ( )

18. 油品组分越轻，其蒸汽压越高。 ( )

19. 化工生产上，一般收率越高，转化率越高。 ( )

20. 利用苯作为原料生产某一有机化合物，平均月产量 1000 吨，月消耗苯 1100 吨。则此生产的消耗定额为 1.1 吨苯/吨产品。 ( )

21. 转化率越高参加反应的原料量越多，所以转化率越高越好。 ( )

22. 化工产品生产中，若每小时投入的某种原料量增加 10%，结果发现程收率不变，说明反应为目的产物的该原料量增加 10%。 ( )

23. 室温下在装有 48gO_2，56gN_2的容器中，O_2的物质的量分数为 3/7。 ( )

24. 醋酸乙烯酯的合成，乙炔气相法的时空收率为 1t/(d·m^3催化剂)，乙烯气相法为 6t/(d·m^3催化剂)，说明乙烯气相法设备的生产强度较乙炔法的高。 ( )

25. 1kmol 理想气体，其标准状态下的体积为 22.4m^3。 ( )

26. 化工基础数据可分为两类：物性数据和热力学数据。 ( )

27. 一定压力下，某物质的气体可液化的最高温度叫做该物质的临界温度。 ( )

28. 对相同的反应物和产物，选择性(产率)等于转化率和收率相乘。 ( )

29. 反应物的单程转化率总小于总转化率。 ( )

30. 对同一反应，活化能一定，则反应的起始浓度越低，反应的速度常数对浓度的变化越敏感。 ( )

31. 2mol 液体水在等温下变成蒸气，因该过程温度未改变，故$\Delta U=0$，$\Delta H=0$。 ( )

32. 空间速度是指在单位时间内，每单位体积的催化剂上所通过的反应物的体积流量。 ( )

33. 原料的转化率越高，得到的产品就越多，选择性就越好。 ( )

34. 理想气体的焓值只与温度有关，与压力无关。 ( )

35. 对任何化学反应，温度升高，则总的反应速度增加。 ( )

36. 消耗定额越高，生产过程的经济效益越高。 ( )

37. 对于一个反应体系，转化率越高，则目的产物的产量就越大。 ( )

38. 活化能是使普通分子变为活化分子所需的最低能量，且活化能越低，反应速度越大。 ( )

39. 在给定温度下，液体具有确定的蒸气压，液体蒸气压总是随着温度的上升而减小。 ( )

40. 生产能力是指生产装置每年生产的产品量。如：30 万吨/年合成氨装置指的是生产能力。 ( )

41. 已知通入苯乙烯反应器的原料乙苯量为 1000kg/h，苯乙烯收率为 40%，以反应乙苯计的苯乙烯选择性为 90%。原料乙苯中含甲苯 2%(质量分数)，则每小时参加反应的乙苯量为 435kg。 ( )

42. 从理论上说多级压缩的级数越多压缩的终温越低。（　）

43. 一切自发过程都会导致能量的降级。（　）

44. 采用列管式固定床反应器生产氯乙烯，使用相同类型的催化剂，在两台反应器生产能力相同条件下，则催化剂装填量越多的反应器生产强度越大。（　）

45. 两套合成氨生产装置生产能力均为 600kt/a，说明两套装置具有相同的生产强度。（　）

46. 根据稀溶液的依数性，苯甲酸分别溶于乙醇和苯中，则两溶液的沸点均提高。（　）

47. 提高反应温度，对所有反应均可提高反应速度。（　）

48. 化工生产中，常以空速的大小来表示催化剂的生产能力，空速越大，单位时间、单位体积催化剂处理的原料气量就越大，故空速愈大愈好。（　）

49. 空间速度是指单位时间内通过单位体积催化剂上的反应混合气的体积，单位是 h^{-1}。（　）

50. 导热系数越大，说明物质的导热性能越好。（　）

51. 流体的黏度越大，则产生的流动阻力越大。（　）

52. 原料消耗定额的高低，说明生产水平的高低和操作技术水平的好坏。（　）

53. 提高设备的生产强度，可以实现在同一设备中生产出更多的产品，进而提高设备的生产能力。（　）

54. 金属材料的导热系数随温度升高而降低，而非金属材料的导热系数随温度升高而增大。（　）

55. 石棉是隔热性能最好的隔热材料，工业上常常被采用。（　）

56. 气体的导热系数随温度的升高而降低。（　）

57. 在唐古拉山口道班的工人常用高压锅来煮面条，是因为那里沸点太高，不易煮开。（　）

58. 比重即密度。（　）

59. 现在国际上规定将标准大气压的值定为 100kPa，即表示在此压力下水的沸点为 100℃。（　）

60. 一个放热反应在什么情况下都是放热反应。（　）

61. 在热力学上，焓即是恒压过程的热效应。（　）

62. 气体的黏度随温度的升高而增大。（　）

63. 在同一温度和压力下，某物质的摩尔熔化焓与摩尔凝固焓在数值上相等，而符号相反。（　）

64. 总质系数 K_g 和 K_l 虽然数值上不相等，但单位是一样的。（　）

65. 在实际生产中，采取物料的循环是提高原料利用率的有效方法。（　）

66. 现有 90kg 的醋酸与乙醇发生酯化反应，转化率达到 80%时，得到的醋酸乙酯应是 150kg。（　）

67. 一定条件下，乙烷裂解生产乙烯，通入反应器的乙烷为 5000kg/h，裂解气中含乙烯为 1500kg/h，则乙烯的收率为 30%。（　）

68. 年产 30 万吨合成氨的工厂，指的是该厂一年能生产 30 万吨的合成氨产品。（　）

69. 对于以化学反应为主的过程以目的产品量表示生产能力。（ ）
70. 两组分挥发度之比称为相对挥发度。（ ）
71. 从经济角度上看，常压气体的适宜流速为20～40m/s。（ ）
72. 标准状态下，空气的密度是1.32kg/m^3。（ ）
73. Fe_3O_4中氧含量为27.57%。（ ）
74. 转化率是参加化学反应的某种原料量占通入反应体系的该种原料总量的百分率。（ ）
75. 实际过程的原料消耗量有可能低于理论消耗定额。（ ）
76. 能量、功、热在国际单位制中的单位名称是卡。（ ）
77. 若某物系为1mol的物质，则其内能U、焓H、自由焓G、熵S皆属于状态函数。（ ）
78. 生产能力就是指装置的设计生产能力。（ ）
79. 在化工生产过程中，通常用空速的大小来表示催化剂的生产能力，空速越大，单位时间、单位体积催化剂处理的原料气量就越大，所以空速越大越好。（ ）
80. 温度增加有利于活化能大的反应进行。（ ）
81. 动力学分析只涉及反应过程的始态和终态，不涉及中间过程。（ ）

七、生产过程与工艺部分

（一）选择题

1. 化学工业的基础原料有（ ）。
A. 石油　B. 汽油　C. 乙烯　D. 酒精
2. 化学工业的产品有（ ）。
A. 钢铁　B. 煤炭　C. 酒精　D. 天然气
3. 以乙烯为原料经催化剂催化聚合而得的一种热聚性化合物是（ ）。
A. PB　B. PE　C. PVC　D. PP
4. 属于天然纤维的是下列哪种物质？（ ）
A. 胶粘纤维　B. 碳纤维　C. 石棉　D. 尼龙
5. 合成氨反应过程：$N_2+3H_2 \rightleftharpoons NH_3+Q$，有利于反应快速进行的条件是（ ）。
A. 高温低压　B. 高温高压　C. 低温高压　D. 低温低压
6. 在适宜的工艺条件下烃类裂解可以得到以下产物（ ）。
A. 乙炔、乙烯、乙醇、乙酸、丁烯、芳烃　B. 乙炔、乙烯、丙烯、丁烯、丁二烯、芳烃
C. 乙炔、乙烯、乙醛、丁烯、丁二烯、芳烃　D. 乙醇、乙烯、丙烯、丁烯、丁二烯、芳烃
7. 工业上使用（ ）来吸收三氧化硫制备硫酸。
A. 水　B. 稀硫酸　C. 98%左右的硫酸　D. 90%的硫酸
8. 下列关于氨合成催化剂的描述，哪一项是正确的？（ ）
A. 温度越高，内表面利用率越小　B. 氨含量越大，内表面利用率越小
C. 催化剂粒度越大，内表面利用率越大　D. 催化剂粒度越小，流动阻力越小

9. 聚合物主链中的取代基有规律的交替排列在中轴分子链的两端的聚合物,称为(　　)。

A. 定向聚合　　B. 间规聚合　　C. 无规聚合　　D. 本体聚合

10. 生产 ABS 工程塑料的原料是(　　)。

A. 丁二烯、苯乙烯和丙烯　　B. 丁二烯、苯乙烯和丙烯腈

C. 丁二烯、苯乙烯和乙烯　　D. 丁二烯、苯乙烯和氯化氢

11. 为了提高合成氨的平衡转化率,适宜反应条件为(　　)。

A. 高温、高压　　B. 高温、低压　　C. 低温、低压　　D. 低温、高压

12. 生产聚丙烯的原料丙烯通过精制后,其硫含量要求达到(　　)。

A. 硫$<$10ppm　　B. 硫$<$1ppm　　C. 硫$<$100ppm　　D. $<$0.1ppm

13. 在化工生产工艺技术路线选择中,首先要选择的原则是(　　)。

A. 工艺路线的先进性　　B. 工艺技术路线的可靠性

C. 工艺路线经济的合理性　　D. 工艺路线先进性及经济合理性

14. 在选择化工过程是否采用连续操作时,下述几个理由不正确的是(　　)。

A. 操作稳定安全　　B. 一般年产量大于 4500 吨的产品

C. 反应速度极慢的化学反应过程　　D. 工艺成熟

15. 下列聚合物中最易发生解聚反应的是(　　)。

A. PE　　B. PP　　C. PS　　D. PMMA

16. 下列物质不是三大合成材料的是(　　)。

A. 塑料　　B. 尼龙　　C. 橡胶　　D. 纤维

17. 在化学反应中温度升高可以使下列哪种类型反应的速度提高的更快?(　　)

A. 活化能高的反应　　B. 活化能低的反应

C. 压力较高的反应　　D. 压力较低的反应

18. 进料与出料连续不断地流过生产装置,进、出物料量相等。此生产方式为(　　)。

A. 间歇式　　B. 连续式　　C. 半间歇式　　D. 不确定

19. (　　)最为重要,是化学工业的主要原料来源。

A. 矿产资源　　B. 水　　C. 空气　　D. 农业副产品

20. 现有下列高聚物,用于制备轮胎的是(　　)。

A. 聚乙烯　　B. 天然橡胶树脂　　C. 硫化橡胶　　D. 合成纤维

21. 工业重要的应用较为广泛的热塑性塑料是(　　)。

A. 聚乙烯塑料　　B. 酚醛塑料　　C. 氨基塑料　　D. 不饱和聚酯塑料

22. 对于放热反应,一般是反应温度(　　),有利于反应的进行。

A. 升高　　B. 降低　　C. 不变　　D. 改变

23. 生物化工的优点有(　　)。

A. 反应条件温和　　B. 能耗低,效率高

C. 选择性强,三废少　　D. 前三项都是

24. 间歇操作的特点是(　　)。

A. 不断地向设备内投入物料　　B. 不断地从设备内取出物料

C. 生产条件不随时间变化　　D. 生产条件随时间变化

25. 裂解气中酸性气体的脱除,通常采用乙醇胺法和碱洗法,两者相比较(　　)。

A. 乙醇胺法吸收酸性气体更彻底 B. 乙醇胺法中乙醇胺可回收重复利用
C. 碱洗法更适用于酸性气体含量高的裂解气 D. 碱洗法中碱液消耗量小，更经济

26. 任何牌号聚丙烯必须要加的稳定剂是（ ）。
A. 抗氧剂 B. 爽滑剂 C. 卤素吸收剂 D. 抗老化剂

27. 合成树脂原料中，一般都含有一定量的抗氧剂，其目的是（ ）。
A. 为了便于保存 B. 增加成本 C. 降低成本 D. 有利于反应

28. 在有催化剂参与的反应过程中，在某一反应周期内，操作温度常采用（ ）。
A. 恒定 B. 逐渐升高 C. 逐渐降低 D. 波浪变化

29. 烃类裂解制乙烯过程正确的操作条件是（ ）。
A. 低温、低压、长时间 B. 高温、低压、短时间
C. 高温、低压、长时间 D. 高温、高压、短时间

30. 作为化工生产操作人员应该（ ）。
A. 按照师傅教的操作 B. 严格按照“操作规程”操作
C. 按照自己的理解操作 D. 随机应变操作

31. 反应温度过高对化工生产造成的不良影响可能是（ ）。
A. 催化剂烧结 B. 副产物增多 C. 爆炸危险性增大 D. 以上都有可能

32. 指出下列物质中哪一个不是自由基型聚合反应中的单体？（ ）
A. 乙烯 B. 丙烯醇 C. 丁二烯 D. 丙二醇

33. PVC 是指（ ）。
A. 聚乙烯 B. 聚丙烯 C. 聚氯乙烯 D. 聚苯乙烯

34. 影响反应过程的基本因素有（ ）。
A. 温度、压力、原料配比、浓度 B. 温度、原料配比、浓度
C. 温度、压力、原料配比及停留时间 D. 温度、压力、停留时间

35. 在气固相催化反应中，空速和（ ）。
A. 气体流量成正比 B. 温度成正比 C. 停留时间成正比 D. 其他条件无关

36. 下列各加工过程中不属于化学工序的是（ ）。
A. 硝化 B. 裂解 C. 蒸馏 D. 氧化

37. 下列各项中不属于分离与提纯操作的是（ ）。
A. 传热 B. 吸收 C. 萃取 D. 蒸馏

38. 下列哪个不是制造高分子合成材料的基本原料？（ ）
A. 矿石 B. 石油 C. 天然气 D. 煤炭

39. 被称为“塑料王”的材料名称是（ ）。
A. 聚乙烯 B. 聚丙烯 C. 聚四氟乙烯 D. 聚酰胺-6

40. 实际生产过程中，为提高反应过程的目的产物的单程收率，宜采用以下措施（ ）。
A. 延长反应时间，提高反应的转化率，从而提高目的产物的收率
B. 缩短反应时间，提高反应的选择性，从而提高目的产物的收率
C. 选择合适的反应时间和空速，从而使转化率与选择性的乘积即单程收率达最大
D. 选择适宜的反应器类型，从而提高目的产物的收率

41. 在化工生产反应过程中，表示化工生产过程状态的参数是（ ）。

A. 温度　B. 生产能力　C. 选择性　D. 消耗指标

42. 化工生产过程的核心是(　　)。

A. 混合　B. 分离　C. 化学反应　D. 粉碎

43. BPO是聚合反应时的(　　)。

A. 引发剂　B. 单体　C. 氧化剂　D. 催化剂

44. 下面高聚物哪一个不是均聚物?(　　)

A. PVC　B. PTFE　C. ABS树脂　D. PP

45. 对于低压下放热的可逆气相反应,温度升高,则平衡常数(　　)。

A. 增大　B. 减小　C. 不变　D. 不能确定

46. 对于低压下吸热的可逆气相反应,压力升高,则平衡常数(　　)。

A. 增大　B. 减小　C. 不变　D. 不能确定

47. 化工基本原料是指(　　)。

A. 石油　B. 天然气　C. 煤　D. 苯

48. 化工基础原料是指(　　)。

A. 乙烯　B. 苯　C. 氯气　D. 空气

49. 有机玻璃是指(　　)。

A. 聚乙烯　B. 聚氯乙烯

C. 聚甲基丙烯酸甲酯　D. 聚苯乙烯

50. PET是指(　　)。

A. 脲醛树脂　B. 涤纶树脂　C. 醇酸树脂　D. 环氧树脂

51. 工业乙炔与氯化氢合成氯乙烯的化学反应器是(　　)。

A. 釜式反应器　B. 管式反应器　C. 流化床反应器　D. 固定床反应器

52. 反映一个国家石油化学工业发展规模和水平的物质是(　　)。

A. 石油　B. 乙烯　C. 苯乙烯　D. 丁二烯

53. 硫铁矿在沸腾炉中焙烧的过程属于(　　)。

A. 固定床　B. 流化床　C. 输送床　D. 移动床

54. 化工生产一般包括以下(　　)组成。

A. 原料处理和化学反应　B. 化学反应和产品精制

C. 原料处理和产品精制　D. 原料处理、化学反应和产品精制

55. 由反应式:$SO_3+H_2O=H_2SO_4$可知,工业生产上是采用(　　)的硫酸来吸收三氧化硫生产硫酸。

A. 水　B. 76.2%　C. 98%　D. 100%

56. 对一个反应在生产中采用什么反应器并无严格规定,但首先以满足(　　)为主。

A. 工艺要求　B. 减少能耗　C. 操作简便　D. 结构紧凑

57. 化工生产过程是指从原料出发,完成某一化工产品生产的全过程,其核心是(　　)。

A. 生产程序　B. 投料方式　C. 设备选择　D. 工艺过程

58. 化工生产过程中,常用于加热的物料是(　　)。

A. 中压饱和水蒸气　B. 低压过热水蒸气

C. 高温烟道气　D. 高温高压过热蒸汽

59. 卡普隆又称尼龙 6，是聚酰胺纤维的一种，它的单体是己内酰胺和(　　)。

A. 环己醇　B. 氨基乙酸　C. 对苯二甲酸二甲酯　D. 萘

60. 塑料的组成以(　　)为主，还含有一定量的填料、增塑剂、着色剂及其他各种添加剂等。

A. 玻璃纤维　B. 苯二甲酸甲酯　C. 合成树脂　D. 滑石粉。

61. 高压法甲醇合成塔的原料气分主、副线进料。其中，副线进料的目的是(　　)。

A. 调节原料气的浓度　B. 调节反应器中的压力

C. 调节催化剂床层反应温度　D. 调节原料气的空间速度

62. 氨合成时，提高压力，对氨合成反应(　　)。

A. 平衡和速度都有利　B. 平衡有利，速度不利

C. 平衡不利，速度有利　D. 平衡和反应速度都不利

63. 化学工艺按原料的不同来分类不包括(　　)。

A. 煤化工　B. 天然气化工　C. 精细化工　D. 石油化工

64. 化工生产操作不包括(　　)。

A. 开停车　B. 非稳态操作　C. 事故处理　D. 正常操作管理

65. 下列不能用作工程塑料的是(　　)。

A. 聚氯乙烯　B. 聚碳酸酯　C. 聚甲醛　D. 聚酰胺

66. 下列高聚物中，采用缩聚反应来生产的典型产品是(　　)。

A. PVC　B. PET　C. PS　D. PE

67. 化工生产过程的基本任务不包括(　　)。

A. 研究产品生产的基本过程和反应原理

B. 研究化工生产的工艺流程和最佳工艺条件

C. 研究主要设备的结构、工作原理及强化方法

D. 研究安全与环保

68. 化工过程一般不包含(　　)。

A. 原料准备过程　B. 原料预处理过程

C. 反应过程　D. 反应产物后处理过程

69. 橡胶与塑料和纤维比较正确的是(　　)。

A. 模量最大　B. Tg 最低　C. 结晶度最大　D. 强度最大

70. 氯乙烯聚合只能通过(　　)。

A. 自由基聚合　B. 阳离子聚合　C. 阴离子聚合　D. 配位聚合

71. 在化工生产过程中常涉及的基本规律有(　　)。

A. 物料衡算和热量衡算

B. 热量衡算和平衡关系

C. 物料衡算、热量衡算和过程速率

D. 物料衡算、热量衡算、平衡关系和过程速率

72. 在下列物质中，不属于常用化工生产基础原料的是(　　)。

A. 天然气　B. 空气　C. 乙烯　D. 金属矿

73. 以高聚物为基础，加入某些助剂和填料混炼而成的可塑性材料，主要用作结构材料，该材料称为(　　)。

A. 塑料 B. 橡胶 C. 纤维 D. 合成树脂

74. 俗称“人造羊毛”的聚丙烯腈纤维(即腈纶)的缩写代号是(　　)。

A. PE B. PVC C. PET D. PAN

75. 化工工艺通常可分为(　　)。

A. 无机化工和基本有机化工工艺

B. 无机化工、基本有机化工和高分子化工工艺

C. 无机化工、基本有机化工、高分子化工和精细化学品工艺

D. 无机化工、基本有机化工、高分子化工、精细化学品制造

76. 小批量、多品种的精细化学品的生产适用于(　　)过程。

A. 连续操作 B. 间歇操作 C. 半连续操作 D. 半间歇操作

77. $CH_4+H_2O \rightleftharpoons CO+3H_2-Q$ 达到平衡时，升高温度化学平衡向(　　)移动。

A. 正反应方向 B. 逆反应方向 C. 不移动 D. 无法判断

78. 利用物料蒸发进行换热的条件是(　　)。

A. 各组分的沸点低 B. 原料沸点低于产物沸点

C. 产物沸点低于原料沸点 D. 物料泡点为反应温度

79. 加热在 200℃以下用的热源是(　　)。

A. 低压蒸汽 B. 中压蒸汽 C. 熔盐 D. 烟道气

80. 转化率指的是(　　)。

A. 生产过程中转化掉的原料量占投入原料量的百分数

B. 生产过程中得到的产品量占理论上所应该得到的产品量的百分数

C. 生产过程中所得到的产品量占所投入原料量的百分比

D. 在催化剂作用下反应的收率

81. 反应物流经床层时，单位质量催化剂在单位时间内所获得目的产物量称为(　　)。

A. 空速 B. 催化剂负荷 C. 催化剂空时收率 D. 催化剂选择性

82. 合成氨生产的特点是(　　)、易燃易爆、有毒有害。

A. 高温高压 B. 大规模 C. 生产连续 D. 高成本低回报

83. “二水法”湿法磷酸生产的萃取温度一般选(　　)℃。

A. 60～75 B. 70～80 C. 95～105 D. 110 或更高

84. 下列过程中既有传质又有传热的过程是(　　)。

A. 精馏 B. 间壁换热 C. 萃取 D. 流体输送

85. 合成尿素中，提高氨碳比的作用是：(1)使平衡向生成尿素的方向移动；(2)防止缩二脲的生成；(3)有利于控制合成塔的操作温度；(4)减轻甲铵液对设备的腐蚀。以上正确的有(　　)。

A. (1) B. (1)，(2) C. (1)，(2)，(3) D. 4 条皆是

86. PET 是(　　)的缩写代码。

A. 聚丙烯、丙纶 B. 聚氯乙烯、氯纶

C. 聚对苯二甲酸乙二醇酯、涤纶 D. 聚丙烯腈、腈纶

87. 氯丁橡胶的单体是(　　)。

A. 氯乙烯 B. 三氯乙烯 C. 3-氯丁二烯 D. 2-氯丁二烯

88. 蒸馏塔正常操作时，仪表用压缩空气断了，应当先(　　)。
A. 停进料预热器和塔釜加热器　　B. 停止进料
C. 停止采出　　D. 等待来气
89. 以下对硫酸生产中二氧化硫催化氧化采用“两转两吸”流程叙述正确的是(　　)。
A. 最终转化率高，尾气中二氧化硫低
B. 进转化器中的炉气中二氧化硫的起始浓度高
C. 催化剂利用系数高
D. 用于该流程的投资较其他流程的投资少
90. 若标准吉氏函数值大于零，则表示(　　)。
A. 反应能自发进行　　B. 反应不能自发进行
C. 反应处于平衡状态　　D. 不一定
91. 以乙烯为原料经催化剂催化聚合而得的一种热聚性化合物是(　　)。
A. PB　　B. PE　　C. PVC　　D. PP
92. 所谓“三烯、三苯、一炔、一萘”是最基本的有机化工原料，其中的“三烯”是指(　　)。
A. 乙烯、丙烯、丁烯　　B. 乙烯、丙烯、丁二烯
C. 乙烯、丙烯、戊烯　　D. 丙烯、丁二烯、戊烯
93. 硝酸生产的原料是(　　)。
A. H_2　　B. N_2　　C. Ar　　D. NH_3
94. 高压聚乙烯是(　　)。
A. PP　　B. LDPE　　C. HDPE　　D. PAN
95. 属于热固性塑料的是(　　)。
A. PS　　B. PVC　　C. EP　　D. PP
96. 固定层发生炉要求燃料的灰熔点一般大于(　　)。
A. 900℃　　B. 1000℃　　C. 1250℃　　D. 1350℃
97. 有利于 SO_2 氧化向正方向进行的条件是(　　)。
A. 增加温度　　B. 降低温度　　C. 降低压力　　D. 增加催化剂
98. 下列高聚物哪个柔性大？(　　)
A. 聚丙烯　　B. 聚氯乙烯　　C. 聚丙烯睛　　D. 聚乙烯醇
99. 下列哪种单体适合进行阳离子型聚合反应？(　　)
A. 聚乙烯　　B. 聚丙烯　　C. 聚丙烯睛　　D. 聚氯乙烯
100. 从反应动力学角度考虑，增高反应温度使(　　)。
A. 反应速率常数值增大　　B. 反应速率常数值减小
C. 反应速率常数值不变　　D. 副反应速率常数值减小

(二)判断题

1. 将石油加工成各种石油产品的过程称为“石油炼制”。(　　)
2. 合成氨的生产过程必须在高温、高压、催化剂条件下进行。(　　)
3. 锦纶的优异性能有：耐磨性好；强度高；弹性模量小；密度小；吸湿性好。(　　)
4. 橡胶成型的基本过程包括塑炼、混炼、压延和挤出、成型和硫化等基本工序。(　　)

5. 升高温度可以加快化学反应速度，提高产品的收率。　（　）

6. 工业合成氨是一放热过程，随着瞬时转化率的增加，最适宜温度是降低的。　（　）

7. 隔膜法电解制烧碱，一般来说，应尽量采用精制的食盐水，使电解在较低的温度下进行，以防止氯气在阳极液中的溶解。　（　）

8. 液相本体法生产聚丙烯的投料顺序为：第一步投底料；第二步投活化剂；第三步加催化剂；第四步加氢气。　（　）

9. 聚合物的熔融指数指在一定温度、压力条件下，聚合物经过一定长度、一定直径的毛细管，在 5 分钟内流出的物料量(以克计)。　（　）

10. 煤水蒸气转化法制氢工艺中，水蒸气分解率代表水蒸气与碳的反应程度。　（　）

11. 尿素溶液的结晶是利用尿素在不同温度下相对挥发度的差别，将尿素从溶液中结晶分离出来。　（　）

12. 煤、石油、天然气是化学工业的基本原料。　（　）

13. 一个典型的化工生产过程由原料的预处理、化学反应、产物分离三部分构成。　（　）

14. 热塑性塑料的使用温度都在 Tg 以下，橡胶的使用温度都在 Tg 以上。　（　）

15. 聚氯乙烯在工业上的生产方法主要是乳液聚合。　（　）

16. 对于零级反应，增加反应物的浓度可提高化学反应速率。　（　）

17. 二氧化硫氧化制三氧化硫属于可逆放热反应，存在最佳温度。　（　）

18. 化学工业的原料来源很广，可来自矿产资源、动物、植物、空气和水，也可以取自其他工业、农业和林业的副产品。　（　）

19. 连续式生产方式的优点是生产灵活、投资省、上马快。缺点是生产能力小、生产较难控制，因而产品质量得不到保证。　（　）

20. 合成纤维制成的衣物易污染、不吸汗，夏天穿着时易感到闷热。　（　）

21. 聚氯乙烯树脂都是由氯乙烯单体经自由基聚合反应合成的。其工业生产方法主要为本体聚合法。　（　）

22. 在一般情况下，降低反应物的浓度，有助于加快反应速率。　（　）

23. 凡主要运用化学转化改变物质的组成和性质，来创造化学品的生产过程或技术，都称为“化学工艺”。　（　）

24. 鲁姆斯裂解乙烯装置急冷系统采用先水冷后油冷。　（　）

25. 多效蒸发的目的是为了提高拔出率。　（　）

26. ABS，SAN，HIPS 都是苯乙烯系列合成树脂。　（　）

27. 聚合反应中，氮气常用于置换反应装置和输送催化剂。　（　）

28. 影响化工反应过程的主要因素有原料的组成和性质、催化剂性能、工艺条件和设备结构等。　（　）

29. 化工原料的组成和性质对加工过程没有影响。　（　）

30. 没有化学反应的生产过程不是化工生产。　（　）

31. 化工生产的原料，必须经过检测符合规定的技术指标方可投入化工生产。　（　）

32. 聚甲基丙烯的聚合反应属于自由基型聚合反应。　（　）

33. 三大合成材料橡胶、塑料、纤维基本上都是由自由基型聚合反应完成的。　（　）

34.在生产过程中，温度、压力、原料组成、停留时间等工艺参数是可调节的，尤以温度的影响最大。（ ）

35.对于同一个产品生产，因其组成、化学特性、分离要求、产品质量等相同，须采用同一操作方式。（ ）

36.一个化工生产过程一般包括原料的净化和预处理、化学反应过程、产品的分离与提纯、三废处理及综合利用等。（ ）

37.聚氯乙烯被广泛用于各种包装、容器，如食品保鲜膜等。（ ）

38.通常用于婴儿纸尿裤中的高吸水性材料是聚丙烯酸类树脂。（ ）

39.根据反应平衡理论，对可逆反应，随转化率的升高，反应温度应逐渐降低。（ ）

40.反应与分离过程一体化，如反应—精馏、反应—吸收等，能提高可逆反应效率。（ ）

41.按照原理，化工生产过程由三种基本传递过程和反应过程组成。（ ）

42.反应是化工生产过程的核心，其他的操作都是围绕着化学反应组织实施的。（ ）

43.连锁式聚合反应过程包括链引发，链增长和链终止。（ ）

44.多元醇和多元酸经缩聚反应可生产聚氨酯。（ ）

45.化学工艺是根据化学的原理和规律，采用化学和物理的措施，将原料转化为产品的方法和过程。（ ）

46.影响化工生产过程的工艺因素只有温度和压力。（ ）

47.化工生产过程包括原料的预处理、化学反应、产品的分离和精制三个基本过程。（ ）

48.三烯是最基本的有机原料，是指“乙烯、丙烯、丁烯”。（ ）

49.在乳液聚合中，乳化剂不参加聚合反应，但它的存在对聚合反应(聚合反应速率和聚合物的相对分子质量)有很大影响。（ ）

50.聚醋酸乙烯醇解时用酸作催化剂。（ ）

51.对于合成氨中一氧化碳变换反应，存在着一个最佳反应温度。（ ）

52.对于体积增大的反应，水蒸气作为降低气体分压的稀释剂，越多越好。（ ）

53.化工生产的操作方式主要有开、停车，正常操作管理及事故处理等。（ ）

54.化工生产的操作常用的有连续操作、半连续操作、间歇操作等。（ ）

55.合成或天然树脂，外加一定的助剂而加工成的产品称为“纤维”。（ ）

56.一般橡胶的加工温度为80～100℃，而丁苯橡胶塑炼的最高温度可达130～150℃。（ ）

57.设备的生产强度越强，则该设备的生产能力就越大；也可说设备的生产能力越大，则该设备的生产强度就越强。（ ）

58.酯化反应必须采取边反应边脱水的操作才能将酯化反应进行到底。（ ）

59.化工生产中的公用工程是指供水、供电、供气和供热等。（ ）

60.工业生产中常用的冷源与热源是冷却水和导热油。（ ）

61.玻璃钢是一种以玻璃丝为主要填料的不饱和树脂塑料。（ ）

62.由生胶制造各种橡胶制品一般生产过程包括塑炼、混炼、压延、成型、硫化五个阶段。（ ）

63.硫酸生产的主要工序有：硫铁矿的预处理、二氧化硫炉气的制备、炉气的净化及干燥、二氧化硫的催化氧化和三氧化硫的吸收。（ ）

64. 氨氧化法制硝酸时，降低温度、提高压力，可以提高一氧化氮的氧化率。 （ ）

65. 间歇操作是稳态操作，而连续操作是非稳态操作。 （ ）

66. 从原料开始，物料流经一系列由管道连结的设备，经过包括物质和能量转换的加工，最后得到预期的产品，将实施这些转换所需要的一系列功能单元和设备有机组合的次序和方式，称为“化工工艺”。 （ ）

67. 未经硫化的橡胶分子结构是线型或支链型，硫化的目的是使橡胶分子适度交联，形成体型或网状结构。 （ ）

68. PET 和 PA 都不能采用悬浮聚合、乳液聚合方法来生产。 （ ）

69. 固体物质的粉碎及物料的搅拌不属于化工单元操作过程。 （ ）

70. 空气、水和石油、天然气一样，都是重要的化工原料。 （ ）

71. 悬浮聚合可以近似认为是由无数个小本体聚合组成的。 （ ）

72. 本体聚合的关键问题是聚合热的排除。 （ ）

73. 化工生产的目的就是为了得到成品。 （ ）

74. 任何一个化工生产过程都是由一系列化学反应操作和一系列物理操作构成的。 （ ）

75. 聚氯乙烯可用于食品的包装。 （ ）

76. 在合成橡胶中，弹性最好的是顺丁橡胶。 （ ）

77. 化工工艺是指根据技术上先进、经济上合理的原则来研究各种原材料、半成品和成品的加工方法及过程的科学。 （ ）

78. 化工工艺的特点是生产过程综合化、装置规模大型化和产品精细化。 （ ）

79. 乙烯、丙烯属于有机化工基本化工原料。 （ ）

80. 升高反应温度，有利于放热反应。 （ ）

81. 消耗定额越高，生产过程的经济效益越高。 （ ）

82. 烧碱的化学名称为“氢氧化钠”，而纯碱的化学名称为“碳酸钠”。 （ ）

83. 对于一个反应体系，转化率越高，则目的产物的产量就越大。 （ ）

84. 温度升高，对所有的反应都能加快反应速度，提高生产能力。 （ ）

85. 选择性越高，则收率越高。 （ ）

86. 对于化工生产过程中混合气体的压缩输送过程，若其压缩比大于 4～6 时，则必须采用多级压缩。 （ ）

87. 含碳、氢的化合物往往都是有机化合物，而尿素的分子式为 $CO(NH_2)_2$，所以尿素生产是有机化工。 （ ）

88. 石油中有部分烃的分子量很大，所以石油化工为高分子化工。 （ ）

89. 对气固催化反应，工业上为了减小系统阻力，常常采用较低的操作气速。 （ ）

90. 硫铁矿焙烧中，为了提高硫的烧出率，常常将焙烧炉的上部空间扩大以延长停留时间。 （ ）

91. 接触法生产硫酸主要有以下步骤：二氧化硫炉气的制造，二氧化硫的催化、氧化，三氧化硫的吸收。 （ ）

92. 合成氨中的铜洗操作中，会导致总铜下降的是氧气。 （ ）

93. 塑料中加入稳定剂是为了抑制和防止塑料在加工过程中受热、光及氧等的作用而分解变质，延长使用寿命。 （ ）

94.塑炼是指将橡胶由高弹状态转变为可塑状态的过程。 ( )

95.在氨合成塔中,提高氨净值的途径有:升高温度,提高压力,保持氢氮比为3左右并减少惰性气体含量。 ( )

96.在尿素的生产工艺中,提高氨碳比,能防止缩二脲的生成,保证产品质量,同时减轻甲铵液对设备的腐蚀。 ( )

97.将石油加工成各种石油产品的过程称为“石油炼制”。 ( )

98.合成氨的生产过程必须在高温、高压、催化剂条件下进行。 ( )

99.锦纶的优异性能有:耐磨性好;强度高;弹性模量小;密度小;吸湿性好。 ( )

100.橡胶成型的基本过程包括塑炼、混炼、压延和挤出、成型和硫化等基本工序。 ( )

101.升高温度可以加快化学反应速度,提高产品的收率。 ( )

102.延长停留时间可以使原料的转化率增加,选择性下降。 ( )

103.以水蒸气为气化剂,制取的煤气为水煤气。 ( )

104.在化工生产过程中,蒸发量是指溶液加热中一部分溶质气化而获得浓缩或析出固体溶质的过程 ( )

105.在缩聚反应过程中不会生成低分子副产物。 ( )

106.为了使釜式聚合反应器传质、传热过程正常进行,聚合釜中必须安装搅拌器。 ( )

107.悬浮聚合体系一般由单体、水、分散剂、引发剂组成。 ( )

108.化工过程主要是由化学处理的单元反应过程的单元操作过程组成。 ( )

109.连续操作设备中物料性质不随时间而变化,多为稳态操作。 ( )

110.酚醛树脂、醇酸树脂、聚酰胺属于缩聚物有机高分子化合物。 ( )

111.若想增大丁苯橡胶的钢性,可增大苯乙烯的比例。 ( )

112.温度增加,化学反应速度常数一定增加。 ( )

113.若想获得理想的平衡产率,必须有适宜的反应条件。 ( )

八、化工单元操作部分

流体输送部分

(一)选择题

1.某设备进、出口测压仪表中的读数分别为 p_1(表压)=1200mmHg 和 p_2(真空度)=700mmHg,当地大气压为750mmHg,则两处的绝对压强差为( )mmHg。

A.500 B.1250 C.1150 D.1900

2.能用于输送含有悬浮物质流体的是( )。

A.旋塞 B.截止阀 C.节流阀 D.闸阀

3.用“ϕ外径 mm×壁厚 mm”来表示规格的是( )。

A.铸铁管 B.钢管 C.铅管 D.水泥管

4.常拆的小管径管路通常用( )连接。

A.螺纹 B.法兰 C.承插式 D.焊接

5. 离心泵的安装高度有一定限制的原因主要是(　　)。

A. 防止产生“气缚”现象　　B. 防止产生汽蚀

C. 受泵的扬程的限制　　D. 受泵的功率的限制

6. 下列流体输送机械中,必须安装稳压装置和除热装置的是(　　)。

A. 离心泵　　B. 往复泵　　C. 往复压缩机　　D. 旋转泵

7. 输送膏状物应选用(　　)。

A. 离心泵　　B. 往复泵　　C. 齿轮泵　　D. 压缩机

8. 密度为 $1000kg/m^3$ 的流体,在 $\phi 108 \times 4$ 的管内流动,流速为 2m/s,流体的黏度为 1cp,其 Re 为(　　)。

A. 10^5　　B. 2×10^7　　C. 2×10^6　　D. 2×10^5

9. 下列说法正确的是(　　)。

A. 离心通风机的终压小于 $1500mmH_2O$ 柱

B. 离心鼓风机的终压为 $1500mmH_2O$ 柱～$3kgf/cm^2$,压缩比大于 4

C. 离心压缩机终压为 $3kgf/cm^2$(表压)以上,压缩比大于 4

D. 离心鼓风机的终压为 $3kgf/cm^2$,压缩比大于 4

10. 离心泵的扬程随着流量的增加而(　　)。

A. 增加　　B. 减小　　C. 不变　　D. 无规律性

11. 启动离心泵前应(　　)。

A. 关闭出口阀　　B. 打开出口阀

C. 关闭入口阀　　D. 同时打开入口阀和出口阀

12. 离心泵操作中,能导致泵出口压力过高的原因是(　　)。

A. 润滑油不足　　B. 密封损坏　　C. 排出管路堵塞　　D. 冷却水不足

13. 离心泵的轴功率 N 和流量 Q 的关系为(　　)。

A. Q 增大,N 增大　　B. Q 增大,N 先增大后减小

C. Q 增大,N 减小　　D. Q 增大,N 先减小后增大

14. 离心泵在启动前应(　　)出口阀,旋涡泵启动前应(　　)出口阀。

A. 打开,打开　　B. 关闭,打开　　C. 打开,关闭　　D. 关闭,关闭

15. 为了防止(　　)现象发生,启动离心泵时必须先关闭泵的出口阀。

A. 电机烧坏　　B. 叶轮受损　　C. 气缚　　D. 气蚀

16. 叶轮的作用是(　　)。

A. 传递动能　　B. 传递位能　　C. 传递静压能　　D. 传递机械能

17. 喘振是(　　)时,所出现的一种不稳定工作状态。

A. 实际流量大于性能曲线所表明的最小流量

B. 实际流量大于性能曲线所表明的最大流量

C. 实际流量小于性能曲线所表明的最小流量

D. 实际流量小于性能曲线所表明的最大流量

18. 离心泵最常用的调节方法是(　　)。

A. 改变吸入管路中阀门开度　　B. 改变出口管路中阀门开度

C. 安装回流支路,改变循环量的大小　　D. 车削离心泵的叶轮

19. 某泵在运行的时候发现有气蚀现象，应（　　）。

A. 停泵向泵内灌液　　B. 降低泵的安装高度

C. 检查进口管路是否漏液　　D. 检查出口管阻力是否过大

20. 将含晶体10%的悬浊液送往料槽宜选用（　　）。

A. 离心泵　　B. 往复泵　　C. 齿轮泵　　D. 喷射泵

21. 离心泵铭牌上标明的扬程是（　　）。

A. 功率最大时的扬程　　B. 最大流量时的扬程

C. 泵的最大量程　　D. 效率最高时的扬程

22. 离心通风机铭牌上的标明风压是100mmH_2O，意思是（　　）。

A. 输任何条件的气体介质的全风压都达到100mmH_2O

B. 输送空气时不论流量的多少，全风压都可达到100mmH_2O

C. 输送任何气体介质当效率最高时，全风压为100mmH_2O

D. 输送20℃，101325Pa的空气，在效率最高时全风压为100mmH_2O

23. 压强表上的读数表示被测流体的绝对压强比大气压强高出的数值，称为（　　）。

A. 真空度　　B. 表压强　　C. 相对压强　　D. 附加压强

24. 流体由1—1截面流入2—2截面的条件是（　　）。

A. $gz_1+p_1/\rho=gz_2+p_2/\rho$　　B. $gz_1+p_1/\rho>gz_2+p_2/\rho$

C. $gz_1+p_1/\rho<gz_2+p_2/\rho$　　D. 以上都不是

25. 泵将液体由低处送到高处的高度差叫作泵的（　　）。

A. 安装高度　　B. 扬程　　C. 吸上高度　　D. 升扬高度

26. 造成离心泵气缚的原因是（　　）。

A. 安装高度太高　　B. 泵内流体平均密度太小

C. 入口管路阻力太大　　D. 泵不能抽水

27. 试比较离心泵下述三种流量调节方式能耗的大小：(1)阀门调节（节流法）；(2)旁路调节；(3)改变泵叶轮的转速或切削叶轮。（　　）。

A. (2)>(1)>(3)　　B. (1)>(2)>(3)　　C. (2)>(3)>(1)　　D. (1)>(3)>(2)

28. 当两台规格相同的离心泵并联时，只能说（　　）。

A. 在新的工作点处较原工作点处的流量增大1倍

B. 当扬程相同时，并联泵特性曲线上的流量是单台泵特性曲线上流量的2倍

C. 在管路中操作的并联泵较单台泵流量增大1倍

D. 在管路中操作的并联泵扬程与单台泵操作时相同，但流量增大2倍

29. 离心泵内导轮的作用是（　　）。

A. 增加转速　　B. 改变叶轮转向　　C. 转变能量形式　　D. 密封

30. 当离心压缩机的操作流量小于规定的最小流量时，即可能发生（　　）现象。

A. 喘振　　B. 汽蚀　　C. 气塞　　D. 气缚

31. 当流量、管长和管子的摩擦系数等不变时，管路阻力近似地与管径的（　　）次方成反比。

A. 2　　B. 3　　C. 4　　D. 5

32. 往复泵的流量调节采用（　　）。

A. 入口阀开度　　B. 出口阀开度　　C. 出口支路　　D. 入口支路

33. 往复压缩机的余隙系数越大，压缩比越大，则容积系数(　　)。

A. 越小　　B. 越大　　C. 不变　　D. 无法确定

34. 输送表压为 0.5MPa、流量为 180m^3/h 的饱和水蒸气，应选用(　　)。

A. Dg80 的黑铁管　B. Dg80 的无缝钢管　C. Dg40 的黑铁管　D. Dg40 的无缝钢管

35. 当两个同规格的离心泵串联使用时，只能说(　　)。

A. 串联泵较单台泵实际的扬程增大 1 倍

B. 串联泵的工作点处较单台泵的工作点处扬程增大 1 倍

C. 当流量相同时，串联泵特性曲线上的扬程是单台泵特性曲线上的扬程的 2 倍

D. 在管路中操作的串联泵，流量与单台泵操作时相同，但扬程增大 2 倍

36. 能自动间歇排除冷凝液并阻止蒸汽排出的是(　　)。

A. 安全阀　　B. 减压阀　　C. 止回阀　　D. 疏水阀

37. 符合化工管路的布置原则的是(　　)。

A. 各种管线成列平行，尽量走直线

B. 平行管路垂直排列时，冷的在上，热的在下

C. 并列管路上的管件和阀门应集中安装

D. 一般采用暗线安装

38. 离心泵中 Y 型泵为(　　)。

A. 单级单吸清水泵　B. 多级清水泵　　C. 耐腐蚀泵　　D. 油泵

39. 对于往复泵，下列说法错误的是(　　)。

A. 有自吸作用，安装高度没有限制

B. 实际流量只与单位时间内活塞扫过的面积有关

C. 理论上扬程与流量无关，可以达到无限大

D. 启动前必须先用液体灌满泵体，并将出口阀门关闭

40. 对离心泵错误的安装或操作方法是(　　)。

A. 吸入管直径大于泵的吸入口直径　　B. 启动前先向泵内灌满液体

C. 启动时先将出口阀关闭　　D. 停车时先停电机，再关闭出口阀

41. 下列说法正确的是(　　)。

A. 在离心泵的吸入管末端安装单向底阀是为了防止汽蚀

B. 汽蚀与气缚的现象相同，发生原因不同

C. 调节离心泵的流量可用改变出口阀门或入口阀门开度的方法来进行

D. 允许安装高度可能比吸入液面低

42. 离心泵与往复泵的相同之处在于(　　)。

A. 工作原理　　B. 流量的调节方法　C. 安装高度的限制　D. 流量与扬程的关系

43. 在①离心泵、②往复泵、③旋涡泵、④齿轮泵中，能用调节出口阀开度的方法来调节流量的有(　　)。

A. ①②　　B. ①③　　C. ①　　D. ②④

44. 下列说法正确的是(　　)。

A. 泵只能在工作点下工作

B. 泵的设计点即泵在指定管路上的工作点

C. 管路的扬程和流量取决于泵的扬程和流量

D. 改变离心泵工作点的常用方法是改变转速

45. 离心泵的轴功率是( )。

A. 在流量为零时最大　　B. 在压头最大时最大

C. 在流量为零时最小　　D. 在工作点处为最小

46. 离心泵气蚀余量 Δh 与流量 Q 的关系为( )。

A. Q 增大 Δh 增大　　B. Q 增大 Δh 减小

C. Q 增大 Δh 不变　　D. Q 增大 Δh 先增大后减小

47. 离心泵的工作点是指( )。

A. 与泵最高效率时对应的点　　B. 由泵的特性曲线所决定的点

C. 由管路特性曲线所决定的点　　D. 泵的特性曲线与管路特性曲线的交点

48. 往复泵适应于( )。

A. 大流量且要求流量均匀的场合　　B. 介质腐蚀性强的场合

C. 流量较小、压头较高的场合　　D. 投资较小的场合

49. 在测定离心泵性能时，若将压强表装在调节阀后面，则压强表读数 p_2 将( )。

A. 随流量增大而减小　　B. 随流量增大而增大

C. 随流量增大而基本不变　　D. 随流量增大而先增大后减小

50. 在选择离心通风机时根据( )。

A. 实际风量、实际风压　　B. 标准风量、标准风压

C. 标准风量、实际风压　　D. 实际风量、标准风压

51. 离心泵的调节阀( )。

A. 只能安装在进口管路上　　B. 只能安装在出口管路上

C. 安装在进口管路或出口管路上均可　　D. 只能安装在旁路上

52. 离心泵装置中( )的滤网可以阻拦液体中的固体颗粒被吸入而堵塞管道和泵壳。

A. 吸入管路　　B. 排出管路　　C. 调节管路　　D. 分支管路

53. 离心泵的实际安装高度( )允许安装高度，就可防止气蚀现象发生。

A. 大于　　B. 小于　　C. 等于　　D. 近似于

54. 管件中连接管路支管的部件称为( )。

A. 弯头　　B. 三通或四通　　C. 丝堵　　D. 活接头

55. 流体流动时的摩擦阻力损失 h_f 所损失的是机械能中的( )项。

A. 动能　　B. 位能　　C. 静压能　　D. 总机械能

56. 在完全湍流时(阻力平方区)，粗糙管的摩擦系数 λ 数值( )。

A. 与光滑管一样　　B. 只取决于 Re

C. 取决于相对粗糙度　　D. 与粗糙度无关

57. 某塔高 30m，进行水压试验时，离塔底 10m 高处的压力表的读数为 500kPa，(塔外大气压强为 100kPa)。那么塔顶处水的压强为( )。

A. 403.8kPa　　B. 698.1kPa　　C. 600kPa　　D. 无法确定

58. 下列哪个选项是离心泵的主要部件？( )

A. 叶轮和泵壳　B. 电机

C. 密封环　D. 轴封装置和轴向力平衡装置

59. 下列不是用来调节离心泵流量的选项是(　　)。

A. 调节离心泵出口阀的开度　B. 改变叶轮转速

C. 改变叶轮直径　D. 调节离心泵的旁路调节阀。

60. 单级单吸式离心清水泵,系列代号为(　　)。

A. IS　B. D　C. Sh　D. S

61. 关闭出口阀启动离心泵的原因是(　　)。

A. 轴功率最大　B. 能量损失最小　C. 启动电流最小　D. 处于高效区

62. 液体密度与20℃的清水差别较大时,泵的特性曲线将发生变化,应加以修正的是(　　)。

A. 流量　B. 效率　C. 扬程　D. 轴功率

63. 与液体相比,输送相同质量流量的气体,气体输送机械的(　　)。

A. 体积较小　B. 压头相应也更高　C. 结构设计更简单　D. 效率更高

64. 离心泵性能曲线中的扬程流量线是在(　　)一定的情况下测定的。

A. 效率一定　B. 功率一定　C. 转速一定　D. 管路布置一定

65. 离心泵在液面之下,启动后不出水的原因可能是(　　)。

A. 吸入管阀卡　B. 填料压得过紧

C. 泵内发生汽蚀现象　D. 轴承润滑不良

66. 一台离心泵开动不久,泵入口处的真空度正常,泵出口处的压力表也逐渐降低为零,此时离心泵完全打不出水。发生故障的原因是(　　)。

A. 忘了灌水　B. 吸入管路堵塞　C. 压出管路堵塞　D. 吸入管路漏气

67. 离心泵在正常运转时,其扬程与升扬高度的大小比较是(　　)。

A. 扬程>升扬高度　B. 扬程=升扬高度

C. 扬程<升扬高度　D. 不能确定

68. 离心泵抽空、无流量,其发生的原因可能有:①启动时泵内未灌满液体;②吸入管路堵塞或仪表漏气;③吸入容器内液面过低;④泵轴反向转动;⑤泵内漏进气体;⑥底阀漏液。你认为可能的是(　　)。

A. ①、③、⑤　B. ②、④、⑥　C. 全都不是　D. 全都是

69. 当压缩气体属于易燃易爆性质时,在启动往复式压缩机前,应该采用(　　)将缸内、管路和附属容器内的空气或其他非工作介质置换干净,并达到合格标准,杜绝爆炸和设备事故的发生。

A. 氮气　B. 氧气　C. 水蒸气　D. 过热蒸汽

70. 透平式压缩机属于(　　)压缩机。

A. 往复式　B. 离心式　C. 轴流式　D. 流体作用式

71. 通风机日常维护保养要求做到(　　)。

A. 保持轴承润滑良好,温度不超过65℃

B. 保持冷却水畅通,出水温度不超过35℃

C. 注意风机有无杂音、振动,地脚螺栓和紧固件是否松动,保持设备清洁,零部件齐全

D. 以上三种要求

72. 在使用往复泵时，发现流量不足，其原因是（　　）。

A. 进出口滑阀不严、弹簧损坏　　B. 过滤器堵塞或缸内有气体

C. 往复次数减少　　D. 以上三种原因

73. 流体运动时，能量损失的根本原因是由于流体存在着（　　）。

A. 压力　　B. 动能　　C. 湍流　　D. 黏性

74. 一定流量的水在圆形直管内呈层流流动，若将管内径增加 1 倍，产生的流动阻力将为原来的（　　）。

A. 1/2　　B. 1/4　　C. 1/8　　D. 1/32

75. 采用出口阀门调节离心泵流量时，开大出口阀门扬程（　　）。

A. 增大　　B. 不变　　C. 减小　　D. 先增大后减小

76. 某同学进行离心泵特性曲线测定实验，启动泵后，出水管不出水，泵进口处真空表指示真空度很高，他对故障原因作出了正确判断，排除了故障。你认为以下可能的原因中，哪一个是真正的原因？（　　）

A. 水温太高　　B. 真空表坏了　　C. 吸入管路堵塞　　D. 排除管路堵塞

77. 下列几种叶轮中，（　　）叶轮效率最高。

A. 开式　　B. 半开式　　C. 闭式　　D. 浆式

78. 离心泵的工作原理是利用叶轮高速运转产生的（　　）。

A. 向心力　　B. 重力　　C. 离心力　　D. 拉力

79. 水在内径一定的圆管中稳定流动，若水的质量、流量一定，当水温度升高时，Re 将（　　）。

A. 增大　　B. 减小　　C. 不变　　D. 不确定

80. 一水平放置的异径管，流体从小管流向大管，有一 U 形压差计，一端 A 与小径管相连，另一端 B 与大径管相连，差压计读数 R 的大小反映（　　）。

A. A，B 两截面间压差值　　B. A，B 两截面间流动压降损失

C. A，B 两截面间动压头的变化　　D. 突然扩大或突然缩小流动损失

81. 工程上，常以（　　）流体为基准，计量流体的位能、动能和静压能，分别称为“位压头”、“动压头”和“静压头”。

A. 1kg　　B. 1N　　C. 1mol　　D. 1kmol

82. 液体的液封高度的确定是根据（　　）。

A. 连续性方程　　B. 物料衡算式　　C. 静力学方程　　D. 牛顿黏性定律

83. 离心泵送液体的黏度越大，则（　　）。

A. 泵的扬程越大　　B. 流量越大　　C. 效率越大　　D. 轴功率越大

84. 选离心泵是根据泵的（　　）。

A. 扬程和流量选择　　B. 轴功率和流量选择

C. 扬程和轴功率选择　　D. 转速和轴功率选择

85. 齿轮泵的工作原理是（　　）。

A. 利用离心力的作用输送流体　　B. 依靠重力作用输送流体

C. 依靠另外一种流体的能量输送流体　　D. 利用工作室容积的变化输送流体

86. 计量泵的工作原理是( )。

A. 利用离心力的作用输送流体　B. 依靠重力作用输送流体

C. 依靠另外一种流体的能量输送流体　D. 利用工作室容积的变化输送流体

87. 哪种泵特别适用于输送腐蚀性强、易燃、易爆、剧毒、有放射性以及极为贵重的液体？( )

A. 离心泵　B. 屏蔽泵　C. 液下泵　D. 耐腐蚀泵

88. 下列4种阀门，通常情况下最适合流量调节的阀门是( )。

A. 截止阀　B. 闸阀　C. 考克阀　D. 蝶阀

89. 下列4种流量计，不属于差压式流量计的是( )。

A. 孔板流量计　B. 喷嘴流量计　C. 文丘里流量计　D. 转子流量计

90. 启动往复泵前其出口阀必须( )。

A. 关闭　B. 打开　C. 微开　D. 无所谓

91. 一台试验用离心泵，正常操作不久，泵入口处的真空度逐渐降低为零，泵出口处的压力表也逐渐降低为零，此时离心泵完全打不出水，发生故障的原因是( )。

A. 忘了灌水　B. 压出管路堵塞　C. 吸入管路漏气　D. 都对

92. 齿轮泵的流量调节可采用( )。

A. 进口阀　B. 出口阀　C. 旁路阀　D. 都可以

93. 往复压缩机的最大压缩比是容积系数( )时的压缩比。

A. 最大　B. 最小　C. 为零　D. 为90%

(二)判断题

1. 相对密度为1.5的液体密度为1500kg/m^3。( )

2. 转子流量计的转子位子越高，流量越大。( )

3. 大气压等于760mmHg。( )

4. 离心泵的密封环损坏会导致泵的流量下降。( )

5. 将含晶体10%的悬浮液送往料槽，宜选用往复泵。( )

6. 离心泵最常用的流量调节方法是改变吸入阀的开度。( )

7. 往复泵的流量随扬程增加而减少。( )

8. 离心泵停车时要先关出口阀，后断电。( )

9. 在运转过程中，滚动轴承的温度一般不应高于65℃。( )

10. 输送液体的密度越大，泵的扬程越小。( )

11. 离心泵停车时，先关闭泵的出口阀门，以避免压出管内的液体倒流。( )

12. 由于泵内存在气体，使离心泵启动时无法正常输送液体而产生汽蚀现象。( )

13. 转子流量计也称“等压降、等流速流量计”。( )

14. 小管路除外，一般对于常拆管路应采用法兰连接。( )

15. 离心泵铭牌上注明的性能参数是轴功率最大时的性能。( )

16. 往复泵有自吸作用，安装高度没有限制。( )

17. 若某离心泵的叶轮转速足够快，且设泵的强度足够大，则理论上泵的吸上高度H_g可达无限大。( )

18. 旋涡泵当流量为零时轴功率也为零。 ( )

19. 流体在截面为圆形的管道中流动时，当流量为定值时，流速越大，管径越小，则基建费用减少，但日常操作费用增加。 ( )

20. 离心泵在试用过程中，电机被烧坏，事故原因有两方面，一方面是发生汽蚀现象，另一方面是填料压得太紧，开泵前未进行盘车。 ( )

21. 同一管路系统中并联泵组的输液量等于两台泵单独工作时的输液量之和。 ( )

22. 由离心泵和某一管路组成的输送系统，其工作点由泵铭牌上的流量和扬程所决定。 ( )

23. 当离心泵发生气缚或汽蚀现象时，处理的方法相同。 ( )

24. 流体发生自流的条件是上游的能量大于下游的能量。 ( )

25. 离心压缩机的“喘振”现象是由于进气量超过上限所引起的。 ( )

26. 扬程为 20m 的离心泵，不能把水输送到 20m 的高度。 ( )

27. 流体的流动型号态分为层流、过渡流和湍流三种。 ( )

28. 离心泵的性能曲线中的 H—Q 线是在功率一定的情况下测定的。 ( )

29. 闸阀的特点是密封性能较好，流体阻力小，具有一定的调节流量性能，适用于控制清洁液体，安装时没有方向。 ( )

30. 离心泵的泵壳既是汇集叶轮抛出液体的部件，又是流体机械能的转换装置。 ( )

31. 转子流量计可以安装在垂直管路上，也可以在倾斜管路上使用。 ( )

32. 在稳定流动过程中，流体流经各等截面处的体积流量相等。 ( )

非均相物系的分离

(一)选择题

1. 与降尘室的生产能力无关的是( )。

A. 降尘室的长　B. 降尘室的宽　C. 降尘室的高　D. 颗粒的沉降速度

2. 下列用来分离气—固非均相物系的是( )。

A. 板框压滤机　B. 转筒真空过滤机　C. 袋滤器　D. 三足式离心机

3. 微粒在降尘室内能除去的条件为：停留时间( )它的尘降时间。

A. 不等于　B. 大于或等于　C. 小于　D. 大于或小于

4. 离心分离因数的表达式为( )。

A. $a=\omega R/g$　B. $a=\omega g/R$　C. $a=\omega R^2/g$　D. $a=\omega^2 R/g$

5. 用板框压滤机组合时，应将板、框按( )顺序安装。

A. 123123123……　B. 123212321……　C. 3121212……　D. 132132132……

6. 有一高温含尘气流，尘粒的平均直径在 2～3μm，现要达到较好的除尘效果，可采用( )。

A. 降尘室　B. 旋风分离器　C. 湿法除尘　D. 袋滤器

7. 过滤操作中滤液流动遇到阻力是( )。

A. 过滤介质阻力　B. 滤饼阻力

C. 过滤介质和滤饼阻力之和　D. 无法确定

8. 旋风分离器主要是利用(　　)的作用使颗粒沉降而达到分离。

A. 重力　B. 惯性离心力　C. 静电场　D. 重力和惯性离心力

9. 旋风分离器的进气口宽度 B 值增大，其临界直径(　　)。

A. 减小　B. 增大　C. 不变　D. 不能确定

10. 过滤速率与(　　)成反比。

A. 操作压差和滤液黏度　B. 滤液黏度和滤渣厚度

C. 滤渣厚度和颗粒直径　D. 颗粒直径和操作压差

11. 巨形沉降槽的宽为 1.2m，用来处理流量为 $60m^3/h$、颗粒的沉降速度为 $2.8\times10^{-3}m/s$ 的悬浮污水，则沉降槽的长至少需要(　　)。

A. 2m　B. 5m　C. 8m　D. 10m

12. 下列措施中不一定能有效地提高过滤速率的是(　　)。

A. 加热滤浆　B. 在过滤介质上游加压

C. 在过滤介质下游抽真空　D. 及时卸渣

13. 在①旋风分离器、②降尘室、③袋滤器、④静电除尘器等除尘设备中，能除去气体中颗粒的直径符合由大到小的顺序的是(　　)。

A. ①②③④　B. ④③①②　C. ②①③④　D. ②①④③

14. 以下表达式中正确的是(　　)。

A. 过滤速率与过滤面积平方 A^2 成正比　B. 过滤速率与过滤面积 A 成正比

C. 过滤速率与所得滤液体积 V 成正比　D. 过滤速率与虚拟滤液体积 Ve 成反比

15. 自由沉降的意思是(　　)。

A. 颗粒在沉降过程中受到的流体阻力可忽略不计

B. 颗粒开始的降落速度为零，没有附加一个初始速度

C. 颗粒在降落的方向上只受重力作用，没有离心力等的作用

D. 颗粒间不发生碰撞或接触的情况下的沉降过程

16. “在一般过滤操作中，实际上起到主要介质作用的是滤饼层而不是过滤介质本身”，“滤渣就是滤饼”，则(　　)。

A. 这两种说法都对　B. 两种说法都不对

C. 只有第一种说法正确　D. 只有第二种说法正确

17. 下列哪一个分离过程不属于非均相物系的分离过程？(　　)

A. 沉降　B. 结晶　C. 过滤　D. 离心分离

18. 推导过滤基本方程时，一个基本的假设是(　　)。

A. 滤液在介质中呈湍流流动　B. 滤液在介质中呈层流流动

C. 滤液在滤渣中呈湍流流动　D. 滤液在滤渣中呈层流流动

19. 在重力场中，微小颗粒的沉降速度与(　　)无关。

A. 粒子的几何形状　B. 粒子的尺寸大小

C. 流体与粒子的密度　D. 流体的速度

20. 欲提高降尘室的生产能力，主要的措施是(　　)。

A. 提高降尘室的高度　B. 延长沉降时间

C. 增大沉降面积　D. 都可以

21. 下列物系中，不可以用旋风分离器加以分离的是(　　)。

A. 悬浮液　　B. 含尘气体　　C. 酒精水溶液　　D. 乳浊液

22. 在讨论旋风分离器分离性能时，“临界直径”这一术语是指(　　)。

A. 旋风分离器效率最高时的旋风分离器的直径

B. 旋风分离器允许的最小直径

C. 旋风分离器能够全部分离出来的最小颗粒的直径

D. 能保持滞流流型时的最大颗粒直径

23. 以下过滤机是连续式过滤机(　　)。

A. 箱式叶滤机　　B. 真空叶滤机　　C. 回转真空过滤机　　D. 板框压滤机

24. 当其他条件不变时，提高回转真空过滤机的转速，则过滤机的生产能力(　　)。

A. 提高　　B. 降低　　C. 不变　　D. 不一定

25. 下列用来分离气—固非均相物系的是(　　)。

A. 板框压滤机　　B. 转筒真空过滤机　　C. 袋滤器　　D. 三足式离心机

26. 如果气体处理量较大，可以采取两个以上尺寸较小的旋风分离器(　　)使用。

A. 串联　　B. 并联　　C. 先串联后并联　　D. 先并联后串联

27. 多层降尘室是根据(　　)原理而设计的。

A. 含尘气体处理量与降尘室的层数无关　B. 含尘气体处理量与降尘室的高度无关

C. 含尘气体处理量与降尘室的直径无关　D. 含尘气体处理量与降尘室的大小无关

28. 现有一乳浊液要进行分离操作，可采用(　　)。

A. 沉降器　　B. 三足式离心机　　C. 碟式离心机　　D. 板框过滤机

(二)判断题

1. 将滤浆冷却可提高过滤速率。(　　)

2. 过滤操作是分离悬浮液的有效方法之一。(　　)

3. 板框压滤机是一种连续性的过滤设备。(　　)

4. 欲提高降尘室的生产能力，主要的措施是提高降尘室的高度。(　　)

5. 离心分离因数越大其分离能力越强。(　　)

6. 降尘室的生产能力不仅与降尘室的宽度和长度有关，而且与降尘室的高度有关。(　　)

7. 板框压滤机的过滤时间等于其他辅助操作时间总和时，其生产能力最大。(　　)

8. 采用在过滤介质上游加压的方法可以有效地提高过滤速率。(　　)

9. 在斯托克斯区域内粒径为 16μm 及 8μm 的两种颗粒在同一旋风分离器中沉降，则两种颗粒的离心沉降速度之比为 2。(　　)

10. 重力沉降设备比离心沉降设备分离效果更好，而且设备体积也较小。(　　)

11. 转鼓真空过滤机在生产过程中，滤饼厚度达不到要求，主要是由于真空度过低。(　　)

12. 颗粒的自由沉降是指颗粒间不发生碰撞或接触等相互影响的情况下的沉降过程。(　　)

13. 在一般过滤操作中，起到主要介质作用的是过滤介质本身。(　　)

14. 板框压滤机的滤板和滤框，可根据生产要求进行任意排列。(　　)

15. 利用电力来分离非均相物系可以彻底将非均相物系分离干净。 ( )

16. 在一般过滤操作中，实际上起到主要介质作用的是滤饼层而不是过滤介质本身。 ( )

17. 将降尘室用隔板分层后，若能100%除去的最小颗粒直径要求不变，则生产能力将变大；沉降速度不变，沉降时间变短。 ( )

18. 沉降器具有澄清液体和增稠悬浮液的双重功能。 ( )

19. 为提高离心机的分离效率，通常采用小直径、高转速的转鼓。 ( )

传 热

(一)选择题

1. 下列不能提高对流传热膜系数的是( )。

A. 利用多管程结构 B. 增大管径

C. 在壳程内装折流挡板 D. 冷凝时在管壁上开一些纵槽

2. 用潜热法计算流体间的传热量( )。

A. 仅适用于相态不变而温度变化的情况

B. 仅适用于温度不变而相态变化的情况

C. 仅适用于既有相态变化，又有温度变化的情况

D. 以上均错

3. 用水蒸气在列管换热器中加热某盐溶液，水蒸气走壳程。为强化传热，下列措施中最为经济有效的是( )。

A. 增大换热器尺寸以增大传热面积 B. 在壳程设置折流挡板

C. 改单管程为双管程 D. 减少传热壁面厚度

4. 可在器内设置搅拌器的是( )换热器。

A. 套管 B. 釜式 C. 夹套 D. 热管

5. 列管换热器中，下列流体宜走壳程的是( )。

A. 不洁净或易结垢的流体 B. 腐蚀性的流体

C. 压力高的流体 D. 被冷却的流体

6. 导热系数的单位为( )。

A. W/(m·℃) B. $W/(m^2·℃)$ C. W/(kg·℃) D. W/(S·℃)

7. 多层串联平壁稳定导热，各层平壁的导热速率( )。

A. 不相等 B. 不能确定 C. 相等 D. 下降

8. 夏天电风扇之所以能解热是因为( )。

A. 它降低了环境温度 B. 产生强制对流带走了人体表面的热量

C. 增强了自然对流 D. 产生了导热

9. 有一种30℃流体需加热到80℃，下列几种热流体的热量都能满足要求，应选( )有利于节能。

A. 400℃的蒸汽 B. 300℃的蒸汽 C. 200℃的蒸汽 D. 150℃的热流体

10. 在管壳式换热器中，用饱和蒸汽冷凝以加热空气，下面两项判断为（　　）。甲：传热管壁温度接近加热蒸气温度。乙：总传热系数接近于空气侧的对流传热系数。

A. 甲、乙均合理　　B. 甲、乙均不合理

C. 甲合理、乙不合理　　D. 甲不合理、乙合理

11. 在稳定变温传热中，流体的流向选择（　　）时，传热平均温差最大。

A. 并流　　B. 逆流　　C. 错流　　D. 折流

12. 工业生产中，沸腾传热应设法保持在（　　）。

A. 自然对流区　　B. 核状沸腾区　　C. 膜状沸腾区　　D. 过渡区

13. 下列哪一种不属于列管式换热器（　　）。

A. U 型管式　　B. 浮头式　　C. 螺旋板式　　D. 固定管板式

14. 下列不属于强化传热方法的是（　　）。

A. 加大传热面积　　B. 加大传热温度差

C. 加大流速　　D. 加装保温层

15. 空气、水、金属固体的导热系数分别为 λ_1、λ_2、λ_3，其大小顺序正确的是（　　）。

A. $\lambda_1>\lambda_2>\lambda_3$　　B. $\lambda_1<\lambda_2<\lambda_3$　　C. $\lambda_2>\lambda_3>\lambda_1$　　D. $\lambda_2<\lambda_3<\lambda_1$

16. 翅片管换热器的翅片应安装在（　　）。

A. α 小的一侧　　B. α 大的一侧　　C. 管内　　D. 管外

17. 工业采用翅片状的暖气管代替圆钢管，其目的是（　　）。

A. 增加热阻，减少热量损失　　B. 节约钢材

C. 增强美观　　D. 增加传热面积，增加传热效果

18. 在稳定变温传热中，流体的流向选择（　　）时传热平均温度差最大。

A. 并流　　B. 逆流　　C. 错流　　D. 折流

19. 用饱和水蒸气加热空气时，传热管的壁温接近（　　）。

A. 蒸汽的温度　　B. 空气的出口温度

C. 空气进、出口平均温度　　D. 无法确定

20. 冷、热流体在换热器中进行无相变逆流传热，换热器用久后形成污垢层，在同样的操作条件下，与无垢层相比，结垢后的换热器的 K（　　）。

A. 变大　　B. 变小　　C. 不变　　D. 不确定

21. 用 120℃的饱和蒸汽加热原油，换热后蒸汽冷凝成同温度的冷凝水，此时两流体的平均温度差之间的关系为 $(\Delta t_m)_{并流}$（　　）$(\Delta t_m)_{逆流}$。

A. 小于　　B. 大于　　C. 等于　　D. 不定

22. 为减少圆形管导热损失，采用包覆三种保温材料 a、b、c，若三层保温材料厚度相同，导热系数 $\lambda a>\lambda b>\lambda c$，则包覆的顺序从内到外依次为（　　）。

A. a、b、c　　B. b、a、c　　C. C. a、b　　D. c、b、a

23. 物质导热系数的顺序是（　　）。

A. 金属＞一般固体＞液体＞气体　　B. 金属＞液体＞一般固体＞气体

C. 金属＞气体＞液体＞一般固体　　D. 金属＞液体＞气体＞一般固体

24. 下列 4 种不同的对流给热过程：空气自然对流 α_1，空气强制对流 α_2（流速为 3m/s），水强制对流 α_3（流速为 3m/s），水蒸气冷凝 α_4。α 值的大小关系为（　　）。

A. $\alpha_3>\alpha_4>\alpha_1>\alpha_2$ B. $\alpha_4>\alpha_3>\alpha_2>\alpha_1$ C. $\alpha_4>\alpha_2>\alpha_1>\alpha_3$ D. $\alpha_3>\alpha_2>\alpha_1>\alpha_4$

25. 对流给热热阻主要集中在(　　)。

A. 虚拟膜层 B. 缓冲层 C. 湍流主体 D. 层流内层

26. 在套管换热器中,用热流体加热冷流体。操作条件不变,经过一段时间后管壁结垢,则K(　　)。

A. 变大 B. 不变 C. 变小 D. 不确定

27. 两种流体的对流传热膜系数分别为 α_1 和 α_2,当 $\alpha_1 \ll \alpha_2$ 时,欲提高传热系数,关键在于提高(　　)的值才有明显的效果。

A. α_1 B. α_2 C. α_1 和 α_2 D. 与两者无关

28. 在同一换热器中,当冷热流体的进出口温度一定时,平均温度差最大的流向安排是(　　)。

A. 折流 B. 错流 C. 并流 D. 逆流

29. 管壳式换热器启动时,首先通入的流体是(　　)。

A. 热流体 B. 冷流体
C. 最接近环境温度的流体 D. 任意

30. 换热器中冷物料出口温度升高,可能引起的原因有多种,除了(　　)。

A. 冷物料流量下降 B. 热物料流量下降
C. 热物料进口温度升高 D. 冷物料进口温度升高

31. 用120℃的饱和水蒸气加热常温空气。蒸汽的冷凝膜系数约为2000W/(m²·K),空气的膜系数约为60W/(m²·K),其过程的传热系数K及传热面壁温接近于(　　)。

A. 2000W/(m²·K),120℃ B. 2000W/(m²·K),40℃
C. 60W/(m²·K),120℃ D. 60W/(m²·K),40℃

32. 在一单程列管换热器中,用100℃的热水加热一种易生垢的有机液体,这种液体超过80℃时易分解。试确定有机液体的通入空间及流向(　　)。

A. 走管程,并流 B. 走壳程,并流 C. 走管程,逆流 D. 走壳程,逆流

33. 选用换热器时,在管壁与壳壁温度相差多少度时考虑需要进行热补偿(　　)。

A. 20℃ B. 50℃ C. 80℃ D. 100℃

34. 为了减少室外设备的热损失,保温层外包的一层金属皮应采用(　　)。

A. 表面光滑,色泽较浅 B. 表面粗糙,色泽较深
C. 表面粗糙,色泽较浅 D. 以上都不是

35. 为了在某固定空间造成充分的自然对流,有下面两种说法:①加热器应置于该空间的上部;②冷凝器应置于该空间的下部。正确的结论应该是(　　)。

A. 这两种说法都对 B. 这两种说法都不对
C. 第一种说法对,第二种说法不对 D. 第一种说法不对,第二种说法对

36. 利用水在逆流操作的套管换热器中冷却某物料,要求热流体的进出口温度及流量不变。今因冷却水进口温度升高,为保证完成生产任务,提高冷却水的流量,其结果使 Δt_m(　　)。

A. 增大 B. 下降 C. 不变 D. 不确定

37. 水蒸气在列管换热器中加热某盐溶液,水蒸气走壳程。为强化传热,下列措施中最为经济有效的是(　　)。

A. 增大换热器尺寸以增大传热面积　　B. 在壳程设置折流挡板
C. 改单管程为双管程　　D. 减小传热壁面厚度

38. 列管换热器的传热效率下降可能是由于(　　)。
A. 壳体内不凝汽或冷凝液增多　　B. 壳体介质流动过快
C. 管束与折流板的结构不合理　　D. 壳体和管束温差过大

39. 在换热器的操作中,不需做的是(　　)。
A. 投产时,先预热,后加热
B. 定期更换两流体的流动途径
C. 定期分析流体的成分,以确定有无内漏
D. 定期排放不凝性气体,定期清洗

40. 双层平壁定态热传导,两层壁厚相同,各层的导热系数分别为 λ_1 和 λ_2,其对应的温度差为 Δt_1 和 Δt_2,若 $\Delta t_1 > \Delta t_2$,则 λ_1 和 λ_2 的关系为(　　)。
A. $\lambda_1 < \lambda_2$　　B. $\lambda_1 > \lambda_2$　　C. $\lambda_1 = \lambda_2$　　D. 无法确定

41. 对间壁两侧流体一侧恒温、另一侧变温的传热过程,逆流和并流时 Δt_m 的大小为(　　)。
A. $\Delta t_{m逆} > \Delta t_{m并}$　　B. $\Delta t_{m逆} < \Delta t_{m并}$　　C. $\Delta t_{m逆} = \Delta t_{m并}$　　D. 不确定

42. 对流传热速率等于系数×推动力,其中推动力是(　　)。
A. 两流体的温度差　　B. 流体温度和壁温度差
C. 同一流体的温度差　　D. 两流体的速度差

43. 工业生产中,沸腾传热应设法保持在(　　)。
A. 自然对流区　　B. 核状沸腾区　　C. 膜状沸腾区　　D. 过渡区

44. 水在无相变时在圆形管内强制湍流,对流传热系数 α_i 为 1000W/(m^2·℃),若将水的流量增加 1 倍,而其他条件不变,则 α_i 为(　　)W/(m^2·℃)。
A. 2000　　B. 1741　　C. 不变　　D. 500

45. 在管壳式换热器中,不洁净和易结垢的流体宜走管内,因为管内(　　)。
A. 清洗比较方便　　B. 流速较快　　C. 流通面积小　　D. 易于传热

46. 有一套管换热器,环隙中有 119.6℃的蒸气冷凝,管内的空气从 20℃被加热到 50℃,管壁温度应接近(　　)。
A. 20℃　　B. 50℃　　C. 77.3℃　　D. 119.6℃

47. 在管壳式换热器中,被冷却的流体宜走管间,可利用外壳向外的散热作用(　　)。
A. 以增强冷却效果　　B. 以免流速过快
C. 以免流通面积过小　　D. 以免传热过多

48. 在管壳式换热器中安装折流挡板的目的,是为了加大壳程流体的(　　),使湍动程度加剧,以提高壳程对流传热系数。
A. 黏度　　B. 密度　　C. 速度　　D. 高度

49. 辐射和热传导、对流方式传递热量的根本区别是(　　)。
A. 有无传递介质　　B. 物体是否运动
C. 物体内分子是否运动　　D. 全部正确

50. 若固体壁为金属材料,当壁厚很薄时,器壁两侧流体的对流传热膜系数相差悬殊,则要求提高传热系数以加快传热速率时,必须设法提高(　　)的膜系数才能见效。

A. 最小　　B. 最大　　C. 两侧　　D. 无法判断

51. 下列哪个选项不是列管换热器的主要构成部件？(　　)

A. 外壳　　B. 蛇管　　C. 管束　　D. 封头

52. 列管换热器在使用过程中出现传热效率下降，其产生的原因及其处理方法是(　　)。

A. 管路或阀门堵塞，壳体内不凝气或冷凝液增多，应该及时检查清理，排放不凝气或冷凝液

B. 管路震动，加固管路

C. 外壳歪斜，联络管线拉力或推力甚大，重新调整找正

D. 全部正确

53. 蛇管式换热器的优点是(　　)。

A. 传热膜系数大　　B. 平均传热温度差大

C. 传热速率大　　D. 传热速率变化不大

54. 套管冷凝器的内管走空气，管间走饱和水蒸气，如果蒸汽压力一定，空气进口温度一定，当空气流量增加时传热系数 K 应(　　)。

A. 增大　　B. 减小　　C. 基本不变　　D. 无法判断

55. 套管冷凝器的内管走空气，管间走饱和水蒸气，如果蒸汽压力一定，空气进口温度一定，当空气流量增加时空气出口温度(　　)。

A. 增大　　B. 减小　　C. 基本不变　　D. 无法判断

56. 利用水在逆流操作的套管换热器中冷却某物料。要求热流体的温度 T_1，T_2 及流量 W_1 不变。今因冷却水进口温度 t_1 增高，为保证完成生产任务，提高冷却水的流量 W_2，其结果(　　)。

A. K 增大，Δt_m 不变　　B. Q 不变，Δt_m 下降，K 增大

C. Q 不变，K 增大，Δt_m 不确定　　D. Q 增大，Δt_m 下降

57. 某单程列管式换热器，水走管程呈湍流流动，为满足扩大生产需要，保持水的进口温度不变的条件下，将用水量增大 1 倍，则水的对流传热膜系数为改变前的(　　)。

A. 1.149 倍　　B. 1.74 倍　　C. 2 倍　　D. 不变

58. 要求热流体从 300℃降到 200℃，冷流体从 50℃升高到 260℃，宜采用(　　)换热。

A. 逆流　　B. 并流　　C. 并流或逆流　　D. 以上都不正确

59. 对于间壁式换热器，流体的流动速度增加，其热交换能力将(　　)。

A. 减小　　B. 不变　　C. 增加　　D. 不能确定

60. 化工厂常见的间壁式换热器是(　　)。

A. 固定管板式换热器　　B. 板式换热器

C. 釜式换热器　　D. 蛇管式换热器

61. 蒸汽中不凝性气体的存在，会使它的对流传热系数 α 值(　　)。

A. 降低　　B. 升高　　C. 不变　　D. 都可能

62. 在卧式列管换热器中，用常压饱和蒸汽对空气进行加热(冷凝液在饱和温度下排出)，饱和蒸汽应走(　　)，蒸汽流动方向(　　)。

A. 管程、从上到下　　B. 壳程、从下到上　　C. 管程、从下到上　　D. 壳程、从上到下

63. 在间壁式换热器中，冷、热两流体换热的特点是(　　)。

A. 直接接触换热　　B. 间接接触换热　　C. 间歇换热　　D. 连续换热

64. 会引起列管式换热器冷物料出口温度下降的事故有(　　)。

A. 正常操作时,冷物料进口管堵　　B. 热物料流量太大

C. 冷物料泵坏　　D. 热物料泵坏

65. 在列管式换热器操作中,不需停车的事故有(　　)。

A. 换热器部分管堵　　B. 自控系统失灵

C. 换热器结垢严重　　D. 换热器列管穿孔

66. 对于列管式换热器,当壳体与换热管温度差(　　)时,产生的温度差应力具有破坏性,因此需要进行热补偿。

A. 大于 45℃　　B. 大于 50℃　　C. 大于 55℃　　D. 大于 60℃

67. 有两台同样的列管式换热器用于冷却气体,在气、液流量及进口温度一定的情况下,为使气体温度降到最低,拟采用(　　)。

A. 气体走管内,串连逆流操作　　B. 气体走管内,并连逆流操作

C. 气体走管外,串连逆流操作　　D. 气体走管外,并连逆流操作

68. 某换热器中冷热流体的进出口温度分别为 $T_1=400K$、$T_2=300K$、$t_1=200K$、$t_2=230K$,逆流时,$\triangle t_m=$(　　)K。

A. 170　　B. 100　　C. 200　　D. 132

69. 总传热系数与下列哪个因素无关(　　)。

A. 传热面积　　B. 流体流动状态　　C. 污垢热阻　　D. 传热间壁壁厚

70. 以下不能提高传热速率的途径是(　　)。

A. 延长传热时间　　B. 增大传热面积　　C. 增加传热温差劲　　D. 提高传热系数 K

71. 换热器经常时间使用须进行定期检查,检查内容不正确的是(　　)。

A. 外部连接是否完好　　B. 是否存在内漏

C. 对腐蚀性强的流体,要检测壁厚　　D. 检查传热面粗糙度

72. 下列不能提高对流传热膜系数的是(　　)。

A. 利用多管程结构　　B. 增大管径

C. 在壳程内装折流挡板　　D. 冷凝时在管壁上开一些纵槽

73. 可在器内设置搅拌器的是(　　)换热器。

A. 套管　　B. 釜式　　C. 夹套　　D. 热管

74. 蒸汽中若含有不凝结气体,将(　　)凝结换热效果。

A. 大大减弱　　B. 大大增强　　C. 不影响　　D. 可能减弱也可能增强

75. 列管式换热器在停车时,应先停(　　),后停(　　)。

A. 热流体、冷流体　　B. 冷流体、热流体　　C. 无法确定　　D. 同时停止

76. 列管式换热器一般不采用多壳程结构,而采用(　　)以强化传热效果。

A. 隔板　　B. 波纹板　　C. 翅片板　　D. 折流挡板

77. 管式换热器与板式换热器相比(　　)。

A. 传热效率高　　B. 结构紧凑　　C. 材料消耗少　　D. 耐压性能好

(二)判断题

1. 物质的导热率随温度的升高而增大。　　(　　)

2. 传热速率即为热负荷。 (　　)
3. 辐射不需要任何物质作媒介。 (　　)
4. 浮头式换热器具有能消除热应力、便于清洗和检修方便的特点。 (　　)
5. 多管程换热器的目的是强化传热。 (　　)
6. 冷热流体在换热时,并流时的传热温度差要比逆流时的传热温度差大。 (　　)
7. 换热器投产时,先通入热流体,后通入冷流体。 (　　)
8. 换热器冷凝操作应定期排放蒸汽侧的不凝气体。 (　　)
9. 热负荷是指换热器本身具有的换热能力。 (　　)
10. 提高传热速率的最有效途径是增加传热面积。 (　　)
11. 工业设备的保温材料,一般都是取导热系数较小的材料。 (　　)
12. 换热器正常操作之后才能打开放空阀。 (　　)
13. 对于同一种流体,有相变时的α值比无相变时的α要大。 (　　)
14. 为了提高传热效率,采用蒸汽加热时必须不断排除冷凝水并及时排放不凝性气体。 (　　)
15. 在螺旋板式换热器中,流体只能做严格的逆流流动。 (　　)
16. 对于符合 $K \approx \left(\frac{1}{\alpha_1}+\frac{1}{\alpha_2}\right)^{-1}$ 情况来说,若 $\alpha_1 \ll \alpha_2$ 时,要提高 K 值时则主要提高 α_1 的值。 (　　)
17. 通过三层平壁的定态热传导,各层界面间接触均匀,第一层两侧温度为120℃和80℃,第三层外表面温度为40℃,则第一层热阻 R_1 和第二、第三层热阻 R_2、R_3 之间的关系为 $R_1>(R_2+R_3)$。 (　　)
18. 当冷热两流体的α相差较大时,欲提高换热器的K值,关键是采取措施提高较小α。 (　　)
19. 列管换热器中设置补偿圈的目的主要是为了便于换热器的清洗和强化传热。 (　　)
20. 间壁式换热器内热量的传递是由对流传热—热传导—对流传热这三个串联着的过程组成。 (　　)
21. 导热系数是物质导热能力的标志,导热系数值越大,导热能力越弱。 (　　)
22. 在列管换热器中采用多程结构,可增大换热面积。 (　　)
23. 流体与壁面进行稳定的强制湍流对流传热,层流内层的热阻比湍流主体的热阻大,故层流内层内的传热比湍流主体内的传热速率小。 (　　)
24. 饱和水蒸气和空气通过间壁进行稳定热交换,由于空气侧的膜系数远远小于饱和水蒸气侧的膜系数,故空气侧的传热速率比饱和水蒸气侧的传热速率小。 (　　)
25. 当换热器中热流体的质量流量、进出口温度及冷流体进出口温度一定时,采用并流操作可节省冷流体用量。 (　　)
26. 提高换热器的传热系数,能够有效地提高传热速率。 (　　)
27. 空气、水、金属固体的导热系数分别为 λ_1、λ_2 和 λ_3 其顺序为 $\lambda_1<\lambda_2<\lambda_3$。 (　　)
28. 换热器开车时,须先进冷物料,后进热物料,以防换热器突然受热而变形。 (　　)
29. 传热速率就是热负荷。 (　　)

30. 物质的导热率均随温度的升高而增大。（　　）

31. 对夹套式换热器而言，用蒸汽加热时应使蒸汽由夹套下部进入。（　　）

32. 板式换热器是间壁式换热器的一种形式。（　　）

33. 在列管式换热器管间装设了两块横向的折流挡板，则该换热器变成双壳程的换热器。（　　）

蒸　发

(一)选择题

1. 二次蒸汽为（　　）。
A. 加热蒸汽　B. 第二效所用的加热蒸汽
C. 第二效溶液中蒸发的蒸汽　D. 无论哪一效溶液中蒸发出来的蒸汽

2. 热敏性物料宜采用（　　）蒸发器。
A. 自然循环式　B. 强制循环式　C. 膜式　D. 都可以

3. 在一定的压力下，纯水的沸点比 NaCl 水溶液的沸点（　　）。
A. 高　B. 低
C. 有可能高也有可能低　D. 高 20℃

4. 蒸发适用于（　　）。
A. 溶有不挥发性溶质的溶液
B. 溶有挥发性溶质的溶液
C. 溶有不挥发性溶质和溶有挥发性溶质的溶液
D. 挥发度相同的溶液

5. 下列蒸发器不属于循环型蒸发器的是（　　）。
A. 升膜式　B. 列文式　C. 外热式　D. 标准型

6. 对于在蒸发过程中有晶体析出的液体的多效蒸发，最好用下列（　　）蒸发流程。
A. 并流法　B. 逆流法　C. 平流法　D. 都可以

7. 循环型蒸发器的传热效果比单程型的效果要（　　）。
A. 高　B. 低　C. 相同　D. 不确定

8. 逆流加料多效蒸发过程适用于（　　）。
A. 黏度较小溶液的蒸发
B. 有结晶析出的蒸发
C. 黏度随温度和浓度变化较大的溶液的蒸发
D. 都可以

9. 有结晶析出的蒸发过程，适宜流程是（　　）。
A. 并流加料　B. 逆流加料　C. 分流(平流)加料　D. 错流加料

10. 蒸发操作中所谓“温度差损失”，实际是指溶液的沸点（　　）二次蒸汽的饱和温度。
A. 小于　B. 等于　C. 大于　D. 上述三者都不是

11. 下列蒸发器，溶液循环速度最快的是（　　）。

A. 标准式　　B. 悬框式　　C. 列文式　　D. 强制循环式

12. 膜式蒸发器中，适用于易结晶、结垢物料的是(　　)。

A. 升膜式蒸发器　　B. 降膜式蒸发器　　C. 升降膜式蒸发器　　D. 回转式薄膜蒸发器

13. 减压蒸发不具有的优点是(　　)。

A. 减少传热面积　　B. 可蒸发不耐高温的溶液

C. 提高热能利用率　　D. 减少基建费和操作费

14. 就蒸发同样任务而言，单效蒸发生产能力 $W_{单}$ 与多效蒸发的生产能力 $W_{多}$(　　)。

A. $W_{单}>W_{多}$　　B. $W_{单}<W_{多}$　　C. $W_{单}=W_{多}$　　D. 不确定

15. 在相同的条件下蒸发同样任务的溶液时，多效蒸发的总温度差损失 $\sum\Delta_{多}$ 与单效蒸发的总温度差损失 $\sum\Delta_{单}$(　　)。

A. $\sum\Delta_{多}=\sum\Delta_{单}$　　B. $\sum\Delta_{多}>\sum\Delta_{单}$　　C. $\sum\Delta_{多}<\sum\Delta_{单}$　　D. 不确定

16. 蒸发流程中除沫器的作用主要是(　　)。

A. 汽液分离　　B. 强化蒸发器传热　　C. 除去不凝性气体　　D. 利用二次蒸汽

17. 自然循环型蒸发器中溶液的循环是由于溶液产生(　　)。

A. 浓度差　　B. 密度差　　C. 速度差　　D. 温度差

18. 化学工业中分离挥发性溶剂与不挥发性溶质的主要方法是(　　)。

A. 蒸馏　　B. 蒸发　　C. 结晶　　D. 吸收

19. 在单效蒸发器内，将某物质的水溶液自浓度为5%浓缩至25%(皆为质量分数)。每小时处理2t原料液。溶液在常压下蒸发，沸点是373K(二次蒸汽的汽化热为2260kJ/kg)。加热蒸汽的温度为403K，汽化热为2180kJ/kg。则原料液在沸点时加入蒸发器，加热蒸汽的消耗量是(　　)。

A. 1960kg/h　　B. 1660kg/h　　C. 1590kg/h　　D. 1.04kg/h

20. 下列几条措施，(　　)不能提高加热蒸汽的经济程度。

A. 采用多效蒸发流程　　B. 引出额外蒸汽

C. 使用热泵蒸发器　　D. 增大传热面积

21. 为了蒸发某种黏度随浓度和温度变化比较大的溶液，应采用(　　)。

A. 并流加料流程　　B. 逆流加料流程

C. 平流加料流程　　D. 并流或平流

22. 工业生产中的蒸发通常是(　　)。

A. 自然蒸发　　B. 沸腾蒸发　　C. 自然真空蒸发　　D. 不确定

23. 在蒸发操作中，若使溶液在(　　)下沸腾蒸发，可降低溶液沸点而增大蒸发器的有效温度差。

A. 减压　　B. 常压　　C. 加压　　D. 变压

24. 料液随浓度和温度变化较大时，若采用多效蒸发，则需采用(　　)。

A. 并流加料流程　　B. 逆流加料流程　　C. 平流加料流程　　D. 以上都可采用

25. 提高蒸发器生产强度的主要途径是增大(　　)。

A. 传热温度差　　B. 加热蒸汽压力　　C. 传热系数　　D. 传热面积

26. 标准式蒸发器适用于(　　)的溶液的蒸发。

A. 易于结晶　　B. 黏度较大及易结垢

C. 黏度较小　　　　　　　　　　　　D. 不易结晶

27. 对黏度随浓度增加而明显增大的溶液蒸发，不宜采用(　　)加料的多效蒸发流程。

A. 并流　　　　B. 逆流　　　　C. 平流　　　　D. 错流

(二)判断题

1. 在多效蒸发时，后一效的压力一定比前一效的低。(　　)

2. 蒸发过程的实质是通过间壁的传热过程。(　　)

3. 多效蒸发的目的是为了节约加热蒸汽。(　　)

4. 蒸发操作中，少量不凝性气体的存在，对传热的影响可忽略不计。(　　)

5. 蒸发过程中操作压力增加，则溶质的沸点增加.(　　)

6. 溶剂蒸汽在蒸发设备内的长时间停留会对蒸发速率产生影响。(　　)

7. 采用多效蒸发的主要目的是为了充分利用二次蒸汽。效数越多，单位蒸汽耗用量越小，因此，过程越经济。(　　)

8. 多效蒸发流程中，主要用在蒸发过程中有晶体析出场合的是平流加料。(　　)

9. 在膜式蒸发器的加热管内，液体沿管壁呈膜状流动，管内没有液层，故因液柱静压强而引起的温度差损失可忽略。(　　)

10. 蒸发过程主要是一个传热过程，其设备与一般传热设备并无本质区别。(　　)

11. 蒸发器主要由加热室和分离室两部分组成。(　　)

12. 用分流进料方式蒸发时，得到的各份溶液浓度相同。(　　)

13. 蒸发是溶剂在热量的作用下从液相转移到气相的过程，故属传热传质过程。(　　)

14. 提高蒸发器的蒸发能力，其主要途径是提高传热系数。(　　)

15. 饱和蒸汽压越大的液体越难挥发。(　　)

16. 在多效蒸发的流程中，并流加料的优点是各效的压力依次降低，溶液可以自动地从前一效流入后一效，不需用泵输送。(　　)

17. 蒸发操作只有在溶液沸点下才能进行。(　　)

18. 中央循环管式蒸发器是强制循环蒸发器。(　　)

蒸　馏

(一)选择题

1. 下列说法错误的是(　　)。

A. 回流比增大时，操作线偏离平衡线越远，越接近对角线

B. 全回流时所需理论板数最小，生产中最好选用全回流操作

C. 全回流有一定的实用价值。

D. 实际回流比应在全回流和最小回流比之间

2. 不影响理论塔板数的是进料的(　　)。

A. 位置　　　　B. 热状态　　　　C. 组成　　　　D. 进料量

3. 精馏塔中自上而下(　　)。

A. 分为精馏段、加料板和提馏段三个部分

B. 温度依次降低

C. 易挥发组分浓度依次降低

D. 蒸汽质量依次减少

4. 最小回流比(　　)。

A. 回流量接近于零　　B. 在生产中有一定应用价值

C. 不能用公式计算　　D. 是一种极限状态,可用来计算实际回流比

5. 由气体和液体流量过大两种原因共同造成的是(　　)现象。

A. 漏液　　B. 液沫夹带　　C. 气泡夹带　　D. 液泛

6. 在其他条件不变的情况下,增大回流比能(　　)。

A. 减少操作费用　　B. 增加设备费用　　C. 提高产品纯度　　D. 增大塔的生产能力

7. 从温度组成(t-x-y)图中的气液共存区内,当温度增加时,液相中易挥发组分的含量会(　　)。

A. 增大　　B. 增大及减少　　C. 减少　　D. 不变

8. 只要求从混合液中得到高纯度的难挥发组分,采用只有提馏段的半截塔,则进料口应位于塔的(　　)部。

A. 顶　　B. 中　　C. 中下　　D. 底

9. 在四种典型塔板中,操作弹性最大的是(　　)型。

A. 泡罩　　B. 筛孔　　C. 浮阀　　D. 舌

10. 从节能观点出发,适宜回流比 R 应取(　　)倍最小回流比 R_{min}。

A. 1.1　　B. 1.3　　C. 1.7　　D. 2.0

11. 二元溶液连续精馏计算中,物料的进料状态变化将引起(　　)的变化。

A. 相平衡线　　B. 进料线和提馏段操作线

C. 精馏段操作线　　D. 相平衡线和操作线

12. 加大回流比,塔顶轻组分组成将(　　)。

A. 不变　　B. 变小　　C. 变大　　D. 忽大忽小

13. 下述分离过程中,不属于传质分离过程的是(　　)。

A. 萃取分离　　B. 吸收分离　　C. 精馏分离　　D. 离心分离

14. 若要求双组分混合液分离成较纯的两个组分,则应采用(　　)。

A. 平衡蒸馏　　B. 一般蒸馏　　C. 精馏　　D. 无法确定

15. 以下说法正确的是(　　)。

A. 冷液进料 $q=1$　　B. 气液混合进料 $0<q<1$

C. 过热蒸气进料 $q=0$　　D. 饱和液体进料 $q<1$

16. 某精馏塔的馏出液量是 50kmol/h,回流比是 2,则精馏段的回流量是(　　)。

A. 100kmol/h　　B. 50kmol/h　　C. 25kmol/h　　D. 125kmol/h

17. 当分离沸点较高,而且又是热敏性混合液时,精馏操作压力应采用(　　)。

A. 加压　　B. 减压　　C. 常压　　D. 不确定

18. 蒸馏操作的依据是组分间的(　　)差异。

A. 溶解度　　B. 沸点　　C. 挥发度　　D. 蒸汽压

19. 塔顶全凝器改为分凝器后，其他操作条件不变，则所需理论塔板数(　　)。

A. 增多　B. 减少　C. 不变　D. 不确定

20. 某二元混合物，若液相组成 x_A 为 0.45，相应的泡点温度为 t_1；气相组成 y_A 为 0.45，相应的露点温度为 t_2，则(　　)。

A. $t_1 < t_2$　B. $t_1 = t_2$　C. $t_1 > t_2$　D. 不能判断

21. 两组分物系的相对挥发度越小，则表示分离该物系越(　　)。

A. 容易　B. 困难　C. 完全　D. 不完全

22. 在相同的条件 R、x_D、x_F、x_W 下，q 值越大，所需理论塔板数(　　)。

A. 越少　B. 越多　C. 不变　D. 不确定

23. 在再沸器中溶液(　　)而产生上升蒸汽，是精馏得以连续稳定操作一个必不可少的条件。

A. 部分冷凝　B. 全部冷凝　C. 部分气化　D. 全部气化

24. 正常操作的二元精馏塔，塔内某截面上升气相组成 Y_{n+1} 和下降液相组成 X_n 的关系是(　　)。

A. $Y_{n+1} > X_n$　B. $Y_{n+1} < X_n$　C. $Y_{n+1} = X_n$　D. 不能确定

25. 精馏过程设计时，增大操作压强，塔顶温度(　　)。

A. 增大　B. 减小　C. 不变　D. 不能确定。

26. 某精馏塔的理论板数为 17 块(包括塔釜)，全塔效率为 0.5，则实际塔板数为(　　)块。

A. 34　B. 31　C. 33　D. 32

27. 若仅仅加大精馏塔的回流量，会产生的结果是(　　)。

A. 塔顶产品中易挥发组分浓度提高　B. 塔底产品中易挥发组分浓度提高

C. 提高塔顶产品的产量　D. 降低塔釜产品的产量

28. 冷凝器的作用是提供(　　)产品及保证有适宜的液相回流。

A. 塔顶气相　B. 塔顶液相　C. 塔底气相　D. 塔底液相

29. 连续精馏中，精馏段操作线随(　　)而变。

A. 回流比　B. 进料热状态　C. 残液组成　D. 进料组成

30. 精馏塔塔顶产品纯度下降，可能是(　　)。

A. 提馏段板数不足　B. 精馏段板数不足

C. 塔顶冷凝量过多　D. 塔顶温度过低

31. 精馏塔塔底产品纯度下降，可能是(　　)。

A. 提馏段板数不足　B. 精馏段板数不足　C. 再沸器热量过多　D. 塔釜温度升高

32. 精馏塔操作时，回流比与理论塔板数的关系是(　　)。

A. 回流比增大时，理论塔板数也增多

B. 回流比增大时，理论塔板数减少

C. 全回流时，理论塔板数最多，但此时无产品

D. 回流比为最小回流比时，理论塔板数最少

33. 降低精馏塔的操作压力，可以(　　)。

A. 降低操作温度，改善传热效果　B. 降低操作温度，改善分离效果

C. 提高生产能力，降低分离效果　　D. 降低生产能力，降低传热效果

34. 操作中的精馏塔，若选用的回流比小于最小回流比，则(　　)。

A. 不能操作　　B. x_D、x_W均增加　　C. x_D、x_W均不变　　D. x_D减少，x_W增加

35. 在常压下苯的沸点为 80.1℃，环乙烷的沸点为 80.73℃，欲使该两组分混合物得到分离，则宜采用(　　)。

A. 恒沸精馏　　B. 普通精馏　　C. 萃取精馏　　D. 水蒸气蒸馏

36. 精馏塔的下列操作中，先后顺序正确的是(　　)。

A. 先通加热蒸汽再通冷凝水　　B. 先全回流再调节回流比

C. 先停再沸器再停进料　　D. 先停冷却水再停产品产出

37. 精馏塔的操作压力增大(　　)。

A. 气相量增加　　B. 液相和气相中易挥发组分的浓度都增加

C. 塔的分离效率增大　　D. 塔的处理能力减少

38. 塔板上造成气泡夹带的原因是(　　)。

A. 气速过大　　B. 气速过小　　C. 液流量过大　　D. 液流量过小

39. 有关灵敏板的叙述，正确的是(　　)。

A. 是操作条件变化时，塔内温度变化最大的那块板

B. 板上温度变化，物料组成不一定都变

C. 板上温度升高，反应塔顶产品组成下降

D. 板上温度升高，反应塔底产品组成增大

40. 下列叙述错误的是(　　)。

A. 板式塔内以塔板作为气、液两相接触传质的基本构件

B. 安装出口堰是为了保证气、液两相在塔板上有充分的接触时间

C. 降液管是塔板间液流通道，也是溢流液中所夹带气体的分离场所

D. 降液管与下层塔板的间距应大于出口堰的高度

41. 精馏塔中由塔顶向下的第 $n-1$、n、$n+1$ 层塔板，其气相组成关系为(　　)。

A. $y_{n+1} > y_n > y_{n-1}$　　B. $y_{n+1} = y_n = y_{n-1}$

C. $y_{n+1} < y_n < y_{n-1}$　　D. 不确定

42. 若进料量、进料组成、进料热状况都不变，要提高 x_D，可采用(　　)。

A. 减小回流比　　B. 增加提馏段理论板数

C. 增加精馏段理论板数　　D. 塔釜保温良好

43. 在一定操作压力下，塔釜、塔顶温度可以反映出(　　)。

A. 生产能力　　B. 产品质量　　C. 操作条件　　D. 不确定

44. 蒸馏生产要求控制压力在允许范围内稳定，大幅度波动会破坏(　　)。

A. 生产效率　　B. 产品质量　　C. 气—液平衡　　D. 不确定

45. 自然循环型蒸发器中溶液的循环是由于溶液产生(　　)。

A. 浓度差　　B. 密度差　　C. 速度差　　D. 温度差

46. (　　)是保证精馏过程连续稳定操作的必要条件之一。

A. 液相回流　　B. 进料　　C. 侧线抽出　　D. 产品提纯

47.(　　)是指离开这种板的气液两相相互成平衡，而且塔板上的液相组成也可视为均匀的。

A. 浮阀板　　B. 喷射板　　C. 理论板　　D. 分离板

48. 回流比的(　　)值为全回流。

A. 上限　　B. 下限　　C. 平均　　D. 混合

49. 某二元混合物，进料量为100kmol/h，$x_F=0.6$，要求塔顶 x_D 不小于0.9，则塔顶最大产量为(　　)。

A. 60kmol/h　　B. 66.7kmol/h　　C. 90kmol/h　　D. 100kmol/h

50. 某二元混合物，$\alpha=3$，全回流条件下 $x_n=0.3$，$y_{n+1}=$(　　)。

A. 0.9　　B. 0.3　　C. 0.854　　D. 0.794

51. 下列哪个选项不属于精馏设备的主要部分？(　　)

A. 精馏塔　　B. 塔顶冷凝器　　C. 再沸器　　D. 馏出液贮槽

52. 在多数板式塔内气、液两相的流动，从总体上是(　　)流，而在塔板上两相为(　　)流流动。

A. 逆，错　　B. 逆，并　　C. 错，逆　　D. 并，逆

53. 下列哪种情况不是诱发降液管液泛的原因？(　　)

A. 液、气负荷过大　　B. 过量雾沫夹带　　C. 塔板间距过小　　D. 过量漏液

54. 某精馏塔精馏段理论塔板数为 N_1 层，提留段理论板数为 N_2 层，现因设备改造，使精馏段理论板数增加，提留段理论板数不变，且 F、x_F、q、R、V 等均不变，则此时(　　)。

A. x_D 增加，x_W 不变　　B. x_D 增加，x_W 减小

C. x_D 增加，x_W 增加　　D. x_D 增加，x_W 的变化视具体情况而定

55. 某常压精馏塔，塔顶设全凝器，现测得其塔顶温度升高，则塔顶产品中易挥发组分的含量将(　　)。

A. 升高　　B. 降低　　C. 不变　　D. 以上答案都不对

56. 在精馏过程中，当 x_D、x_W、x_F、q 和回流液量一定时，只增大进料量(不引起液泛)则回流比 R(　　)。

A. 增大　　B. 减小　　C. 不变　　D. 以上答案都不对

57. 精馏塔温度控制最关键的部位是(　　)。

A. 灵敏板温度　　B. 塔底温度　　C. 塔顶温度　　D. 进料温度

58. 下列塔设备中，操作弹性最小的是(　　)。

A. 筛板塔　　B. 浮阀塔　　C. 泡罩塔　　D. 舌板塔

59. 精馏操作时，若其他操作条件均不变，只将塔顶的泡点回流改为过冷液体回流，则塔顶产品组成 x_D 变化为(　　)。

A. 变小　　B. 不变　　C. 变大　　D. 不确定

60. 某筛板精馏塔在操作一段时间后，分离效率降低，且全塔压降增加，其原因及应采取的措施是(　　)。

A. 塔板受腐蚀，孔径增大，产生漏液，应增加塔釜热负荷

B. 筛孔被堵塞，孔径减小，孔速增加，雾沫夹带严重，应降低负荷操作

C. 塔板脱落，理论板数减少，应停工检修

D. 降液管折断，气体短路，需要更换降液管

61. 在蒸馏生产过程中，从塔釜到塔顶，压力（　　）。

A. 由高到低　　B. 由低到高　　C. 不变　　D. 都有可能

62. 精馏塔釜温度指示较实际温度高，会造成（　　）。

A. 轻组分损失增加　　B. 塔顶馏出物作为产品不合格

C. 釜液作为产品质量不合格　　D. 塔板严重漏液

63. 有关精馏操作的叙述，错误的是（　　）。

A. 精馏的实质是多级蒸馏

B. 精馏装置的主要设备有：精馏塔、再沸器、冷凝器、回流罐和输送设备等

C. 精馏塔以进料板为界，上部为精馏段，下部为提馏段

D. 精馏是利用各组分密度不同，分离互溶液体混合物的单元操作

64. 精馏塔回流量的增加，（　　）。

A. 塔压差明显减小，塔顶产品纯度会提高

B. 塔压差明显增大，塔顶产品纯度会提高

C. 塔压差明显增大，塔顶产品纯度会降低

D. 塔压差明显减小，塔顶产品纯度会降低

65. 在精馏塔操作中，若出现塔釜温度及压力不稳时，产生的原因可能是（　　）。

A. 蒸汽压力不稳定　　B. 疏水器不畅通

C. 加热器有泄漏　　D. 以上三种原因

66. 在精馏塔操作中，若出现淹塔时，可采取的处理方法有（　　）。

A. 调进料量，降釜温，停采出　　B. 降回流，增大采出量

C. 停车检修　　D. 以上三种方法

67. 精馏塔塔底产品纯度下降，可能是（　　）。

A. 提馏段板数不足　B. 精馏段板数不足　C. 再沸器热量过多　D. 塔釜温度升高

68. 蒸馏分离的依据是混合物中各组分的（　　）不同。

A. 浓度　　B. 挥发度　　C. 温度　　D. 溶解度

69. 在蒸馏单元操作中，对产品质量影响最重要的因素是（　　）。

A. 压力　　B. 温度　　C. 塔釜液位　　D. 进料量

70. 精馏塔在 x_F、q、R 一定下操作时，将加料口向上移动一层塔板，此时塔顶产品浓度 x_D 将（　　），塔底产品浓度 x_W 将（　　）。

A. 变大，变小　　B. 变大，变大　　C. 变小，变大　　D. 变小，变小

71. 操作中的精馏塔，保持进料量 F、进料组成 x_F、进料热状况参数 q、塔釜加热量 Q 不变，减少塔顶馏出量 D，则塔顶易挥发组分回收率 η（　　）。

A. 变大　　B. 变小　　C. 不变　　D. 不确定

72. 下列说法错误的是（　　）。

A. 回流比增大时，操作线偏离平衡线越远越接近对角线

B. 全回流时所需理论板数最小，生产中最好选用全回流操作

C. 全回流有一定的实用价值

D. 实际回流比应在全回流和最小回流比之间

73. 精馏操作中，料液的黏度越高，塔的效率将(　　)。

A. 越低　　B. 有微小的变化

C. 不变　　D. 越高

74. 下列判断不正确的是(　　)。

A. 上升气速过大引起漏液　　B. 上升气速过大造成过量雾沫夹带

C. 上升气速过大引起液泛　　D. 上升气速过大造成大量气泡夹带

75. 在化工生产中应用最广泛的蒸馏方式为(　　)。

A. 简单蒸馏　　B. 平衡蒸馏　　C. 精馏　　D. 特殊蒸馏

76. 某二元混合物，其中 A 为易挥发组分，当液相组成 $x_A=0.6$，相应的泡点为 t_1，与之平衡的汽相组成为 $y_A=0.7$，与该 $y_A=0.7$ 的汽相相应的露点为 t_2，则 t_1 与 t_2 的关系为(　　)。

A. $t_1=t_2$　　B. $t_1<t_2$　　C. $t_1>t_2$　　D. 不一定

77. 在筛板精馏塔设计中，增加塔板开孔率，可使漏液线(　　)。

A. 上移　　B. 不动　　C. 下移　　D. 都有可能

(二)判断题

1. 实现规定的分离要求，所需实际塔板数比理论塔板数多。(　　)

2. 根据恒摩尔流的假设，精馏塔中每层塔板液体的摩尔流量和蒸汽的摩尔流量均相等。(　　)

3. 实现稳定的精馏操作必须保持全塔系统的物料平衡和热量平衡。(　　)

4. 回流是精馏稳定连续进行的必要条件。(　　)

5. 在对热敏性混合液进行精馏时，必须采用加压分离。(　　)

6. 连续精馏预进料时，先打开放空阀，充氮置换系统中的空气，以防在进料时出现事故。(　　)

7. 连续精馏停车时，先停再沸器，后停进料。(　　)

8. 在精馏塔中从上到下，液体中的轻组分逐渐增大。(　　)

9. 精馏操作中，操作回流比小于最小回流比时，精馏塔不能正常工作。(　　)

10. 精馏塔板的作用主要是为了支承液体。(　　)

11. 筛板塔板结构简单，造价低，但分离效率较泡罩低，因此已逐步淘汰。(　　)

12. 最小回流比状态下的理论塔板数为最少理论塔板数。(　　)

13. 雾沫挟带过量是造成精馏塔液泛的原因之一。(　　)

14. 精馏塔操作过程中主要通过控制温度、压力、进料量和回流比来实现对气、液负荷的控制。(　　)

15. 与塔底相比，精馏塔的塔顶易挥发组分浓度最大，且气、液流量最少。(　　)

16. 在精馏操作中，严重的雾沫夹带将导致塔压的增大。(　　)

17. 用某精馏塔分离二元混合物，规定产品组成 x_D、x_W。当进料为 x_{F1} 时，相应的回流比为 R_1；进料为 x_{F2} 时，相应的回流比为 R_2。若 $x_{F1}<x_{F2}$，进料热状态不变，则 $R_1<R_2$。(　　)

18. 精馏塔的操作弹性越大，说明保证该塔正常操作的范围越大，操作越稳定。(　　)

19. 在二元溶液的 x-y 图中，平衡线与对角线的距离越远，就越容易分离。（ ）

20. 分离任务要求一定，当回流比一定时，在五种进料状况中，冷液进料的 q 值最大，提馏段操作线与平衡线之间的距离最小，分离所需的总理论塔板数最多。（ ）

21. 混合液的沸点只与外界压力有关。（ ）

22. 对乙醇一水系统，用普通精馏方法进行分离，只要塔板数足够，就可以得到纯度为 0.98(摩尔分数)以上的纯酒精。（ ）

23. 精馏操作时。塔釜温度偏低，其他操作条件不变，则馏出液的组成变低。（ ）

24. 精馏操作中，操作回流比必须大于最小回流比。（ ）

25. 控制精馏塔时，加大加热蒸汽量，则塔内温度一定升高。（ ）

26. 控制精馏塔时，加大回流量，则塔内压力一定降低。（ ）

27. 理想的进料板位置是其气体和液体的组成与进料的气体和液体组成最接近。（ ）

28. 精馏操作时，若 F、D、X_F、q、R、加料板位置都不变，而将塔顶泡点回流改为冷回流，则塔顶产品组成 X_D 变大。（ ）

29. 填料的等板高度越高，表明其传质效果越好。（ ）

30. 精馏塔内的温度随易挥发组分浓度增大而降低。（ ）

31. 间歇蒸馏塔塔顶馏出液中的轻组分浓度随着操作的进行逐渐增大。（ ）

32. 已知某精馏塔操作时的进料线(q 线)方程为：$y=0.6$，则该塔的进料热状况为饱和液体进料。（ ）

33. 含 50%乙醇和 50%水的溶液，用普通蒸馏的方法不能获得 98%的乙醇水溶液。（ ）

34. 精馏塔的不正常操作现象有液泛、泄漏和气体的不均匀分布。（ ）

35. 筛孔塔板易于制造，易于大型化，压降小，生产能力高，操作弹性大，是一种优良的塔板。（ ）

吸　收

(一)选择题

1. 选择吸收剂时不需要考虑的是(　　)。

A. 对溶质的溶解度　　B. 对溶质的选择性

C. 操作条件下的挥发度　　D. 操作温度下的密度

2. 当 $X^* > X$ 时，(　　)。

A. 发生吸收过程　　B. 发生解吸过程

C. 吸收推动力为零　　D. 解吸推动力为零

3. 为改善液体的壁流现象的装置是(　　)。

A. 填料支承　　B. 液体分布　　C. 液体再分布器　　D. 除沫

4. 最小液气比(　　)。

A. 在生产中可以达到　　B. 是操作线斜率

C. 可用公式进行计算　　D. 可作为选择适宜液气比的依据

5. 对气体吸收有利的操作条件应是(　　)。

A. 低温＋高压　　B. 高温＋高压　　C. 低温＋低压　　D. 高温＋低压

6. 氨水的摩尔分率为20%,而它的比分率应是(　　)%。

A. 15　　B. 20　　C. 25　　D. 30

7. 选择吸收剂时应重点考虑的是(　　)性能。

A. 挥发度＋再生性　　B. 选择性＋再生性

C. 挥发度＋选择性　　D. 溶解度＋选择性

8. 从节能观点出发,适宜的吸收剂用量L应取(　　)倍最小用量Lmin。

A. 2.0　　B. 1.5　　C. 1.3　　D. 1.1

9. 利用气体混合物各组分在液体中溶解度的差异而使气体中不同组分分离的操作称为(　　)。

A. 蒸馏　　B. 萃取　　C. 吸收　　D. 解吸

10. 下述说法错误的是(　　)。

A. 溶解度系数H值很大,为易溶气体　　B. 亨利系数E值很大,为易溶气体

C. 亨利系数E值很大,为难溶气体　　D. 平衡常数m值很大,为难溶气体

11. 吸收操作的目的是分离(　　)。

A. 气体混合物　　B. 液体均相混合物

C. 气液混合物　　D. 部分互溶的均相混合物

12. 在一符合亨利定律的气液平衡系统中,溶质在气相中的摩尔浓度与其在液相中的摩尔浓度的差值为(　　)。

A. 正值　　B. 负值　　C. 零　　D. 不确定

13. 温度(　　),将有利于解吸的进行。

A. 降低　　B. 升高　　C. 变化　　D. 不变

14. 只要组分在气相中的分压(　　)液相中该组分的平衡分压,解吸就会继续进行,直至达到一个新的平衡为止。

A. 大于　　B. 小于　　C. 等于　　D. 不等于

15. 填料支承装置是填料塔的主要附件之一,要求支承装置的自由截面积应(　　)填料层的自由截面积。

A. 小于　　B. 大于　　C. 等于　　D. 都可以

16. 适宜的空塔气速为液泛气速的(　　)倍,用来计算吸收塔的塔径。

A. 0.6～0.8　　B. 1.1～2.0　　C. 0.3～0.5　　D. 1.6～2.4

17. 在吸收操作中,保持L不变,随着气体速度的增加,塔压的变化趋势(　　)。

A. 变大　　B. 变小　　C. 不变　　D. 不确定

18. 低浓度逆流吸收塔设计中,若气体流量、进出口组成及液体进口组成一定,减小吸收剂用量,传质推动力将(　　)。

A. 变大　　B. 不变　　C. 变小　　D. 不确定

19. 逆流填料塔的泛点气速与液体喷淋量的关系是(　　)。

A. 喷淋量减小泛点气速减小　　B. 无关

C. 喷淋量减小泛点气速增大　　D. 喷淋量增大泛点气速增大

20. 正常操作下的逆流吸收塔，若因某种原因使液体量减少以至液气比小于原定的最小液气比时，下列哪些情况将发生？(　　)

A. 出塔液体浓度增加，回收率增加　　B. 出塔气体浓度增加，但出塔液体浓度不变

C. 出塔气体浓度与出塔液体浓度均增加　　D. 在塔下部将发生解吸现象

21. 在填料塔中，低浓度难溶气体逆流吸收时，若其他条件不变，但入口气量增加，则出口气体组成将(　　)。

A. 增加　　B. 减少　　C. 不变　　D. 不定

22. 低浓度的气膜控制系统，在逆流吸收操作中，若其他条件不变，但入口液体组成增高时，则气相出口组成将(　　)。

A. 增加　　B. 减少　　C. 不变　　D. 不定

23. 在吸收操作中，当吸收剂用量趋于最小用量时，为完成一定的任务，则(　　)。

A. 回收率趋向最高　　B. 吸收推动力趋向最大

C. 总费用最低　　D. 填料层高度趋向无穷大

24. 吸收塔尾气超标，可能引起的原因是(　　)。

A. 塔压增大　　B. 吸收剂降温

C. 吸收剂用量增大　　D. 吸收剂纯度下降

25. 吸收过程是溶质(　　)的传递过程。

A. 从气相向液相　　B. 气液两相之间

C. 从液相向气相　　D. 任一相态

26. 对难溶气体，如欲提高其吸收速率，较有效的手段是(　　)。

A. 增大液相流速　　B. 增大气相流速

C. 减小液相流速　　D. 减小气相流速

27. 吸收过程中一般多采用逆流流程，主要是因为(　　)。

A. 流体阻力最小　　B. 传质推动力最大

C. 流程最简单　　D. 操作最方便

28. 吸收操作大多采用填料塔。下列(　　)不属于填料塔构件。

A. 液相分布器　　B. 疏水器　　C. 填料　　D. 液相再分布器

29. 某吸收过程，已知气膜吸收系数 k_Y 为 4×10^{-4} kmol/(m^2·S)，液膜吸收系数 k_X 为 8kmol/(m^2·S)，由此可判断该过程(　　)。

A. 气膜控制　　B. 液膜控制　　C. 判断依据不足　　D. 双膜控制

30. 最大吸收率 η 与(　　)无关。

A. 液气比　　B. 液体入塔浓度　　C. 相平衡常数　　D. 吸收塔型式

31. 通常所讨论的吸收操作中，当吸收剂用量趋于最小用量时，则下列哪种情况正确？(　　)

A. 回收率趋向最高　　B. 吸收推动力趋向最大

C. 操作最为经济　　D. 填料层高度趋向无穷大

32. 目前工业生产中应用十分广泛的吸收设备是(　　)。

A. 板式塔　　B. 填料塔　　C. 湍球塔　　D. 喷射式吸收器

33. 完成指定的生产任务,采取的措施能使填料层高度降低的是(　　)。

A. 减少吸收剂中溶质的含量　　B. 用并流代替逆流操作

C. 减少吸收剂用量　　D. 吸收剂循环使用

34. 下列哪一项不是工业上常用的解吸方法?(　)

A. 加压解吸　　B. 加热解吸

C. 在惰性气体中解吸　　D. 精馏

35. 用纯溶剂吸收混合气中的溶质。逆流操作,平衡关系满足亨利定律。当入塔气体浓度 y_1 上升,而其他入塔条件不变,则气体出塔浓度 y_2 和吸收率φ的变化为(　　)。

A. y_2 上升,φ下降　　B. y_2 下降,φ上升

C. y_2 上升,φ不变　　D. y_2 上升,φ变化不确定

36. 低浓度的气膜控制系统,在逆流吸收操作中,若其他条件不变,但入口液体组成增高时,则气相出口组成将(　　)。

A. 增加　　B. 减少　　C. 不变　　D. 不定

37. 某吸收过程,已知 $k_y=4\times10^{-1}$ kmol/m². s,$k_x=8\times10^{-4}$ kmol/m². s,由此可知该过程为(　　)。

A. 液膜控制　　B. 气膜控制

C. 判断依据不足　　D. 液膜阻力和气膜阻力相差不大

38. 吸收操作中,气流若达到(　　),将有大量液体被气流带出,操作极不稳定。

A. 液泛气速　　B. 空塔气速　　C. 载点气速　　D. 临界气速

39. 在进行吸收操作时,吸收操作线总是位于平衡线的(　　)。

A. 上方　　B. 下方　　C. 重合　　D. 不一定

40. 吸收混合气中苯,已知 $y_1=0.04$,吸收率是 80%,则 Y_1、Y_2 是(　)。

A. 0.04167kmol 苯/kmol 惰气 0.00833kmol 苯/kmol 惰气

B. 0.02kmol 苯/kmol 惰气 0.005kmol 苯/kmol 惰气

C. 0.04167kmol 苯/kmol 惰气 0.02kmol 苯/kmol 惰气

D. 0.0831kmol 苯/kmol 惰气 0.002kmol 苯/kmol 惰气

41. 吸收操作气速一般(　　)。

A. 大于泛点气速　　B. 小于载点气速

C. 大于泛点气速而小于载点气速　　D. 大于载点气速而小于泛点气速

42. 在吸收塔操作过程中,当吸收剂用量增加时,出塔溶液浓度(　　),尾气中溶质浓度(　　)。

A. 下降,下降　　B. 增高,增高　　C. 下降,增高　　D. 增高,下降

43. 吸收操作过程中,在塔的负荷范围内,当混合气处理量增大时,为保持回收率不变,可采取的措施有(　　)。

A. 减小吸收剂用量　　B. 增大吸收剂用量

C. 增加操作温度　　D. 减小操作压力

44. 根据双膜理论,用水吸收空气中的氨的吸收过程是(　　)。

A. 气膜控制　　B. 液膜控制　　C. 双膜控制　　D. 不能确定

45. 在吸收操作中,其他条件不变,只增加操作温度,则吸收率将(　　)。

A. 增加 B. 减小 C. 不变 D. 不能判断

46. 在填料吸收塔中，为了保证吸收剂液体的均匀分布，塔顶需设置( )。

A. 液体喷淋装置 B. 再分布器 C. 冷凝器 D. 塔釜

47. 在气膜控制的吸收过程中，增加吸收剂用量，则( )。

A. 吸收传质阻力明显下降 B. 吸收传质阻力基本不变

C. 吸收传质推动力减小 D. 操作费用减小

48. 填料塔内用清水吸收混合气中氯化氢，当用水量增加时，气相总传质单元数 N_{OG} 将( )。

A. 增大 B. 减小 C. 不变 D. 不确定

49. 吸收塔开车操作时，应( )。

A. 先通入气体后进入喷淋液体 B. 增大喷淋量总是有利于吸收操作的

C. 先进入喷淋液体后通入气体 D. 先进气体或液体都可以

50. 通常所讨论的吸收操作中，当吸收剂用量趋于最小用量是，完成一定的任务( )。

A. 回收率趋向最高 B. 吸收推动力趋向最大

C. 固定资产投资费用最高 D. 操作费用最低

51. 在吸收操作中，吸收剂(如水)用量突然下降，产生的原因可能是( )。

A. 溶液槽液位低、泵抽空 B. 水压低或停水

C. 水泵坏 D. 以上三种原因

52. 在吸收操作中，塔内液面波动，产生的原因可能是( )。

A. 原料气压力波动 B. 吸收剂用量波动

C. 液面调节器出故障 D. 以上三种原因

53. 根据双膜理论，在气液接触界面处( )。

A. 气相组成大于液相组成 B. 气相组成小于液相组成

C. 气相组成等于液相组成 D. 气相组成与液相组成平衡

54. 溶解度较小时，气体在液相中的溶解度遵守( )定律。

A. 拉乌尔 B. 亨利 C. 开尔文 D. 依数性

55. 用水吸收下列气体时，( )属于液膜控制。

A. 氯化氢 B. 氨 C. 氯气 D. 三氧化硫

56. 从解吸塔出来的半贫液一般进入吸收塔的( )，以便循环使用。

A. 中部 B. 上部 C. 底部 D. 上述均可

57. 只要组分在气相中的分压( )液相中该组分的平衡分压，吸收就会继续进行，直至达到一个新的平衡为止。

A. 大于 B. 小于 C. 等于 D. 不能确定

58. 吸收塔内，不同截面处吸收速率( )。

A. 各不相同 B. 基本相同 C. 完全相同 D. 均为 0

59. 在吸收操作中，操作温度升高，其他条件不变，相平衡常数 m( )。

A. 增加 B. 不变 C. 减小 D. 不能确定

60. 填料塔以清水逆流吸收空气、氨混合气体中的氨。当操作条件一定时(Y_1、L、V 都一定时)，若塔内填料层高度 Z 增加，而其他操作条件不变，出口气体的浓度 Y_2 将( )。

A. 上升　　B. 下降　　C. 不变　　D. 无法判断

61. 对于吸收来说，当其他条件一定时，溶液出口浓度越低，则下列说法正确的是(　　)。

A. 吸收剂用量越小，吸收推动力将减小　　B. 吸收剂用量越小，吸收推动力增加

C. 吸收剂用量越大，吸收推动力将减小　　D. 吸收剂用量越大，吸收推动力增加。

62. 已知常压、20℃时稀氨水的相平衡关系为 $Y*=0.94X$，今使含氨 6%(摩尔分率)的混合气体与 $X=0.05$ 的氨水接触，则将发生(　　)。

A. 解吸过程　　B. 吸收过程

C. 已达平衡无过程发生　　D. 无法判断

63. 对接近常压的溶质浓度低的气液平衡系统，当总压增大时，亨利系数 E(　　)，相平衡常数 m(　　)，溶解度系数(　　)。

A. 增大，减小，不变　　B. 减小，不变，不变

C. 不变，减小，不变　　D. 无法确定

64. 逆流操作的填料塔，当脱吸因数 S>1 时，且填料层为无限高时，气液两相平衡出现在(　　)。

A. 塔顶　　B. 塔底　　C. 塔上部　　D. 塔下部

65. 在吸收操作中，吸收塔某一截面上的总推动力(以液相组成差表示)为(　　)。

A. X^*-X　　B. $X-X^*$　　C. X_i-X　　D. $X-X_i$

66. 当 Y，Y_1，Y_2 及 X_2 一定时，减少吸收剂用量，则所需填料层高度 Z 与液相出口浓度 X_1 的变化为(　　)。

A. Z，X_1 均增加　　B. Z，X_1 均减小　　C. Z 减少，X_1 增加　　D. Z 增加，X_1 减小

67. “液膜控制”吸收过程的条件是(　　)。

A. 易溶气体，气膜阻力可忽略　　B. 难溶气体，气膜阻力可忽略

C. 易溶气体，液膜阻力可忽略　　D. 难溶气体，液膜阻力可忽略

(二)判断题

1. 吸收操作是双向传质过程。(　　)

2. 操作弹性大、阻力小是填料塔和湍球塔共同的优点。(　　)

3. 物理吸收操作是一种将分离的气体混合物，通过吸收剂转化成较容易分离的液体。(　　)

4. 当吸收剂需循环使用时，吸收塔的吸收剂入口条件将受到解吸操作条件的制约。(　　)

5. 吸收操作的依据是根据混合物的挥发度的不同而达到分离的目的。(　　)

6. 吸收操作中吸收剂用量越多越有利。(　　)

7. 吸收既可以用板式塔，也可以用填料塔。(　　)

8. 吸收过程一般只能在填料塔中进行。(　　)

9. 在吸收操作中，改变传质单元数的大小对吸收系数无影响。(　　)

10. 根据双膜理论，吸收过程的主要阻力集中在两流体的双膜内。(　　)

11. 填料吸收塔正常操作时的气速必须小于载点气速。(　　)

12. 填料塔开车时，我们总是先用较大的吸收剂流量来润湿填料表面，甚至淹塔，然后再

调节到正常的吸收剂用量，这样吸收效果较好。 ( )

13. 吸收操作中，增大液气比有利于增加传质推动力，提高吸收速率。 ( )

14. 水吸收氨—空气混合气中的氨的过程属于液膜控制。 ( )

15. 在逆流吸收操作中，若已知平衡线与操作线为互相平行的直线，则全塔的平均推动力ΔY_m与塔内任意截面的推动力 $Y-Y^*$ 相等。 ( )

16. 吸收塔的吸收速率随着温度的提高而增大。 ( )

17. 根据双膜理论，在气液两相界面处传质阻力最大。 ( )

18. 填料塔的基本结构包括：圆柱形塔体、填料、填料压板、填料支承板、液体分布装置、液体再分布装置。 ( )

19. 亨利系数随温度的升高而减小，由亨利定律可知，当温度升高时，表明气体的溶解度增大。 ( )

20. 吸收操作线方程是由物料衡算得出的，因而它与吸收相平衡、吸收温度、两相接触状况、塔的结构等都没有关系。 ( )

21. 当吸收剂的喷淋密度过小时，可以适当增加填料层高度来补偿。 ( )

22. 吸收操作时，增大吸收剂的用量总是有利于吸收操作的。 ( )

23. 正常操作的逆流吸收塔，因故吸收剂入塔量减少，以致使液气比小于原定的最小液气比，则吸收过程无法进行。 ( )

24. 吸收塔在停车时，先卸压至常压后方可停止吸收剂。 ( )

25. 填料乱堆安装时，首先应在填料塔内注满水。 ( )

26. 当气体溶解度很大时，可以采用提高气相湍流强度来降低吸收阻力。 ( )

27. 吸收进行的依据是混合气体中各组分的溶解度不同。 ( )

28. 在吸收操作中，若吸收剂用量趋于最小值时，吸收推动力趋于最大。 ( )

29. 在吸收操作中，选择吸收剂时，要求吸收剂的蒸汽压尽可能高。 ( )

30. 吸收操作是双向传质过程。 ( )

31. 在吸收操作中，只有气液两相处于不平衡状态时，才能进行吸收。 ( )

32. 对一定操作条件下的填料吸收塔，如将塔填料层增高一些，则塔的 H_{OG}将增大，N_{OG}将不变。 ( )

33. 当气体溶解度很大时，吸收阻力主要集中在液膜上。 ( )

干 燥

(一)选择题

1. 下列叙述正确的是( )。

A. 空气的相对湿度越大，吸湿能力越强　B. 湿空气的比体积为 1kg 湿空气的体积

C. 湿球温度与绝热饱和温度必相等　D. 对流干燥中，空气是最常用的干燥介质

2. ( )越少，湿空气吸收水汽的能力越大。

A. 湿度　B. 绝对湿度　C. 饱和湿度　D. 相对湿度

3. 50kg 湿物料中含水 10kg，则干基含水量为( )%。

A. 15　　B. 20　　C. 25　　D. 40

4. 进行干燥过程的必要条件是干燥介质的温度大于物料表面温度，使得(　　)。

A. 物料表面所产生的湿分分压大于气流中湿分分压

B. 物料表面所产生的湿分分压小于气流中湿分分压

C. 物料表面所产生的湿分分压等于气流中湿分分压

D. 物料表面所产生的湿分分压大于或小于气流中湿分分压

5. 以下关于对流干燥的特点，不正确的是(　　)。

A. 对流干燥过程是气、固两相热、质同时传递的过程

B. 对流干燥过程中气体传热给固体

C. 对流干燥过程中湿物料的水被气化进入气相

D. 对流干燥过程中湿物料表面温度始终恒定于空气的湿球温度

6. 将氯化钙与湿物料放在一起，使物料中水分除去，这是采用哪种去湿方法？(　　)。

A. 机械去湿　　B. 吸附去湿　　C. 供热去湿　　D. 无法确定

7. 在总压 101.33kPa，温度 20℃下，某空气的湿度为 0.01kg 水/kg 干空气，现维持总压不变，将空气温度升高到 50℃，则相对湿度(　　)。

A. 增大　　B. 减小　　C. 不变　　D. 无法判断

8. 下面关于湿空气的干球温度 t，湿球温度 t_W，露点 t_d，三者关系中正确的是(　　)。

A. $t>t_W>t_d$　　B. $t>t_d>t_W$　　C. $t_d>t_W>t$　　D. $t_W>t_d>t$

9. 反映热空气容纳水气能力的参数是(　　)。

A. 绝对湿度　　B. 相对湿度　　C. 湿容积　　D. 湿比热容

10. 用对流干燥方法干燥湿物料时，不能除去的水分为(　　)。

A. 平衡水分　　B. 自由水分　　C. 非结合水分　　D. 结合水分

11. 除了(　　)，下列都是干燥过程中使用预热器的目的。

A. 提高空气露点　　B. 提高空气干球温度

C. 降低空气的相对湿度　　D. 增大空气的吸湿能力

12. 影响干燥速率的主要因素除了湿物料、干燥设备外，还有一个重要因素是(　　)。

A. 绝干物料　　B. 平衡水分　　C. 干燥介质　　D. 湿球温度

13. 空气进入干燥器之前一般都要进行了预热，其目的是提高(　　)，而降低(　　)。

A. 温度，湿度　　B. 湿度，温度　　C. 温度，相对湿度　　D. 压力，相对湿度

14. 利用空气作介质干燥热敏性物料，且干燥处于降速阶段，欲缩短干燥时间，则可采取的最有效措施是(　　)。

A. 提高介质温度　　B. 增大干燥面积，减薄物料厚度

C. 降低介质相对湿度　　D. 提高介质流速

15. 某物料在干燥过程中达到临界含水量后的干燥时间过长，为提高干燥速率，下列措施中最为有效的是(　　)。

A. 提高气速　　B. 提高气温　　C. 提高物料温度　　D. 减小颗粒的粒度

16. 将水喷洒于空气中而使空气减湿，应该使水温(　　)。

A. 等于湿球温度　　B. 低于湿球温度　　C. 高于露点　　D. 低于露点

17. 在一定温度和总压下，湿空气的水汽分压和饱和湿空气的水汽分压相等，则湿空气

的相对湿度为(　　)。

A. 0　　B. 100%　　C. 0～50%　　D. 50%

18. 将不饱和湿空气在总压和湿度不变的条件下冷却，当温度达到(　　)时，空气中的水汽开始凝结成露滴。

A. 干球温度　　B. 湿球温度　　C. 露点　　D. 绝热饱和温度

19. 在一定空气状态下，用对流干燥方法干燥湿物料时，能除去的水分为(　　)。

A. 结合水分　　B. 非结合水分　　C. 平衡水分　　D. 自由水分

20. 当 $\varphi<100\%$ 时，物料的平衡水分一定是(　　)。

A. 非结合水　　B. 自由水分　　C. 结合水分　　D. 临界水分

21. 干燥计算中，湿空气初始性质绝对湿度及相对湿度应取(　　)。

A. 冬季平均最低值　　B. 冬季平均最高值

C. 夏季平均最高值　　D. 夏季平均最低值

22. 对于对流干燥器，干燥介质的出口温度应(　　)。

A. 小于露点　　B. 等于露点　　C. 大于露点　　D. 不能确定

23. 干燥进行的条件是被干燥物料表面所产生的水蒸气分压(　　)干燥介质中水蒸气分压。

A. 小于　　B. 等于　　C. 大于　　D. 不等于

24. 气流干燥器适合于干燥(　　)介质。

A. 热固性　　B. 热敏性　　C. 热稳定性　　D. 一般性

25. 对于一定干球温度的空气，当其相对湿度愈低时，其湿球温度(　　)。

A. 愈高　　B. 愈低

C. 不变　　D. 不定，与其他因素有关

26. 干燥热敏性物料时，为提高干燥速率，不宜采用的措施是(　　)。

A. 提高干燥介质的温度　　B. 改变物料与干燥介质的接触方式

C. 降低干燥介质相对湿度　　D. 增大干燥介质流速

27. 下列叙述正确的是(　　)。

A. 空气的相对湿度越大，吸湿能力越强　　B. 湿空气的比体积为 1kg 湿空气的体积

C. 湿球温度与绝热饱和温度必相等　　D. 对流干燥中，空气是最常用的干燥介质

28. 在对流干燥过程中，湿空气经过预热器后，下面描述不正确的是(　　)。

A. 湿空气的比容增加　　B. 湿空气的焓增加

C. 湿空气的湿度下降　　D. 空气的吸湿能力增加

29. 湿空气经预热后，它的焓增大，而它的湿含量 H 和相对湿度 φ 属于下面哪一种情况？(　　)

A. H，φ 都升高　　B. H 不变，φ 降低　　C. H，φ 都降低　　D. H 降低，φ 不变

30. 某一对流干燥流程需一风机：(1)风机装在预热器之前，即新鲜空气入口处；(2)风机装在预热器之后。比较(1)、(2)两种情况下风机的风量 V_{S1} 和 V_{S2}，则有(　　)。

A. $V_{S1}=V_{S2}$　　B. $V_{S1}>V_{S2}$　　C. $V_{S1}<V_{S2}$　　D. 无法判断

(二)判断题

1. 湿空气温度一定时,相对湿度越低,湿球温度也越低。 ( )
2. 若以湿空气作为干燥介质,由于夏季的气温高,则湿空气用量就少。 ( )
3. 同一种物料在一定的干燥速率下,物料愈厚,则其临界含水量愈高。 ( )
4. 恒速干燥阶段,湿物料表面的湿度维持不变。 ( )
5. 湿空气在预热过程中露点是不变的参数。 ( )
6. 对流干燥中湿物料的平衡水分与湿空气的性质有关。 ( )
7. 相对湿度越低,则距饱和程度越远,表明该湿空气的吸收水汽的能力越弱。 ( )
8. 选择干燥器时,首先要考虑的是该干燥器生产能力的大小。 ( )
9. 同一物料,如恒速阶段的干燥速率加快,则该物料的临界含水量将增大。 ( )
10. 若相对湿度为零,说明空气中水汽含量为零。 ( )
11. 空气干燥器包括空气预热器和干燥器两大部分。 ( )
12. 沸腾床干燥器中的适宜气速应大于带出速度,小于临界速度。 ( )
13. 湿空气进入干燥器前预热,不能降低其含水量。 ( )
14. 干燥操作的目的是将物料中的含水量降至规定的指标以上。 ( )
15. 喷雾干燥塔干燥得不到粒状产品。 ( )
16. 干燥过程既是传热过程又是传质过程。 ( )
17. 一定湿度 H 的气体,当总压 p 加大时,露点温度 t_d 升高。 ( )
18. 湿空气温度一定时,相对湿度越低,湿球温度也越低。 ( )
19. 空气的干球温度和湿球温度相差越大,说明该空气偏移饱和程度就越大。 ( )

萃　取

(一)选择题

1. 与精馏操作相比,萃取操作不利的是(　　)。
A. 不能分离组分相对挥发度接近于1的混合液
B. 分离低浓度组分消耗能量多
C. 不易分离热敏性物质
D. 流程比较复杂
2. 萃取剂的选择性(　　)。
A. 是液液萃取分离能力的表征　B. 是液固萃取分离能力的表征
C. 是吸收过程分离能力的表征　D. 是吸附过程分离能力的表征
3. 三角形相图内任一点,代表混合物的(　　)个组分含量。
A. 一　B. 二　C. 三　D. 四
4. 在溶解曲线以下的两相区,随温度的升高,溶解度曲线范围会(　　)。
A. 缩小　B. 不变　C. 扩大　D. 缩小及扩大
5. 萃取中当出现(　　)时,说明萃取剂选择的不适宜。

A. $k_A<1$　B. $k_A=1$　C. $\beta>1$　D. $\beta\leqslant1$

6. 单级萃取中，在维持料液组成 x_F、萃取相组成 y_A 不变条件下，若用含有一定溶质 A 的萃取剂代替纯溶剂，所得萃余相组成 x_R 将（　）。

A. 增高　B. 减小　C. 不变　D. 不确定

7. 进行萃取操作时，应使溶质的分配系数（　）1。

A. 等于　B. 大于　C. 小于　D. 无法判断

8. 萃取剂的加入量应使原料与萃取剂的和点 M 位于（　）。

A. 溶解度曲线上方区　B. 溶解度曲线下方区
C. 溶解度曲线上　D. 任何位置均可

9. 萃取操作包括若干步骤，除了（　）。

A. 原料预热　B. 原料与萃取剂混合
C. 澄清分离　D. 萃取剂回收

10. 在 B-S 完全不互溶的多级逆流萃取塔操作中，原用纯溶剂，现改用再生溶剂，其他条件不变，则对萃取操作的影响是（　）。

A. 萃取相含量不变　B. 萃取相含量增加
C. 萃取相含量减少　D. 萃取分率减小

11. 下列不属于多级逆流接触萃取的特点是（　）。

A. 连续操作　B. 平均推动力大
C. 分离效率高　D. 溶剂用量大

12. 能获得含溶质浓度很少的萃余相但得不到含溶质浓度很高的萃取相的是（　）。

A. 单级萃取流程　B. 多级错流萃取流程
C. 多级逆流萃取流程　D. 多级错流或逆流萃取流程

13. 在原料液组成 x_F 及溶剂化（S/F）相同条件下，将单级萃取改为多级萃取，萃取率变化趋势是（　）。

A. 提高　B. 降低　C. 不变　D. 不确定

14. 在 B-S 部分互溶萃取过程中，若加入的纯溶剂量增加而其他操作条件不变，则萃取液浓度 y'_A（　）。

A. 增大　B. 下降　C. 不变　D. 变化趋势不确定

15. 有四种萃取剂，对溶质 A 和稀释剂 B 表现出下列特征，则最合适的萃取剂应选择（　）。

A. 同时大量溶解 A 和 B　B. 对 A 和 B 的溶解都很小
C. 大量溶解 A 少量溶解 B　D. 大量溶解 B 少量溶解 A

16. 对于同样的萃取回收率，单级萃取所需的溶剂量相比多级萃取（　）。

A. 比较小　B. 比较大　C. 不确定　D. 相等

17. 多级逆流萃取与单级萃取比较，如果溶剂比、萃取相浓度一样，则多级逆流萃取可使萃余相浓度（　）。

A. 变大　B. 变小　C. 基本不变　D. 不确定

18. 在原溶剂 B 与萃取剂 S 部分互溶体系的单级萃取过程中，若加入的纯萃取剂的量增加而其他操作条件不变，则萃取液中溶质 A 的浓度 y'_A（　）。

大　　　　B. 下降　　　　C. 不变　　　　D. 不确定

配曲线能表示(　　)。

A. 萃取剂和原溶剂两相的相对数量关系　B. 两相互溶情况

C. 被萃取组分在两相间的平衡分配关系　D. 都不是

20. 萃取剂的选择性系数是溶质和原溶剂分别在两相中的(　　)。

A. 质量浓度之比　B. 摩尔浓度之比　C. 溶解度之比　D. 分配系数之比

21. 在原料液组成及溶剂化(S/F)相同条件下，将单级萃取改为多级萃取，如下参数的变化趋势是萃取率(　　)、萃余率(　　)。

A. 提高，不变　B. 提高，降低　C. 不变，降低　D. 不确定

(二)判断题

1. 萃取剂对原料液中的溶质组分要有显著的溶解能力，对稀释剂必须不溶。(　　)

2. 在一个既有萃取段，又有提浓段的萃取塔内，往往是萃取段维持较高温度，而提浓段维持较低温度。(　　)

3. 萃取中，萃取剂的加入量应使和点的位置位于两相区。(　　)

4. 萃取塔操作时，流速过大或振动频率过快易造成液泛。(　　)

5. 分离过程可以分为机械分离和传质分离过程两大类。萃取是机械分离过程。(　　)

6. 萃取操作设备不仅需要混合能力，而且还应具有分离能力。(　　)

7. 萃取塔开车时，应先注满连续相，后进分散相。(　　)

8. 单级萃取中，在维持料液组成 x_F、萃取相组成 y_A 不变条件下，若用含有一定溶质 A 的萃取剂代替纯溶剂，所得萃余项组成 x_R 将提高。(　　)

9. 含 A，B 两种成分的混合液，只有当分配系数大于 1 时，才能用萃取操作进行分离。(　　)

10. 液—液萃取中，萃取剂的用量无论如何，均能使混合物出现两相而达到分离的目的。(　　)

11. 均相混合液中有热敏性组分，采用萃取方法可避免物料受热破坏。(　　)

12. 溶质 A 在萃取相中和萃余相中的分配系数 $k_A>1$，是选择萃取剂的必备条件之一。(　　)

13. 在连续逆流萃取塔操作时，为增加相际接触面积，一般应选流量小的一相作为分散相。(　　)

模块二

化工总控工技能鉴定指导

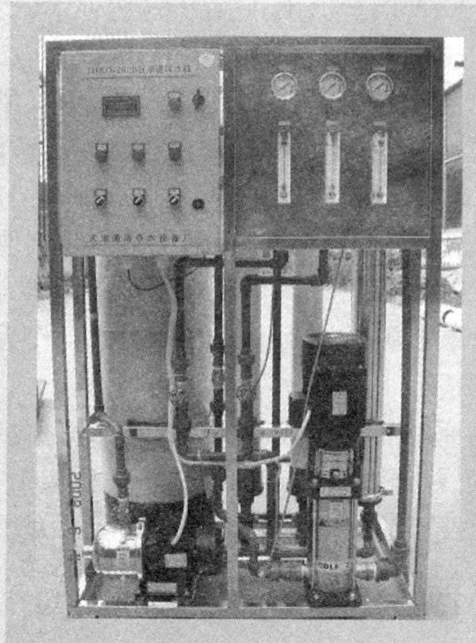

项目 1
化工总控工技能鉴定仿真项目
——乙醛氧化制醋酸工艺仿真项目

一、氧化工段概述

乙酸又名“醋酸”，英文名称为 acetic acid，是具有刺激气味的无色透明液体，无水乙酸在低温时凝固成冰状，俗称“冰醋酸”。在 16.7℃以下时，纯乙酸呈无色结晶，其沸点是 118℃。乙酸蒸气刺激呼吸道及黏膜(特别是对眼睛的黏膜)，浓乙酸可灼烧皮肤。乙酸是重要的有机酸之一。其结构式是：

$$H_3C—\overset{\displaystyle O}{\overset{\|}{C}}—OH$$

乙酸是稳定的化合物，但在一定的条件下，能引起一系列的化学反应。如：在强酸(H_2SO_4或 HCl)存在下，乙酸与醇共热，发生酯化反应：

$$CH_3COOH + C_2H_5OH \xrightleftharpoons{H^+} CH_3COOC_2H_5 + H_2O$$

乙酸是许多有机物的良好溶剂，能与水、醇、酯和氯仿等溶剂以任意比例相混合。乙酸除用作溶剂外，还有广泛的用途，在化学工业中占有重要的位置，其用途遍及醋酸乙烯、醋酸纤维素、醋酸酯类等多种领域。乙酸是重要的化工原料，可制备多种乙酸衍生物如乙酸酐、氯乙酸、乙酸纤维素等，适用于生产对苯二甲酸、纺织印染、发酵制氨基酸，也可作为杀菌剂。在食品工业中，乙酸作为防腐剂；在有机化工中，乙酸裂解可制得乙酸酐，而乙酸酐是制取乙酸纤维的原料。另外，由乙酸制得聚酯类，可作为油漆的溶剂和增塑剂；某些酯类可作为进一步合成的原料。在制药工业中，乙酸是制取阿司匹林的原料。利用乙酸的酸性，可作为天然橡胶制造工业中的胶乳凝胶剂，照相的显像停止剂等。

乙酸的生产具有悠久的历史，早期乙酸是由植物原料加工而获得或者通过乙醇发酵的方法制得，也有通过木材干馏获得的。目前，国内外已经开发出生产乙酸的多种合成工艺，包括烷烃、烯烃及其酯类的氧化，其中应用最广的是乙醛氧化法制备乙酸。下面主要介绍乙醛氧化法制备乙酸。

二、氧化工段生产方法及工艺路线

(一)生产方法及反应机理

乙醛首先与空气或氧气氧化成过氧醋酸,而过氧醋酸很不稳定,在醋酸锰的催化下发生分解,同时使另一分子的乙醛氧化,生成二分子乙酸。氧化反应是放热反应。

$$CH_3CHO+O_2 \longrightarrow CH_3COOOH$$

$$CH_3COOOH+CH_3CHO \longrightarrow 2CH_3COOH$$

总的化学反应方程式为:

$$CH_3CHO+1/2O_2 \longrightarrow CH_3COOH+292.0kJ/mol$$

在氧化塔内,还有一系列的氧化反应,主要副产物有甲酸、甲酯、二氧化碳、水、醋酸甲酯等。

$$CH_3COOOH \longrightarrow CH_3OH+CO_2$$

$$CH_3OH+O_2 \longrightarrow HCOOH+H_2O$$

$$CH_3COOOH+CH_3COOH \longrightarrow CH_3COOCH_3+CO_2+H_2O$$

$$CH_3OH+CH_3COOH \longrightarrow CH_3COOCH_3+H_2O$$

$$CH_3OH \longrightarrow 2H_2+CO$$

$$CH_3CH_2OH+CH_3COOH \longrightarrow CH_3COOC_2H_5+H_2O$$

$$CH_3CH_2OH+HCOOH \longrightarrow HCOOC_2H_5+H_2O$$

$$3CH_3CHO+3O_2 \longrightarrow HCOOH+2CH_3COOH+CO_2+H_2O$$

$$2CH_3CHO+5O_2 \longrightarrow 4CO_2+4H_2O$$

$$3CH_3CHO+2O_2 \longrightarrow CH_3CH(OCOCH_3)_2+H_2O$$

$$2CH_3COOH \longrightarrow CH_3COCH_3+CO_2+H_2O$$

$$CH_3COOH \longrightarrow CH_4+CO_2$$

乙醛氧化制醋酸的反应机理一般认为可以用自由基的链接反应机理来进行解释,常温下乙醛可以自动地以很慢的速度吸收空气中的氧而被氧化生成过氧醋酸。

$$CH_3CHO+O_2 \longrightarrow H_3C-C(=O)-O-OH$$

过氧醋酸以很慢的速度分解生成自由基。

$$CH_3COOOH \longrightarrow H_3C-C(=O)-O + OH$$

自由基 CH_3COO 引发下列的连锁反应:

$$H_3C-C(=O)-O + CH_3CHO \longrightarrow CH_3CO+CH_3COOH$$

$$CH_3CO + O_2 \longrightarrow H_3C-C(=O)-O-O$$

$$H_3C-C(=O)-O-O + CH_3CHO \longrightarrow H_3C-C(=O) + CH_3COOOH$$

$$H_3C-C(=O)-O-OH + CH_3CHO \longrightarrow 2CH_3COOH$$

自由基引发一系列的反应生成醋酸。但过氧醋酸是一个极不安定的化合物，积累到一定程度就会分解而引起爆炸。因此，该反应必须在催化剂存在下才能顺利进行。催化剂的作用是将乙醛氧化时生成的过氧醋酸及时分解成醋酸，从而防止过氧醋酸的积累、分解和爆炸。

(二)工艺流程简述

1.装置流程简述

本反应装置系统采用双塔串联氧化流程，主要装置有第一氧化塔 T101、第二氧化塔 T102、尾气洗涤塔 T103、氧化液中间贮罐 V102、碱液贮罐 V105。其中 T101 是外冷式反应塔，反应液由循环泵从塔底抽出，进入换热器中以水带走反应热，降温后的反应液再由反应器的中上部返回塔内；T102 是内冷式反应塔，它是在反应塔内安装多层冷却盘管，管内以循环水冷却。

乙醛和氧气首先在全返混型的反应器——第一氧化塔 T101 中反应(催化剂溶液直接进入 T101 内)，然后到第二氧化塔 T102 中，通过向 T102 中加氧气，进一步进行氧化反应(不再加催化剂)。第一氧化塔 T101 的反应热由外冷却器 E102A/B 移走，第二氧化塔 T102 的反应热由内冷却器移除，反应系统生成的粗醋酸送往蒸馏回收系统，制取醋酸成品。

蒸馏采用先脱高沸物，后脱低沸物的流程。

粗醋酸经氧化液蒸发器 E201 脱除催化剂，在脱高沸塔 T201 中脱除高沸物，然后在脱低沸塔 T202 中脱除低沸物，再经过成品蒸发器 E206 脱除铁等金属离子，得到产品醋酸。

从低沸塔 T202 顶出来的低沸物去脱水塔 T203 回收醋酸，含量 99%的醋酸又返回精馏系统，塔 T203 中部抽出副产物混酸，T203 塔顶出料去甲酯塔 T204。甲酯塔塔顶产出甲酯，塔釜排出废水去中和池处理。

2.氧化系统流程简述

乙醛和氧气按配比流量进入第一氧化塔(T101)，氧气分两个入口入塔，上口和下口通氧量比约为 1∶2，氮气通入塔顶气相部分，以稀释气相中氧和乙醛。

乙醛与催化剂全部进入第一氧化塔，第二氧化塔不再补充。氧化反应的反应热由氧化液冷却器(E102A/B)移去，氧化液从塔下部用循环泵(P101A/B)抽出，经过冷却器(E102A/

B)循环回塔中，循环比(循环量:出料量)约(110～140):1。冷却器出口氧化液温度为60℃，塔中最高温度为75～78℃，塔顶气相压力0.2MPa(表)，出第一氧化塔的氧化液中醋酸浓度在92%～95%，从塔上部溢流去第二氧化塔(T102)。

第二氧化塔为内冷式，塔底部补充氧气，塔顶也加入保安氮气，塔顶压力0.1MPa(表)，塔中最高温度约85℃，出第二氧化塔的氧化液中醋酸含量为97%～98%。

第一氧化塔和第二氧化塔的液位显示设在塔上部，显示塔上部的部分液位(全塔高90%以上的液位)。

出氧化塔的氧化液一般直接去蒸馏系统，也可以放到氧化液中间贮罐(V102)暂存。中间贮罐的作用是:正常操作情况下做氧化液缓冲罐，停车或事故时存氧化液，醋酸成品不合格需要重新蒸馏时，由成品泵(P402)送来中间贮存，然后用泵(P102)送蒸馏系统回炼。

两台氧化塔的尾气分别经循环水冷却的冷却器(E101)中冷却，凝液主要是醋酸，带少量乙醛，回到塔顶，尾气最后经过尾气洗涤塔(T103)吸收残余乙醛和醋酸后放空，洗涤塔采用下部为新鲜工艺水，上部为碱液，分别用泵(P103、P104)循环。洗涤液温度常温，洗涤液含醋酸达到一定浓度后(70%～80%)，送往精馏系统回收醋酸，碱洗段定期排放至中和池。

3.精馏(精制)系统流程简述

从氧化塔来的氧化液进人氧化液蒸发器(E201)，醋酸等以气相去高沸塔(T201)，蒸发温度120～130℃。蒸发器上部装有四块大孔筛板，用回收醋酸喷淋，减少蒸发气体中夹带催化剂和胶状聚合物等，以免堵塞管道和蒸馏塔塔板。醋酸锰和多聚物等不挥发物质留在蒸发器底部，定期排入高沸物贮罐(V202)，目前一部分去催化剂系统循环使用。

高沸塔常压蒸馏，塔釜液为含醋酸 90×10^{-2} 以上的高沸物混合物，排入高沸物贮罐，去回收塔(T205)。塔顶蒸出醋酸和全部低沸点组分(乙醛，酯类、水，甲酸等)。回流比为1:1，醋酸和低沸物去低沸塔(T202)分离。

低沸塔也常压蒸馏，回流比15:1，塔顶蒸出低沸物和部分醋酸，含酸70%～80%，去脱水塔(T203)。

低沸塔釜的醋酸已经分离了高沸物和低沸物，为避免铁离子和其他杂质影响质量。在成品蒸发器(E206)中再进行一次蒸发，经冷却后成为成品，送进成品贮罐(V402)。

脱水塔同样常压蒸馏，回流比20:1，塔顶蒸出水和酸、醛、酯类，其中含酸 $<5\times10^{-2}$，去甲酯回收塔(T204)回收甲酯。塔中部甲酸的浓集区侧线抽出甲酸、醋酸和水的混合酸，由侧线液泵(P206)送至混酸贮罐(V405)。塔釜为回收酸，进入回收贮罐(V209)。

脱水塔顶蒸出的水和酸、醛、酯进入甲酯塔回收甲酯，甲酯塔常压蒸馏，回流比8.4:1。塔顶蒸出含 86.2×10^{-2}(wt)的醋酸甲酯，由P207泵送往甲酯罐(V404)塔底。含酸废水放入中和池，然后去污水处理场。现正常情况下进一回收罐，装桶外送。

含大量酸的高沸物由高沸物输送泵(P202)送至高沸物回收塔(T205)回收醋酸，常压操作，回流比1:1。回收醋酸由泵(P211)送至脱高沸塔T201，部分回流到(T205)，塔釜留下的残渣排入高沸物贮罐(V406)装桶外销。

三、氧化工段工艺技术指标

(一)氧化工段控制指标

序号	名称	仪表信号	单位	控制指标	备注
1	T101压力	PIC109A/B	MPa	0.19±0.01	
2	T102压力	PIC112A/B	MPa	0.1±0.02	
3	T101底温度	TI103A	℃	77±1	
4	T101中温度	TI103B	℃	73±2	
5	T101上部液相温度	TI103C	℃	68±3	
6	T101气相温度	TI103E	℃	与上部液相温差大于13℃	
7	E102出口温度	TIC104A/B	℃	60±2	
8	T102底温度	TI106A	℃	83±2	
9	T102温度	TI106B	℃	85～70	
10	T102温度	TI106C	℃	85～70	
11	T102温度	TI106D	℃	85～70	
12	T102温度	TI106E	℃	85～70	
13	T102温度	TI106F	℃	85～70	
14	T102温度	TI106G	℃	85～70	
15	T102气相温度	TI106H	℃	与上部液相温差大于15℃	
16	T101液位	LIC101	%	35±15	
17	T102液位	LIC102	%	35±15	
18	T101加氮量	FIC101	m^3/h	150±50	
19	T102加氮量	FIC105	m^3/h	75±25	

(二)氧化工段分析项目

序号	名称	位号	单位	控制指标	备注
1	T101出料含醋酸	AIAS102	%	92～95	
2	T101出料含醛	AIAS103	%	<4	
3	T102出料含醋酸	AIAS104	%	>97	
4	T102出料含醛	AIAS107	%	<0.3	
5	T101尾气含氧	AIAS101A、B、C	%	<5	
6	T102尾气含氧	AIAS105	%	<5	
7	T103中含醋酸	AIAS106	%	<80	

(三)精制工段控制指标

序号	名　　称	仪表信号	单位	控制指标	备　　注
1	V101 氧气压力	PIC106	MPa	0.6±0.05	
2	V502 氮气压力	PIC515	MPa	0.50±0.05	
3	T101 压力	PIC109A/B	MPa	0.19±0.01	
4	T102 压力	PIC112A/B	MPa	0.1±0.02	
5	T101 底温度	TR103-1	℃	77±1	
6	T101 中温度	TR103-2	℃	73±2	
7	T101 上部液相温度	TR103-3	℃	68±3	
8	T101 气相温度	TR103-5	℃		与上部液相温差大于 13℃
9	E102 出口温度	TIC104A/B	℃	60±2	
10	T102 底温度	TR106-1	℃	83±2	
11	T102 各点温度	TR106-1-7	℃	85～70	2≥1＞3＞4＞5＞6＞7
12	T102 气相温度	TR106-8	℃		与上部液相温差大于 15℃
13	T101、T102 尾气含氧		10^{-2}	＜5	(V)
14	T101、T102 出料过氧酸		10^{-2}	＜0.4	(wt)
15	T101 出料含醋酸		10^{-2}	92.0～95.0	(wt)
16	T101 出料含醛		10^{-2}	2.0～4.0	(wt)
17	氧化液含锰		10^{-2}	0.10～0.20	(wt)
18	T102 出料含醋酸		10^{-2}	＞97	(wt)
19	T102 出料含醛		10^{-2}	＜0.3	(wt)。
20	T102 出料含甲酸		10^{-2}	＜0.3	(wt)
21	T101 液位	LIC101	%	40±10	现为 35±15
22	T102 液位	LIC102	%	35±15	
23	T101 加氮量	FIC101	Nm^3/h	150±50	
24	T102 加氮量	FIC105	Nm^3/h	75±25	
25	原料配比			$1Nm^3$ O_2:3.5～4kg CH_3CHO	
26	界区内蒸汽压力	PIC503	MPa	0.55±0.05	
27	E201 压力	PI202	MPa	0.05±0.01	
28	E206 出口压力		MPa	0±0.01	
29	E201 温度	TR201	℃	122±3	
30	T201 顶温度	TR201-4	℃	115±3	

续表

序号	名　　称	仪表信号	单位	控制指标	备　　注
31	T201 底温度	TR201-6	℃	131±3	
32	T202 顶温度	TR204-1	℃	109±2	
33	T202 底温度	TR204-3	℃	131±2	
34	T103 顶温度	TR207-4	℃	82±2	（目前）
35	T103 侧线温度	TR207-4	℃	100±2	（目前）
36	T103 底温度	TR207-3	℃	130±2	（目前）
37	T204 顶温度	TR211-1	℃	63±5	
38	T204 底温度	TR211-3	℃	105±5	
39	T205 顶温度	TR211-4	℃	120±2	
40	T205 底温度	TR211-6	℃	135±5	
41	T202 釜出料含酸		10^{-2}	＞99.5	（wt）
42	T203 顶出料含酸		10^{-2}	＜8.0	（wt）
43	T204 顶出料含酯		10^{-2}	＞70.0	（wt）
44	各塔，中间罐的液位		10^{-2}	30～70	
45	V401AA/B压力	PI401A/B	MPa	0.4±0.02	
46	V401A/B液位	II401A/B	10^{-2}	50±25	
47	V402 温度	TI402A-E	℃	35±15	
48	V402 液位	LI402A-E	10^{-2}	10～80	
49	V401A/B 温度	TI401A/B	℃	＜35	

（四）精制工段分析项目

序号	名　　称	单位	控制指标	备注
1	P209 回收醋酸	%	＞98.5	
2	T203 侧采含醋酸	%	50～70	
3	T204 顶采出料含乙醛	%	12.75	
4	T204 顶采出料含醋酸甲酯	%	86.21	
5	成品醋酸 P204 出口含醋酸	%	＞99.5	

四、氧化工段岗位操作法

(一)氧化工段冷态开车/装置开工

说明:斜体字部分是在仿真范围外或必须和其他工段配合的操作。

1.开工应具备的条件

(1)检修过的设备和新增的管线,必须经过吹扫、气密、试压、置换合格(若是氧气系统,还要脱酯处理)。

(2)电气、仪表、计算机、联锁、报警系统全部调试完毕,调校合格、准确好用。

(3)机电、仪表、计算机、化验分析具备开工条件,值班人员在岗。

(4)备有足够的开工用原料和催化剂。

2.引公用工程

3.N_2 吹扫、置换气密

4.系统水运试车

5.酸洗反应系统

(1)首先将尾气吸收塔 T103 的放空阀 V45 打开。从罐区 V402(开阀 V57)将酸送入 V102 中,而后由泵 P102 向第一氧化塔 T101 进酸,T101 见液位(约为 2%)后停泵 P102,停止进酸。("快速灌液"说明,向 T101 灌乙酸时,选择"快速灌液"按钮,在 LIC101 有液位显示之前,灌液速度加速 10 倍,有液位显示之后,速度变为正常;对 T102 灌酸时类似。使用"快速灌液"只是为了节省操作时间,但并不符合工艺操作原则,由于是局部加速,有可能会造成液体总量不守衡,为保证正常操作,将"快速灌液"按钮设为一次有效性,即:只能对该按钮进行一次操作,操作后,按钮消失;如果一直不对该按钮操作,则在循环建立后,该按钮也消失。该加速过程只对"酸洗"和"建立循环"有效。)

(2)开氧化液循环泵 P101,循环清洗 T101。

(3)用 N_2 将 T101 中的酸经塔底压送至第二氧化塔 T102,T102 见液位后关来料阀停止进酸。

(4)将 T101 和 T102 中的酸全部退料到 V102 中,供精馏开车。

(5)重新由 V102 向 T101 进酸,T101 液位达 30%后向 T102 进料,精馏系统正常出料,建立全系统酸运大循环。

6.全系统大循环和精馏系统闭路循环

(1)氧化系统酸洗合格后,要进行全系统大循环:

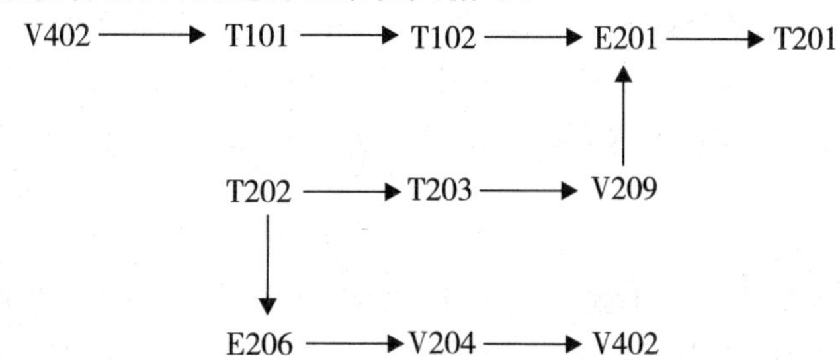

(2)在氧化塔配制氧化液和开车时,精馏系统需闭路循环。脱水塔 T203 全回流操作,成品醋酸泵 P204 向成品醋酸储罐 V402 出料,P402 将 V402 中的酸送到氧化液中间罐 V102,由氧化液输送泵 P102 送往氧化液蒸发器 E201 构成下列循环:(属另一工段)

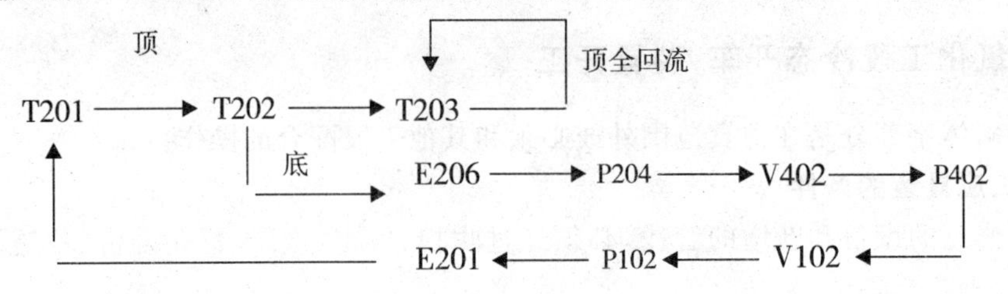

等待氧化开车正常后逐渐向外出料。

7.第一氧化塔配制氧化液

向 T101 中加醋酸,见液位后(LIC101 约为 30%),停止向 T101 进酸。向其中加入少量醛和催化剂,同时打开泵 P101A/B 循环,开 E102A 通蒸汽为氧化液循环液通蒸汽加热,循环流量保持在 700000kg/h(通氧前),氧化液温度保持在 70~76℃,直到使浓度符合要求(醛含量约为 7.5%)。

8.第一氧化塔投氧开车

(1)开车前联锁投入自动。

(2)投氧前氧化液温度保持在 70~76℃,氧化液循环量 FIC104 控制在 700000kg/h。

(3)控制 FIC101N_2流量为 120m^3/h。

(4)按如下方式通氧:

a)用 FIC110 小投氧阀进行初始投氧,氧量小于 100m^3/h 开始投。

首先特别注意两个参数的变化:LIC101 液位上涨情况;尾气含氧量 AIAS101 三块表是否上升。

其次,随时注意塔底液相温度、尾气温度和塔顶压力等工艺参数的变化。如果液位上涨停止然后下降,同时尾气含氧稳定,说明初始引发较理想,逐渐提高投氧量。

b)当 FIC110 小调节阀投氧量达到 320m^3/h 时,启动 FIC114 调节阀,在 FIC114 增大投氧量的同时减小 FIC110 小调节阀投氧量直到关闭。

c)FIC114 投氧量达到 1000m^3/h 后,可开启 FIC113 上部通氧,FIC113 与 FIC114 的投氧比为 1:2。

原则要求:投氧在 0~400m^3/h 之内,投氧要慢。如果吸收状态好,要多次小量增加氧量。400~1000m^3/h 之内,如果反应状态好要加大投氧幅度,特别注意尾气的变化及时加大N_2量。

d)T101 塔液位过高时要及时向 T102 塔出一下料。当投氧到 400m^3/h 时,将循环量逐渐加大到 850000kg/h;当投氧到 1000m^3/h 时,将循环量加大到 1000m^3/h。循环量要根据投氧量和反应状态的好坏逐渐加大。同时根据投氧量和酸的浓度适当调节醛和催化剂的投料量。

(5)调节方式:

a)将 T101 塔顶保安 N_2 开到 120m^3/h,氧化液循环量 FIC104 调节为 500000~700000kg/h,塔顶 PIC109A/B 控制为正常值 0.2MPa。将氧化液冷却器(E102A/B)中的一

台 E102A 改为投用状态，调节阀 TIC104B 备用。关闭 E102A 的冷却水，通入蒸汽给氧化液加热，使氧化液温度稳定在 70～76℃。调节 T101 塔液位为(25±5)%，关闭出料调节阀 LIC101，按投氧方式以最小量投氧，同时观察液位、气液相温度及塔顶、尾气中含氧量变化情况。当液位升高至 60%以上时需向 T102 塔出料降低一下液位。当尾气含氧量上升时要加大 FIC101 氮气量，若继续上升氧含量达到 5%(v)打开 FIC103 旁路氮气，并停止提氧。若液位下降一定量后处于稳定，尾气含氧量下降为正常值后，氮气调回 $120m^3/h$，含氧仍小于 5%并有回降趋势，液相温度上升快，气相温度上升慢，有稳定趋势，此时小量增加通氧量，同时观察各项指标。若正常，继续适当增加通氧量，直至正常。

待液相温度上升至 84℃时，关闭 E102A 加热蒸汽。

当投氧量达到 $1000m^3/h$ 以上时，且反应状态稳定或液相温度达到 90℃时，关闭蒸汽，开始投冷却水。开 TIC104A，注意开水速度应缓慢，观察气液相温度的变化趋势，当温度稳定后再提投氧量。投水要根据塔内温度勤调，不可忽大忽小。在投氧量增加的同时，要对氧化液循环量做适当调节。

b)投氧正常后，取 T101 氧化液进行分析，调整各项参数，稳定一段时间后，根据投氧量按比例投醛，投催化剂。液位控制为(35±5)%向 T102 出料。

c)在投氧后，来不及反应或吸收不好，液位升高不下降或尾气含氧增高到 5%时，关小氧气，增大氮气量后，液位继续上升至 80%或含氧继续上升至 8%，联锁停车，继续加大氮气量，关闭氧气调节阀。取样分析氧化液成分，确认无问题时，再次投氧开车。

9.第二氧化塔投氧

(1)待 T102 塔见液位后，向塔底冷却器内通蒸汽保持氧化液温度在 80℃，控制液位(35±5)%，并向蒸馏系统出料。取 T102 塔氧化液分析。

(2)T102 塔顶压力 PIC112 控制在 0.1MPa，塔顶氮气 FIC105 保持在 $90m^3/h$。由 T102 塔底部进氧口，以最小的通氧量投氧，注意尾气含氧量。在各项指标不超标的情况下，通氧量逐渐加大到正常值。当氧化液温度升高时，表示反应在进行。停蒸汽开冷却水 TIC105，TIC106，TIC108，TIC109 使操作逐步稳定。

10.吸收塔投用

(1)打开 V49，向塔中加工艺水湿塔。

(2)开阀 V50，向 V105 中备工艺水。

(3)开阀 V48，向 V103 中备料(碱液)。

(4)在氧化塔投氧前开 P103A/B 向 T103 中投用工艺水。

(5)投氧后开 P104A/B 向 T103 中投用吸收碱液。

(6)如工艺水中醋酸含量达到 80%时，开阀 V51 向精馏系统排放工艺水。

11.氧化塔出料

(1)当氧化液符合要求时，开 LIC102 和阀 V44 向氧化液蒸发器 E201 出料。用 LIC102 控制出料量。

(二)氧化工段正常停车

1.氧化系统停车

(1)将 FIC102 切至手动,关闭 FIC102,停醛。

(2)将 FIC114 逐步将进氧量下调至 $1000m^3/h$。注意观察反应状况,当第一氧化塔 T101 中醛的含量降至 0.1 以下时,立即关闭 FIC114、FICSQ106,关闭 T101、T102 进氧阀。

(3)开启 T101、T102 塔底排,逐步退料到 V102 罐中,送精馏处理。停 P101 泵,将氧化系统退空。

(三)氧化工段紧急停车

1.事故停车

主要是指装置在运行过程中出现的仪表和设备上的故障而引起的被迫停车。采取的措施如下:

(1)首先关掉 FICSQ102、FIC112、FIC301 三个进物料阀。然后关闭进氧进醛线上的塔壁阀。

(2)根据事故的起因控制进氮量的多少,以保证尾气中含氧小于 5%(V)。

(3)逐步关小冷却水直到塔内温度降为 60℃,关闭冷却水 TIC104A/B。

(4)第二氧化塔关冷却水由下而上逐个关掉并保温 60℃。

2.紧急停车

生产过程中,如遇突发的停电、停仪表风、停循环水、停蒸汽等而不能正常生产时,应做紧急停车处理。

(1)紧急停电。

仪表供电可通过蓄电池逆变获得,供电时间 30 分钟;所有机泵不能自动供电。

①氧化系统。

正常来说,紧急停电 P101 泵自动联锁停车。

a)马上关闭进氧进醛塔壁阀。

b)及时检查尾气含氧及进氧进醛阀门是否自动连锁关闭。

②精馏系统。

此时所有机泵停运。

a)首先减小各塔的加热蒸汽量。

b)关闭各机泵出口阀,关闭各塔进出物料阀。

c)视情况对物料做具体处理。

③罐区系统。

a)氧化系统紧急停车后,应首先关闭乙醛球罐底出料阀及时将两球罐保压。

b)成品进料及时切换至不合格成品罐 V403。

(2)紧急停循环水。

停水后立即做紧急停车处理。停循环水时 PI508 压力在 0.25MPa 连锁动作(目前未投用)。FICSQ102、FIC112、FIC301 三电磁阀自动关闭。

①氧化系统停车步骤同事故停车。注意氧化塔温度不能超得太高,加大氧化液循环量。

②精馏系统。

a)先停各塔加热蒸汽,同时向塔内充氮,保持塔内正压。

b)待各塔温度下降时,停回流泵,关闭各进出物料阀。

③紧急停蒸汽。

同事故停车。

(4)紧急停仪表风。

所有气动薄膜调节阀将无法正常启动,应做紧急停车处理。

①氧化系统。

应按紧急停车按钮,手动电磁阀关闭 FIC102、FIC103、FIC106 三个进醛进氧阀。然后关闭醛氧线塔壁阀,塔压力及流量等的控制要通过现场手动副线进行调整控制。

其他步骤同事故停车。

②精馏系统。

所有蒸汽流量及塔罐液位的控制要通过现场手动进行操作。

停车步骤同二。

(四)氧化工段岗位操作法

1.第一氧化塔

塔顶压力 0.18~0.2MPa(表),由 PIC109A/B 控制。

循环比(循环量与出料量之比)为 110~140,由循环泵进出口跨线截止阀控制,由 FIC104 控制,液位(35±15)%,由 LIC101 控制。

进醛量满负荷为 9.86 吨乙醛/小时,由 FICSQ102 控制,根据经验最低投料负荷为 66%,一般不低于 60%负荷,投氧不低于 $1500m^3/h$。

满负荷进氧量设计为 $2871m^3/h$ 由 FI108 来计量。进氧,进醛配比为氧:醛=0.35~0.4(wt),根据分析氧化液中含醛量,对氧配比进行调节。氧化液中含醛量一般控制为(3~4)$\times10^{-2}$(wt)。

上下进氧口进氧的配比约为 1:2。

塔顶气相温度控制与上部液相温差大于 13℃,主要由充氮量控制。

塔顶气相中的含氧量<5×10^{-2}(<5%),主要由充氮量控制。

塔顶充氮量根据经验一般不小于 $80m^3/h$,由 FIC101 调节阀控制。

循环液(氧化液)出口温度 TI103F 为(60±2)℃,由 TIC104 控制 E102 的冷却水量来控制。

塔底液相温度 TI103A 为(77±1)℃,由氧化液循环量和循环液温度来控制。

2.第二氧化塔(T102)

塔顶压力为 0.1±0.02MPa,由 PIC112A/B 控制。

液位(35±15)%,由 LIC102 控制。

进氧量:0~$160m^3/h$,由 FICSQ106 控制。根据氧化液含醛来调节。

氧化液含醛为 0.3×10^{-2}以下。

塔顶尾气含氧量<5%,主要由充氮量来控制。

塔顶气相温度 TI106H 控制与上部液相温差大于 15℃,主要由氮气量来控制。

塔中液相温度主要由各节换热器的冷却水量来控制。

塔顶 N_2流量根据经验一般不小于 $60m^3/h$ 为好,由 FIC105 控制。

3.洗涤液罐

V103 液位控制 0～80%，含酸大于(70～80)×10^{-2}就送往蒸馏系统处理。送完后，加盐水至液位 35%。

(五)氧化工段联锁停车

开启 INTERLOCK，当 T101、T102 的氧含量高于 8%或液位高于 80%，V6、V7 关闭，联锁停车。

取消联锁的方法：

①若联锁条件没消除(T101、T102 的氧含量高于 8%或液位高于 80%)，点击“INTERLOCK”按钮，使之处于弹起状态，然后点击“RESET”按钮即可。

②若联锁条件已消除(T101、T102 的氧含量低于 8%且液位低于 80%)，直接点击“RESET”按钮即可。

(六)精制工段冷态开车

1.引公用工程

N_2 吹扫、置换气密，系统水运试车，酸洗反应系统，精馏系统开车，进酸前各台换热器均投入循环水。

开各塔加热蒸汽，预热到 45℃开始由 V102 向氧化液蒸发器 E201 进酸，当 E201 液位达 30%时，开大加热蒸汽，出料到高沸塔 T201。

当 T201 液位达 30%时，开大加热蒸汽，当高沸塔凝液罐 V201 液位达 30%时启动高沸塔回流泵 P201 建立回流，稳定各控制参数并向低沸塔 T202 出料。

当 T202 液位达 30%时，开大加热蒸汽，当低沸塔凝液罐 V203 液位达 30%时启动低沸物回流泵 P203 建立回流，并适当向脱水塔 T203 出料。

当 T202 塔各操作指标稳定后，向成品醋酸蒸发器 E206 出料，开大加热蒸汽，当醋酸储罐 V204 液位达 30%时启动成品醋酸泵 P204 建立 E206 喷淋，产品合格后向罐区出料。

当 T203 液位达 30%后，开大加热蒸汽，当脱水塔凝液罐 V205 液位达 30%时启动脱水塔回流泵 P205 全回流操作，关闭侧线采出及出料。塔顶要在 82±2℃时向外出料。侧线在 110±2℃时取样分析出料。

2.全系统大循环和精馏系统闭路循环

①氧化系统酸洗合格后，要进行全系统大循环：

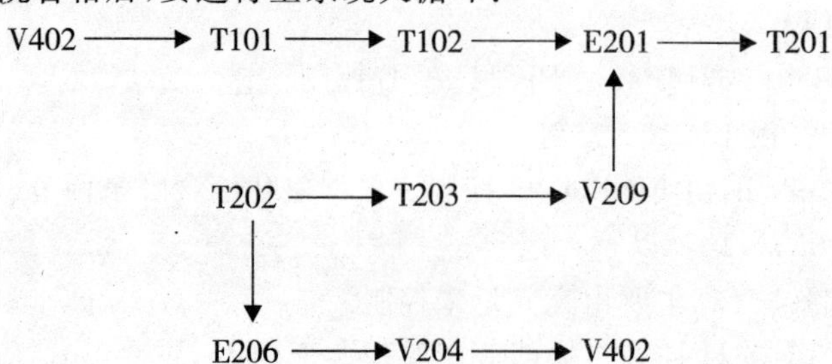

②在氧化塔配制氧化液和开车时，精馏系统需闭路循环。脱水塔T203全回流操作，成品醋酸泵P204向成品醋酸储罐V402出料，P402将V402中的酸送到氧化液中间罐V102，由氧化液输送泵P102送往氧化液蒸发器E201构成下列循环：

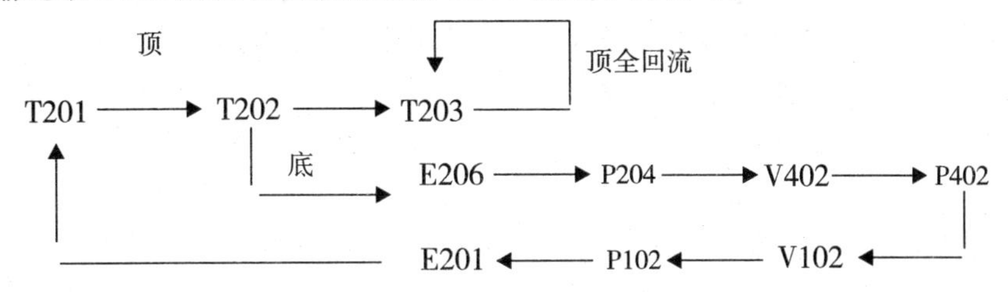

等待氧化开车正常后逐渐向外出料。

第一氧化塔投氧开车，第二氧化塔投氧，系统正常运行。

(七)精制工段正常停车

1.氧化系统停车

2.精馏系统停车

将氧化液全部吃净后，精馏系统开始停车。

当E201液位降至20%时，关闭E201蒸汽。当T201液位降至20%以下，关闭T201蒸汽，关T201回流，将V201内物料全部打入T202后停P201泵，将V202、E201、T201内物料由P202泵全部送往T205内，再排向V406罐。关闭T201底排。

待物料蒸干后，停T202加热蒸汽，关闭LIC205及T202回流，停E206喷淋FIC214。将V203内物料全部打入T103塔后，停P203泵。

将E206蒸干后，停其加热蒸汽，将V204内成品酸全部打入V402后停P204泵，并关闭全部阀门。

停T103加热蒸汽，关其回流，将V205内物料全部打入T204塔后，停P205泵，将V206内混酸全部打入V405后停P206。T103塔内物料由再沸器倒淋装桶。

停T204加热蒸汽，关其回流，将V207内物料全部打入V404后停P207泵。T204塔内废水排向废水罐。

停T205加热蒸汽，将V209内物料由P209泵打入T205，然后全部排向V406罐。

蒸馏系统的物料全部退出后，进行水蒸馏。

3.催化剂系统停车

4.罐区系统停车

5.水运清洗

6.停部分公用工程：循环水、蒸汽

7.氮气吹扫

(八)精制工段紧急停车

1.事故停车

主要是指装置在运行过程中出现的仪表和设备上的故障而引起的被迫停车。采取的措施如下：

①首先关掉 FIC102、FIC103、FIC106 三个进物料电磁阀。然后关闭进氧进醛线上的塔壁阀。

②根据事故的起因控制进氮量的多少，以保证尾气中含氧小于 5×10^{-2}(V)。

③逐步关小冷却水直到塔内温度降为 60℃，关闭冷却水 TIC104A/B。

④第二氧化塔关冷却水由下而上逐个关掉并保温 60℃。

⑤精馏系统视事故情况决定单塔停车或是全线停车，停车方案参照二。

2. 紧急停车

生产过程中，如遇突发的停电、停仪表风、停循环水、停蒸汽等而不能正常生产时，应做紧急停车处理。

3. 紧急停电

仪表供电可通过蓄电池逆变获得，供电时间 30 分钟；所有机泵不能自动供电。

(1)氧化系统。

正常来说，紧急停电 P101 泵自动联锁停车。马上关闭进氧进醛塔壁阀。及时检查尾气含氧及进氧进醛阀门是否自动连锁关闭。

(2)精馏系统。

此时所有机泵停运。首先减小各塔的加热蒸汽量。关闭各机泵出口阀，关闭各塔进出物料阀。视情况对物料做具体处理。

(3)罐区系统。

氧化系统紧急停车后，应首先关闭乙醛球罐底出料阀及时将两球罐保压。成品进料及时切换至不合格成品罐 V403。

4. 紧急停循环水

停水后立即做紧急停车处理。停循环水时 PI508 压力在 0.25MPa 连锁动作(目前未投用)。FIC102、FIC103、FIC106 三电磁阀自动关闭。

氧化系统停车步骤同事故停车。注意氧化塔温度不能超得太高，加大氧化液循环量。

(1)精馏系统。

先停各塔加热蒸汽，同时向塔内充氮，保持塔内正压。待各塔温度下降时，停回流泵，关闭各进出物料阀。

5. 紧急停蒸汽

同事故停车。

6. 紧急停仪表风

所有气动薄膜调节阀将无法正常启动，应做紧急停车处理。

(1)氧化系统。

应按紧急停车按钮，手动电磁阀关闭 FIC102、FIC103、FIC106 三个进醛进氧阀。然后关闭醛氧线塔壁阀，塔压力及流量等的控制要通过现场手动副线进行调整控制。

其他步骤同事故停车。

(2)精馏系统。

所有蒸汽流量及塔罐液位的控制要通过现场手动进行操作。

(九)精制工段工艺控制理论

1.产品质量与操作参数的关系：

(1)氧化系统。

①氧化液含锰控制在(0.10～0.20)$\times 10^{-2}$(wt)。

②T102塔氧化液含醛<0.3$\times 10^{-2}$(wt)。

氧化液含醛过高易造成产品氧化值降低或不合格。

(2)精馏系统。

①T201塔底温度(131±3)℃。

底温过高会使成品氧化值降低或色度不合格。

②T202塔顶温度(109±2)℃。

顶温度过低会使成品纯度降低。

③E206底排量连续10kg/h。

不排会使成品中的金属离子含量高和色度不合格。

④T103塔侧线采出温度(110±2)℃,采出量105kg/h。

如不正常采出则会使成品中的甲酸含量升高。

(3)①转化率:催化剂活性较好,T101塔中产生的副产物较少,产品的转化率较高。

②收率:T205塔底排高沸量少,含酸较低。

T103塔顶出料含酸较少<8%,侧线混酸采出较少均会使产品收率提高。

(十)精制工段精馏岗位操作法

1.精馏岗位操作法

(1)开、停车操作。

见装置开车步骤及装置停车步骤。

(2)正常操作。

①E201蒸发器。

a.釜液(循环锰),连续排出约0.6t/h,去V306(排出量与加到氧化塔的量相同)。

b.釜液每周抽一次,由P202泵抽出2.5吨,送T205塔回收处理。

c.釜液位控制为55%～75%由FRC202调节蒸汽加入量来控制。

d.喷淋量控制为950kg/h,由FRC201调节阀来控制。

e.蒸发器温度控制为(122±3)℃,E201液位LIC201与蒸汽FRC202是串级调节。

②T201高沸塔。

a.釜温控制为(131±3)℃,由FRC203,调节加入蒸汽量,排放釜料量等来实现。

b.釜液位控制为35%～65%,由FRC203调节加入蒸汽量来控制。

c.塔顶温度控制为(115±3)℃,由FRC204调节回流量来控制。回流比一般为1:1。

d.V202液位控制为20%～80%。

e.V201液位控制为35%～70%。T201塔顶出料由LIC203控制,指示FI205观察。V201罐中的回流液温度由TIC202来控制,一般为70℃。

f.T201塔顶温度控制与回流FRC204是串级调节。底液位LIC202与加热蒸汽

FRC203 是串级调节。

g. T201 底排影响成品中的氧化值和色度。

③T202 低沸塔。

a. 釜温控制为(131±2)℃，由 FRC206 调节加热蒸汽量等来控制。

b. 顶温控制为(109±2)℃，由 FRC207 调节回流量来控制。回流比一般为 15∶1。

c. 釜液位控制为 35%～70%，由 FRC206 调节加热蒸汽量，LIC205 调节底出料量等来控制。

d. V203 罐中的回流液温度由 TIC205 控制，一般为 70℃，T202 顶出料由 LIC206 控制，指示 F1208 观察。

e. T202 塔顶温度控制与回流 FRC207 是串级调节。底温度控制与加热蒸汽

FRC206 是串级调节。

f. T202 塔的顶温度影响着成品的纯度和甲酸含量。

④E206 成品蒸发器。

釜液位控制为 20%～60%，由 FRC209 调节加热蒸汽和 LIC205 调节进料量来控制。

喷淋量控制为 960kg/h，由 FRC214 控制。

V204 液位控制 35%～70%，由 LIC207 调节出料量等来控制。

E206 底排有一小跨线连续排醋酸的重金属化合物至 208 罐中，V208 罐液位由 LIC214 出料控制。

E206 底排影响着成品的色度及重金属含量。

⑤T103 脱水塔。

a. 釜液位控制为 35%～70%，由 FRC210 调节加入蒸汽量和 LIC208 调节出料量等来实现。

b. 釜温控制为(130±2)℃，由 FRC210 调节加热蒸汽量等来实现。

侧线采出根据温度(108±2)℃及分析结果来决定采出量。

顶温控制为(81±2)℃，由 FRC211 调节出料量等来实现，回流比为 20∶1。

V205 液位控制 35%～70%。

V206 液位控制 30%～70%。

T103 塔顶回流由 LIC210 来控制，指示 FI216 观察，T103 塔的底温度及侧线混酸的采出量直接影响着成品中的甲酸含量。

⑥T204 甲酯塔。

a. 釜液位控制为 40%～70%，由 FRC212 调节加入蒸汽量和 LIC211 调节底排量等来调节。

b. 釜温控制为(105±5)℃，由 FRC212 调节加入蒸汽量等来控制。

c. 顶温控制为(63±5)℃，由 FRC213 调节回流量等来控制。回流比为 8.4∶1。

d. V207 液位控制为 35%～70%。

出料由 LIC212 控制，送向罐区 V404 罐中。

T204 塔底排废水进入废水收集罐进行处理。

⑦T205 高沸物回收塔。

a. 釜液位控制为 40%～70%，由调节加热蒸汽 FRC217 和底出料控制。

b. 釜温控制为(135±5)℃，由调节加热蒸汽和底出料等来控制。

c. 顶温控制为(120±2)℃，由FRC215调节回流量等来控制。回流比1∶1。

d. V209液位LIC214控制为35%～70%，它与FIC201是串级调节。T205底排高沸物排向罐区V406罐中。

(十一)精制工段事故处理

序号	现　象	原　因	处理方法
1	P204成品取样 KMn_2O_4 时间<5	1. T202塔顶出料量少 2. T202塔盘脱落 3. 氧化液含醛高 4. 分析样不准	1. 调节T202塔顶出料量 2. 请示领导停车检查维修 3. 通知班长，降低氧化液含醛量，调整操作 4. 通知调度检查做样
2	P204成品取样带颜色	1. T201塔底温度高排量少或回流量过少或液位高 2. T201液位超高造成 蹩压影响T201塔操作平稳 3. E206液位超高底排 量少，喷淋量少。	1. 调节T201底排量及回流量，检查降低塔釜液位 2. 减少E201进料，向V202中进料，降低E201液位，调整操作直到正常 3. 检查降低E206液位，调整底排量和喷淋量
3	T201塔顶压力逐渐升高，反应液出料及温度正常，E201塔出料不畅	T201塔放空调节阀失控或损坏	将T201塔出料手控调节阀旁路降压 控制进料 控制温度 采取其他措施
4	T201塔内温度波动大，其他方面都正常	冷却水阀调节失灵	手动调节冷却水阀调节，通知仪表检查 控制蒸气阀 控制进料
5	T201塔液面波动较大，无法自控	蒸气加热自动调节失灵	手动控制调节阀 手动控制冷却水阀 控制回流量

(十二)乙醛氧化制醋酸工艺仿真图

1.氧化工段流程图总图

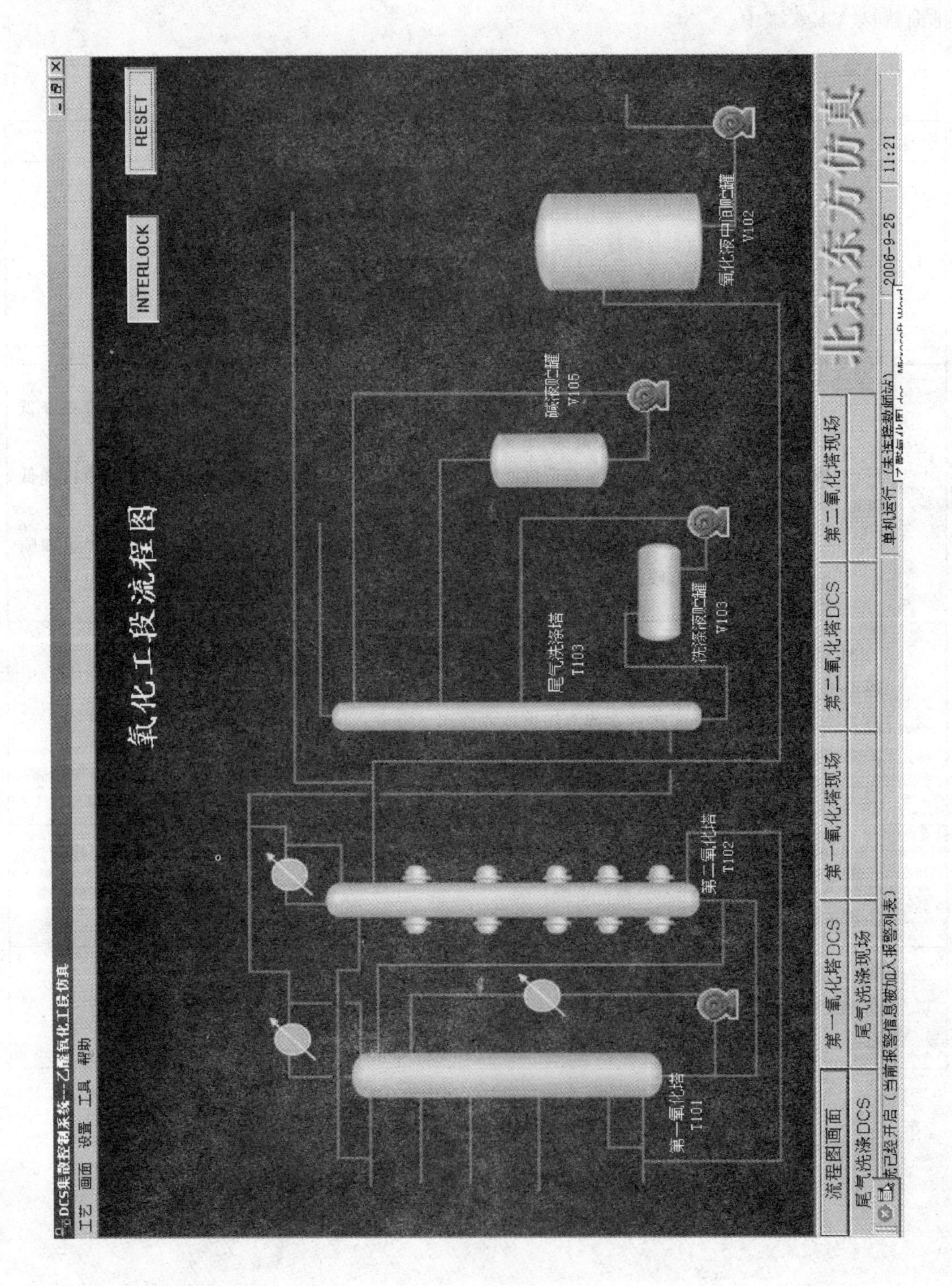

2. 氧化工段第一氧化塔 DCS

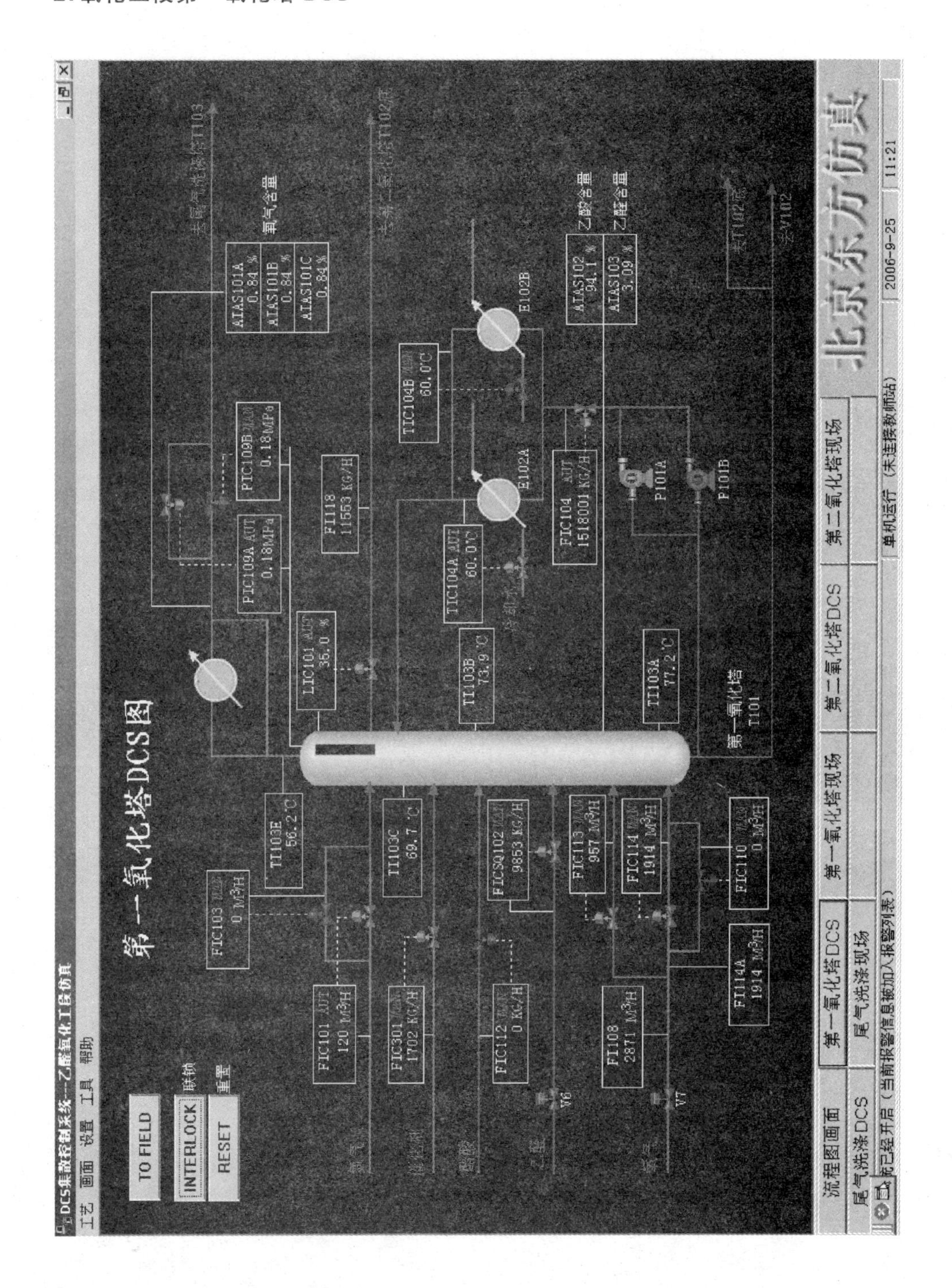

3. 氧化工段第一氧化塔现场图

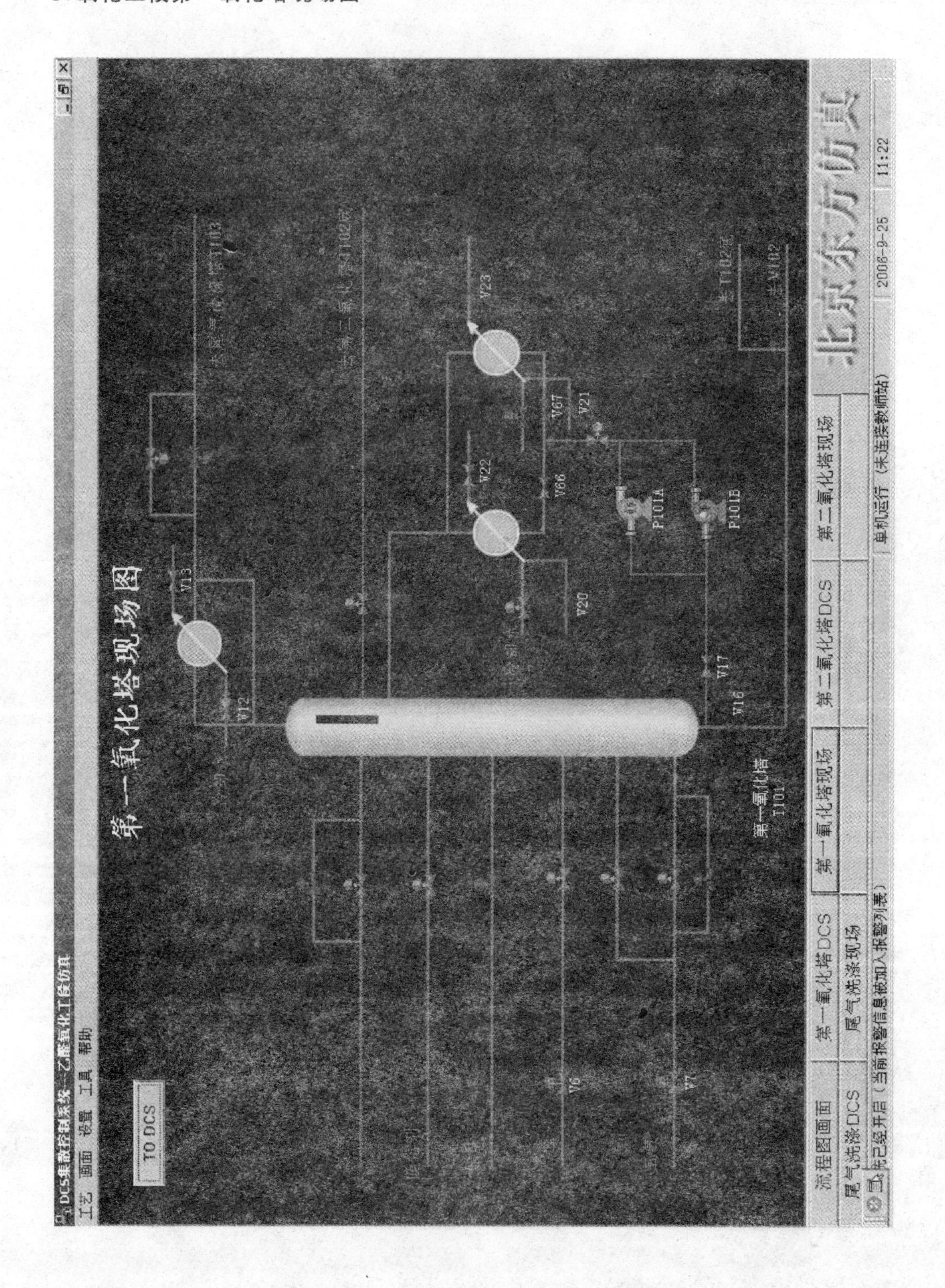

4.氧化工段第二氧化塔 DCS

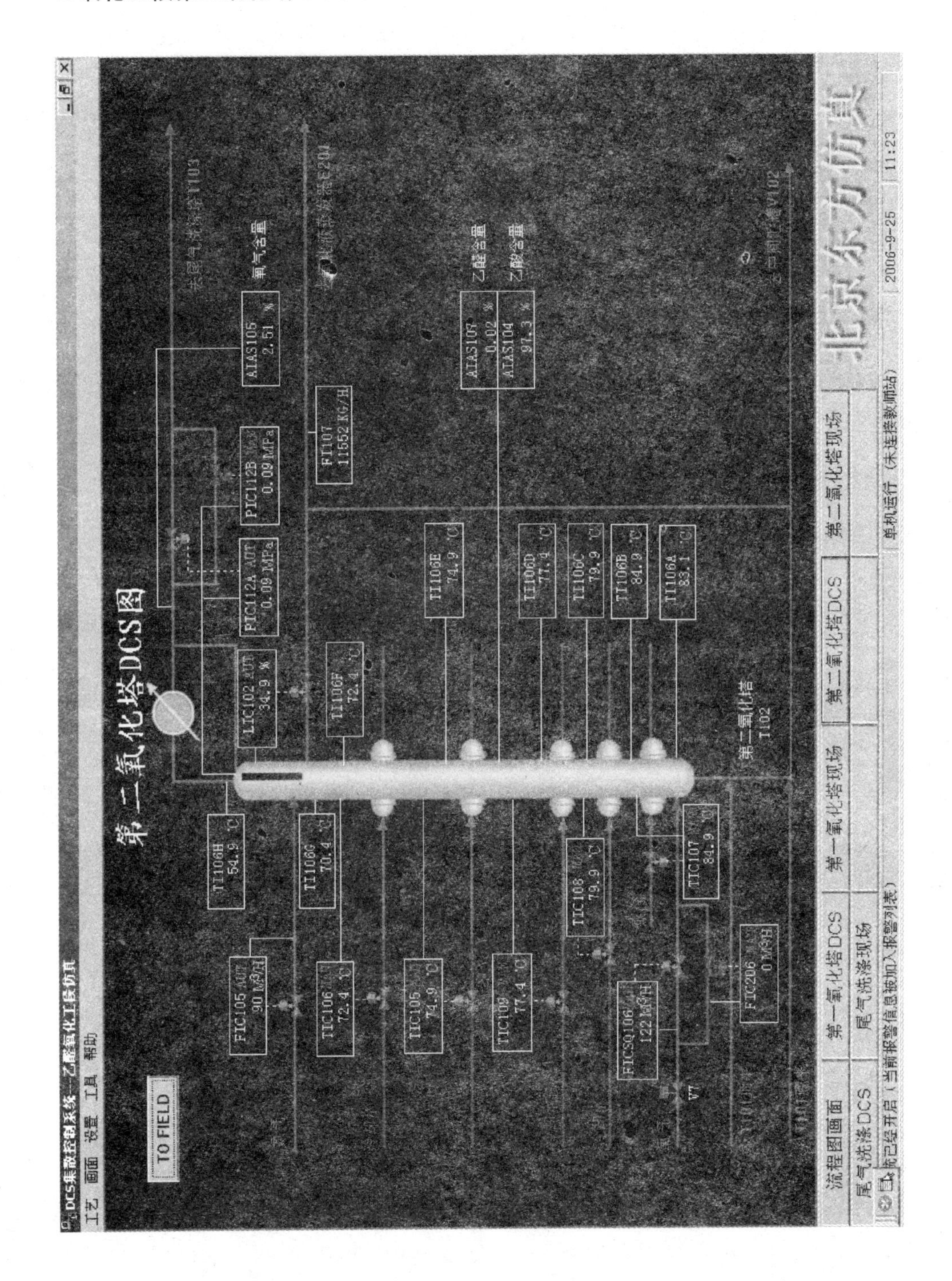

5.氧化工段第二氧化塔现场图

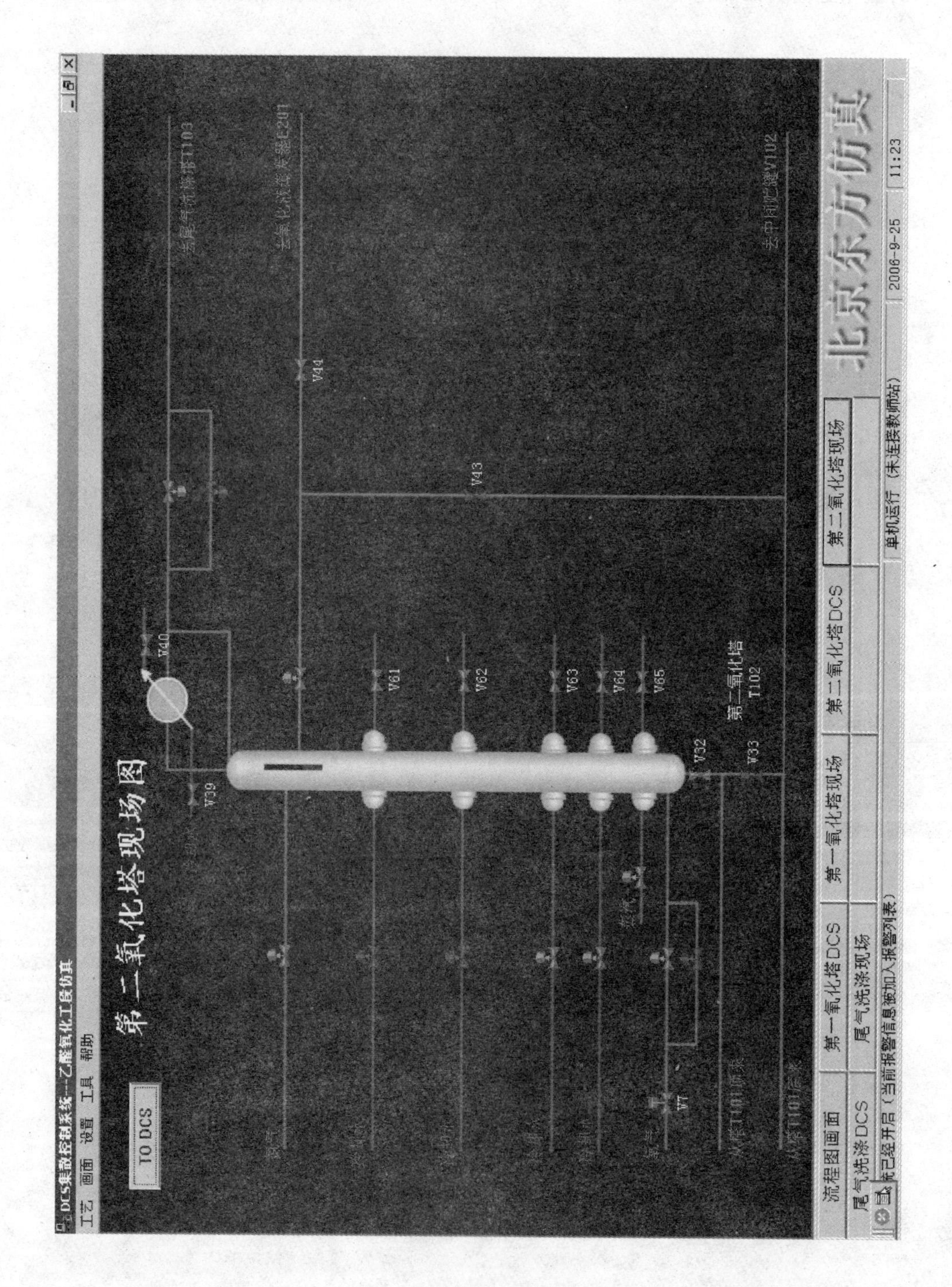

6. 氧化工段尾气洗涤 DCS

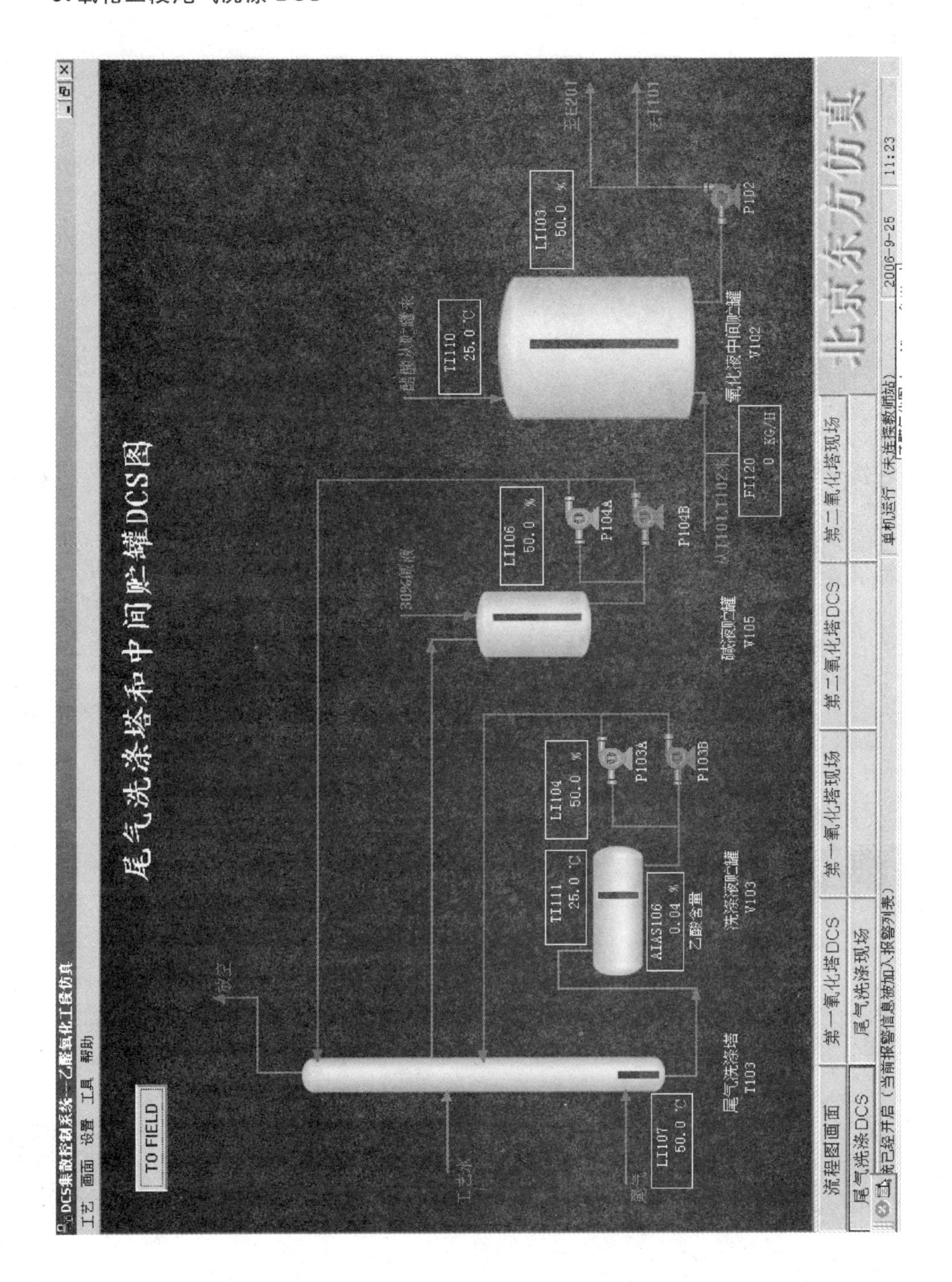

7.氧化工段尾气洗涤现场图

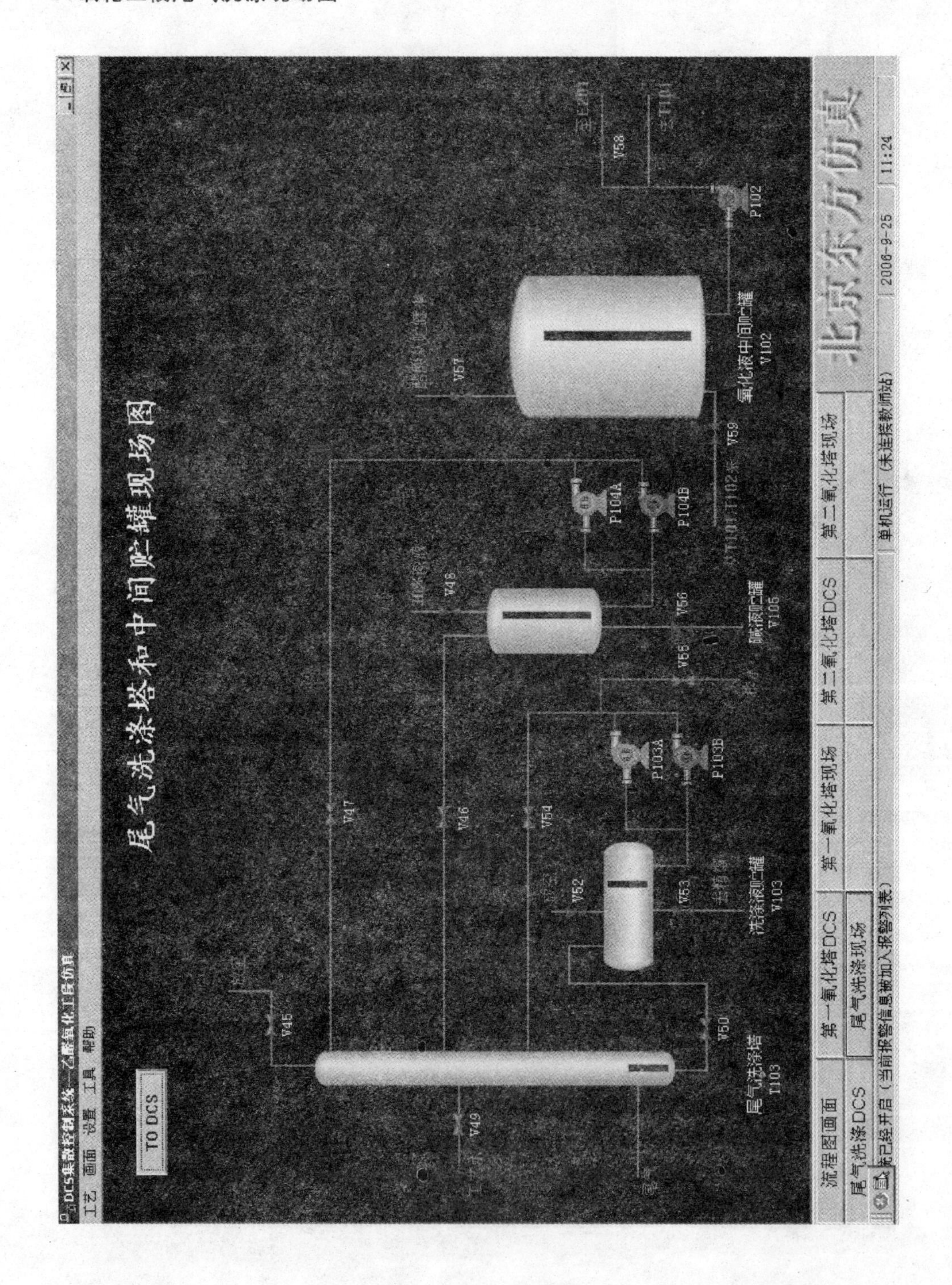

8.精制工段总流程图

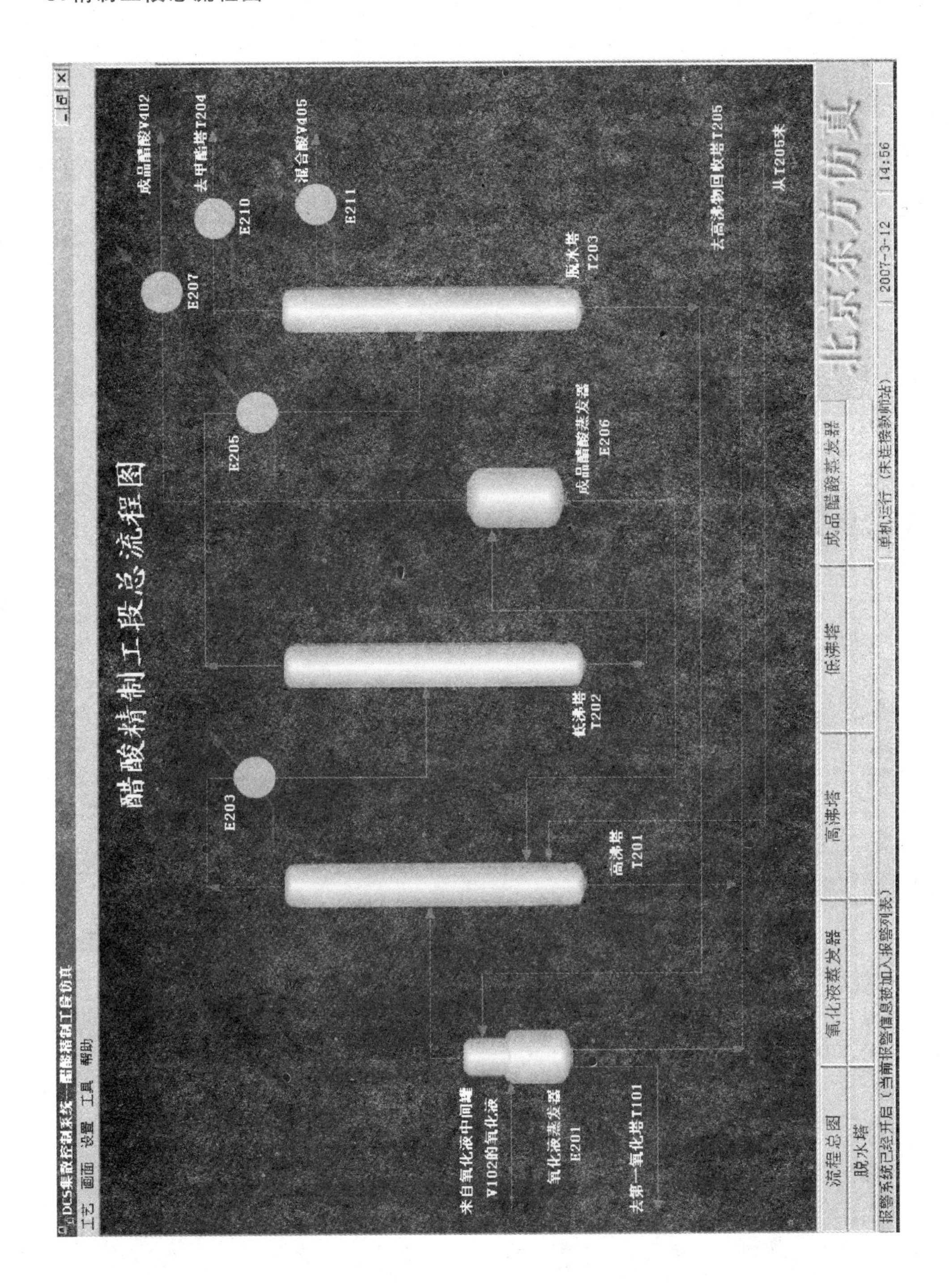
DCS集散控制系统—醋酸精制工段仿真
工艺 画面 设置 工具 帮助
醋酸精制工段总流程图
成品醋酸V402
去甲醛塔T204
混合酸V405
E207
E210
E211
脱水塔
T203
去高沸物回收塔T205
从T205来
E205
成品醋酸蒸发器
E206
低沸塔
T202
E203
高沸塔
T201
来自氧化液中间罐
V102的氧化液
氧化液蒸发器
E201
去第一氧化塔T101
流程总图
脱水塔
氧化液蒸发器
高沸塔
低沸塔
成品醋酸蒸发器
北京东方仿真
报警系统已经开启(当前报警信息被加入报警列表)
单机运行 (未连接教师站)
2007-3-12
14:56

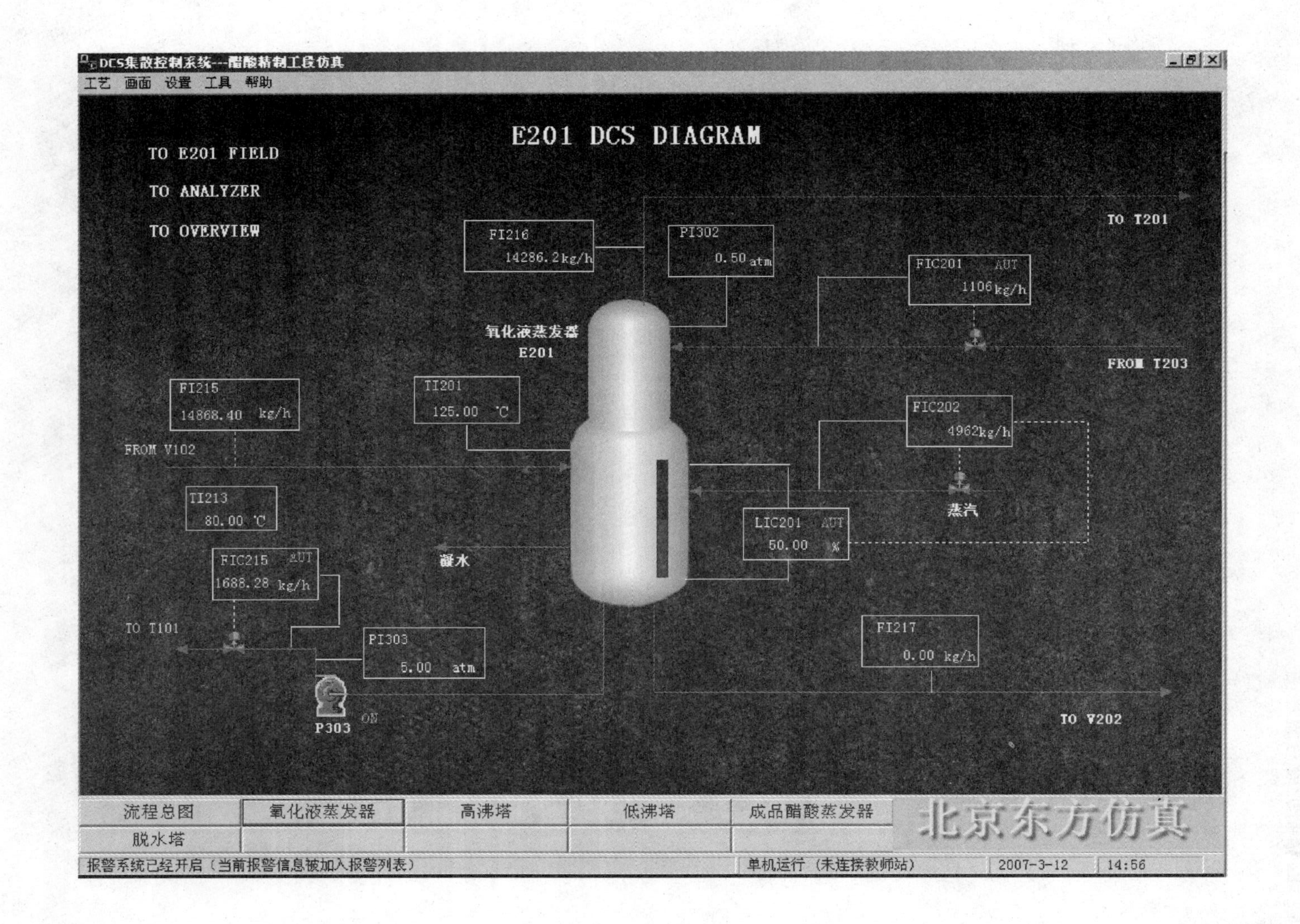
DCS集散控制系统---醋酸精制工段仿真
工艺 画面 设置 工具 帮助
E201 DCS DIAGRAM
TO E201 FIELD
TO ANALYZER
TO OVERVIEW
FI216 14286.2kg/h
PI302 0.50atm
TO T201
FIC201 AUT 1106kg/h
氧化液蒸发器 E201
FROM T203
FI215 14868.40 kg/h
TI201 125.00 ℃
FIC202 4962kg/h
FROM V102
TI213 80.00 ℃
LIC201 AUT 50.00 %
蒸汽
FIC215 AUT 1688.28 kg/h
凝水
TO T101
PI303 5.00 atm
FI217 0.00 kg/h
P303
ON
TO V202
流程总图
氧化液蒸发器
高沸塔
低沸塔
成品醋酸蒸发器
北京东方仿真
脱水塔
报警系统已经开启（当前报警信息被加入报警列表）
单机运行（未连接教师站）
2007-3-12
14:56

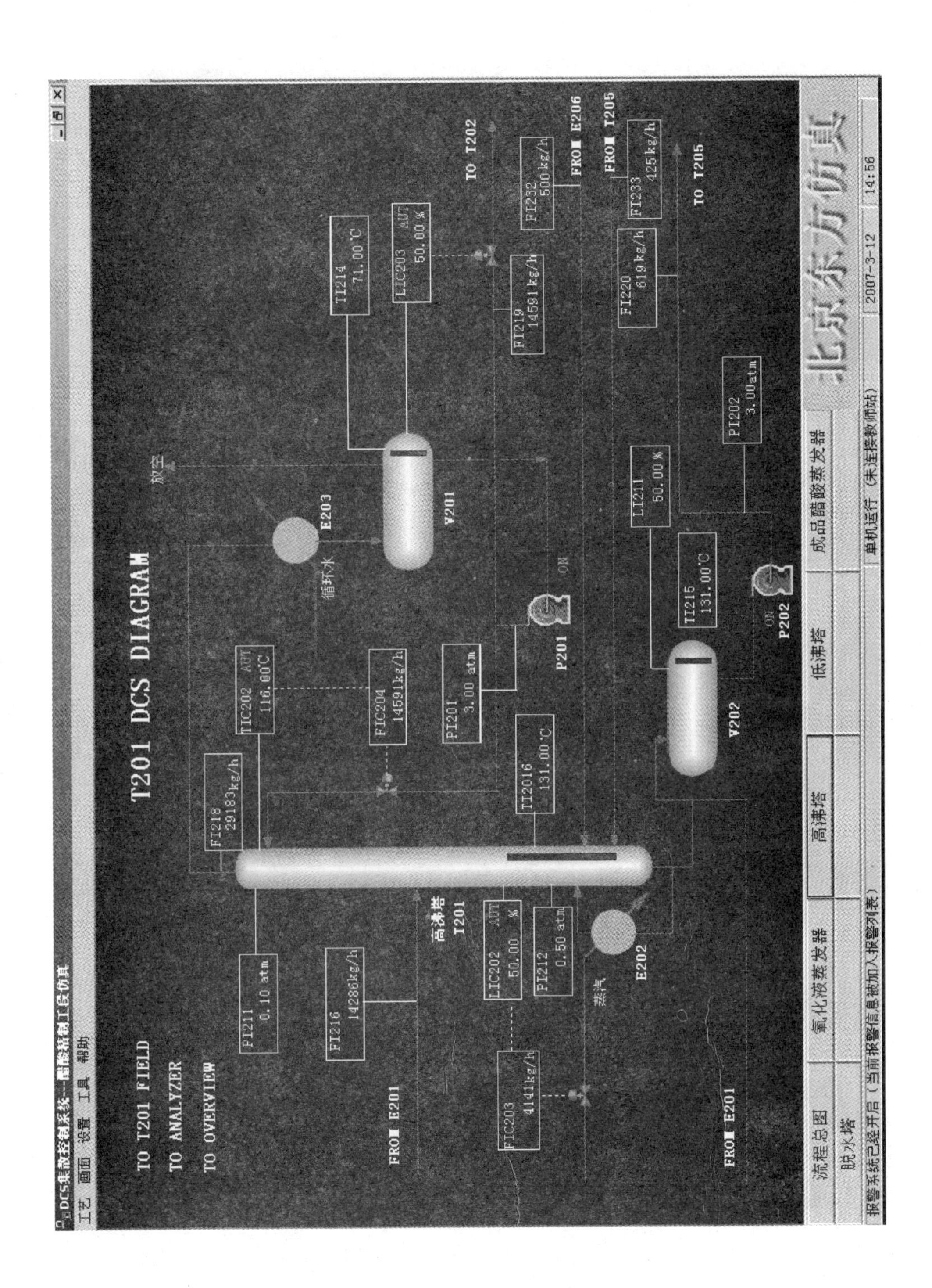
DCS集散控制系统—醋酸精制工段仿真
工艺 画面 设置 工具 帮助
T201 DCS DIAGRAM
TO T201 FIELD
TO ANALYZER
TO OVERVIEW
FI211 0.10 atm
FI216 14286kg/h
FI218 29183kg/h
TIC202 AUT 116.00℃
FIC204 14591kg/h
PI201 3.00 atm
TI2016 131.00℃
LIC202 AUT 50.00 %
PI212 0.50 atm
FIC203 4141kg/h
高沸塔 T201
E202
蒸汽
E203
循环水
放空
V201
TI214 71.00℃
LIC203 AUT 50.00 %
FI219 14591kg/h
FI232 500kg/h
FI233 425kg/h
FI220 619kg/h
LI211 50.00 %
TI215 131.00℃
PI202 3.00atm
V202
P201
P202
FROM E201
FROM E206
FROM T205
TO T202
TO T205
北京东方仿真
流程总图
氧化液蒸发器
高沸塔
低沸塔
成品醋酸蒸发器
脱水塔
报警系统已经开启（当前报警信息被加入报警列表）
单机运行（未连接教师站）
2007-3-12
14:56

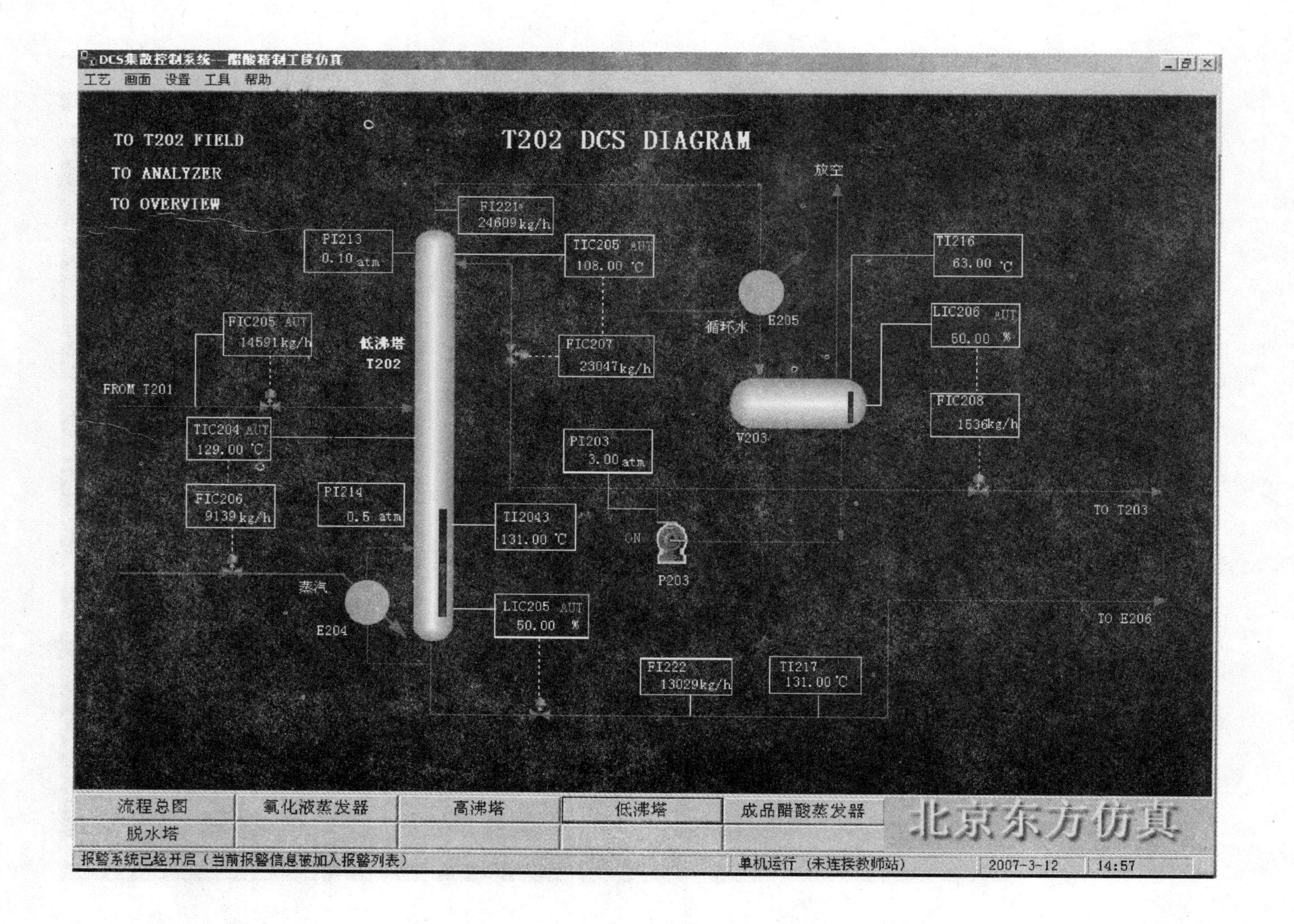
DCS集散控制系统—醋酸精制工段仿真
工艺 画面 设置 工具 帮助
T202 DCS DIAGRAM
TO T202 FIELD
TO ANALYZER
TO OVERVIEW
FROM T201
TO T203
TO E206
放空
循环水
E205
V203
P203
ON
蒸汽
E204
低沸塔
T202
PI213
0.10 atm
FI221
24609 kg/h
TIC205 AUT
108.00 ℃
FIC207
23047 kg/h
TI216
63.00 ℃
LIC206 AUT
50.00 %
FIC208
1536 kg/h
PI203
3.00 atm
TI2043
131.00 ℃
LIC205 AUT
50.00 %
FI222
13029 kg/h
TI217
131.00 ℃
PI214
0.5 atm
FIC205 AUT
14591 kg/h
TIC204 AUT
129.00 ℃
FIC206
9139 kg/h
流程总图
氧化液蒸发器
高沸塔
低沸塔
成品醋酸蒸发器
脱水塔
北京东方仿真
报警系统已经开启（当前报警信息被加入报警列表）
单机运行（未连接教师站）
2007-3-12
14:57

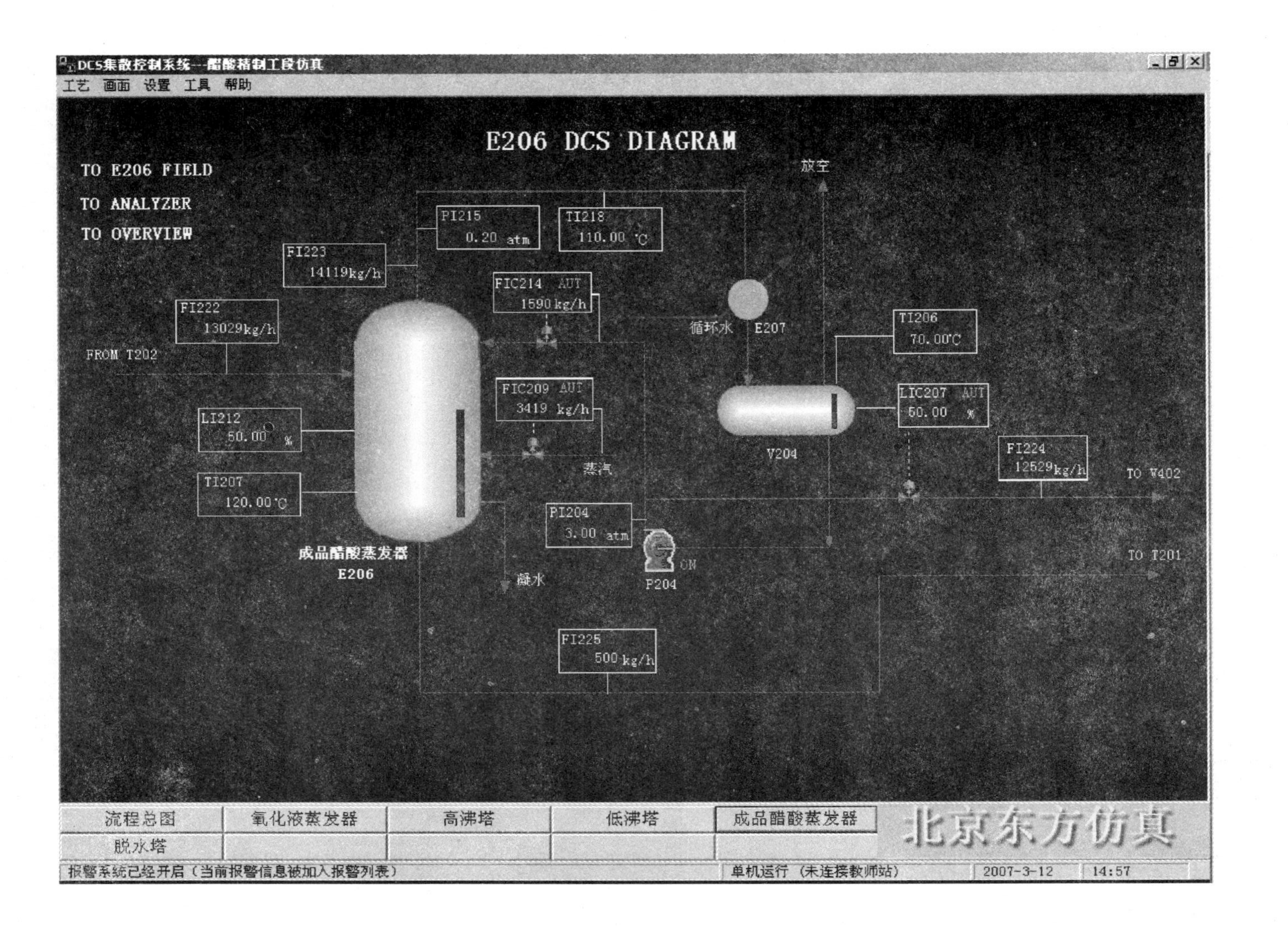
DCS集散控制系统---醋酸精制工段仿真
工艺 画面 设置 工具 帮助
E206 DCS DIAGRAM
TO E206 FIELD
TO ANALYZER
TO OVERVIEW
放空
PI215 0.20 atm
TI218 110.00 ℃
FI223 14119kg/h
FIC214 AUT 1590kg/h
FI222 13029kg/h
FROM T202
循环水
E207
TI206 70.00℃
FIC209 AUT 3419 kg/h
LIC207 AUT 50.00 %
LI212 50.00 %
V204
FI224 12529kg/h
蒸汽
TI207 120.00℃
TO W402
PI204 3.00 atm
成品醋酸蒸发器
E206
ON
TO T201
凝水
P204
FI225 500kg/h
流程总图
氧化液蒸发器
高沸塔
低沸塔
成品醋酸蒸发器
北京东方仿真
脱水塔
报警系统已经开启（当前报警信息被加入报警列表）
单机运行 （未连接教师站）
2007-3-12
14:57

项目 2
化工总控工技能鉴定实操项目

一、流体输送技能操作考核评分标准

(一)总体要求

根据测定要求和现场装置完成如下任务:

1.根据现场装置,正确进行离心泵的开停车。

2.熟练使用操作平台。

3.完成流体输送的四种方式,位差输送、压缩空气输送、抽真空输送及离心泵输送。

(二)技能要求

1.所有规定任务必须在40分钟内完成。

2.能正确进行离心泵的开停车,操作规范。

3.熟练使用操作平台,操作规范。

(三)操作说明

1.每组四名学员,由抽签确定。

2.考核开始,考评员开始计时。

3.完成开车前准备工作,举手示意,经考评员允许后方可开车。

4.若需重新进行开车前准备调整,计入考试时间,并扣除相应分数。

5.一次性完成开停车。重复测量计入考试时间,并扣除相应分数。

6.测量完毕后,完成停车前准备,举手示意,经考评员允许后方可停车。

7.若需重新进行停车前准备调整,计入考试时间,并扣除相应分数。

8.举手示意,完成考核。

9.考评员整体检查后,记下情况并进行整体评定。

10.总体时间不能超过40分钟,考评员终止考核后,没有完成考核的选手退场,考评员根据完成情况评分。

(四)流体输送考核评分细则

1.流体输送装置操作技能考核评分表

学员姓名__________ 装置编号____________ 考核时间:______年____月____日

操作时间起于____________ 止于__________ 用时________分钟

项目	分值	考核内容	考核标准	实际扣分	得分小计	备注
开车操作	5	起始时间:				
		(1)打开总电源	不规范,扣 2 分			
		(2)打开仪表开关	顺序错,扣 2 分			
		(3)检查各仪表是否正常	未检查,扣 1 分			
离心泵输送	25	起始时间:				
		(1)工艺路线的选择	未正确选择路线,扣 5 分			
		(2)离心泵灌泵	灌泵操作不规范,扣 4 分 未进行灌泵,扣 3 分			
		(3)出口阀	出口阀未关闭,扣 2 分			
		(4)进口阀	进口阀未打开,扣 2 分			
		(5)操作平台	未进行仪表显示检查,扣 3 分			
		(6)结果实现	流体未正常输送,扣 3 分			
		(7)正确停车	不正确,扣 3 分			
位差输送	15	起始时间:				
		(1)工艺路线的选择	未正确选择路线,扣 5 分			
		(2)阀门的开启	未正常启闭阀门,扣 4 分			
		(3)结果实现	流体未正常输送,扣 3 分			
		(4)正确停车	不正确,扣 3 分			
压缩空气输送	20	起始时间:				
		(1)工艺路线的选择	选择不合理,扣 5 分			
		(2)阀门的开启	未正常启闭阀门,扣 4 分			
		(3)压缩空气的启用	不正确,扣 5 分			
		(4)结果实现	流体未正常输送,扣 3 分			
		(5)正确停车	不正确,扣 3 分			
抽真空输送	20	起始时间:				
		(1)工艺路线的选择	选择不合理,扣 5 分			
		(2)阀门的开启	未正常启闭阀门,扣 4 分			
		(3)真空喷射泵的启用	不正确,扣 5 分			
		(4)结果实现	流体未正常输送,扣 3 分			
		(5)正确停车	不正确,扣 3 分			

续表

项目	分值	考核内容	考核标准	实际扣分	得分小计	备注
停车操作	5	起始时间：				
		(1)检查管路阀门开关	未检查,扣1分			
		(2)关闭仪表开关	顺序错,扣2分			
		(3)关闭总电源开关	不规范,扣2分			
文明安全操作	10	(1)整个过程中选手穿戴规范	选手穿戴不规范一次性扣1分			
		(2)撞头、伤害到别人或自己等不安全操作次数,物品坠落、违规使用工具等。	每出现一项扣1分,最多扣4分			
		(3)是否服从考评员管理	不服从考评员管理一次性扣2分			
		(4)队员合作是否默契	否则,一次性扣3分			

2.数据记录与结论

在设备名称处填写流体的起始设备与终设备,每间隔两分钟记录一次液位高度。

(1)离心泵输送。

设备名称 / 液位(mm) / 时间		

(2)位差输送。

设备名称 / 液位(mm) / 时间		

(3)压缩空气输送。

设备名称 液位(mm) 时间		

(4)抽真空输送。

设备名称 液位(mm) 时间		

(5)针对本实验的结果,请评价四种输送方式。

成绩__________________

考评员签字:____________________

成绩评定时间:________年____月____日

(特别说明,本项目操作部分按百分记,占总成绩的 70%。数据记录与结论占 30%。)

二、换热器技能操作考核评分标准

(一)总体要求

根据测定要求和现场装置完成如下任务:

1. 根据现场装置,正确进行换热器的开停车。
2. 熟练使用操作平台。
3. 完成换热器的正确开停车和正常运行操作。

(二)技能要求

1. 所有规定任务必须在 60 分钟内完成。
2. 能正确进行离心泵的开停车,操作规范。
3. 熟练使用操作平台,操作规范。

(三)操作说明

1.每组四名学员,由抽签确定。

2.考核开始,考评员开始计时。

3.完成开车前准备工作,举手示意,经考评员允许后方可开车。

4.若需重新进行开车前准备调整,计入考试时间,并扣除相应分数。

5.一次性完成开停车。重复测量计入考试时间,并扣除相应分数。

6.测量完毕后,完成停车前准备,举手示意,经考评员允许后方可停车。

7.若需重新进行停车前准备调整,计入考试时间,并扣除相应分数。

8.举手示意,完成考核。

9.考评员整体检查后,记下情况并进行整体评定。

10.总体时间不能超过60分钟,考评员终止考核后,没有完成考核的选手退场,考评员根据完成情况评分。

(四)换热器装置操作技能考核评分细则

1.换热器装置操作技能考核评分表

学员姓名__________ 装置编号________ 考核时间:______年___月___日

操作时间起于__________止于__________用时________分钟

项目	分值	考核内容	考核标准	实际扣分	小计	备注
开车准备	10分	现场工艺流程的检查	不巡视,扣2分			
		公用工程(水、电、气)的检查	不检查,扣2分			
		检查蒸汽发生器上水开关	不检查,扣2分			
		现场仪表的检查	不检查,扣2分			
		检查蒸汽发生器水是否排空	不检查,扣2分			
正常开车	20分	开总电,仪表电	不开,扣2分			
		将空气流量显示与控制仪表值(FIC03)设定在60～100m³/h之间的某一数值	不在范围内,扣3分			
		启动旋涡气泵P101,如果长时间无法达到设定值,可适当减小阀门VA102的开度	不调节,扣2分			
		打开换热器进出口阀门	打开错误,扣2分			
		检查蒸汽发生器的压力	不检查,扣2分			
		蒸汽发生器的压力达到0.3～0.4MPa	不在范围内,扣3分			
		缓慢打开蒸汽分配器上的蒸汽总管进汽阀门VA136,蒸汽分配器压力不超过0.2MPa	超过,扣2分			
		蒸汽压力显示与控制仪表值(PIC02)设定40～100kPa	不在范围内,扣3分			
		打开蒸汽分配器支路控制阀使得蒸汽进入列管式换热器,同时打开出口阀门	没打开,扣1分			

续表

项目	分值	考核内容	考核标准	实际扣分	小计	备注
开车操作	17分	当蒸汽发生器压力≤0.4MPa	超过,扣 3 分			
		蒸汽分配器压力≤0.2MPa	超过,扣 3 分			
		换热器蒸汽压力 40～100kPa	不在范围内,扣 3 分			
		进入换热器空气流量 40～100m^3/h	不在范围内,扣 3 分			
		空气出口温度≤100℃	超过,扣 3 分			
		每 5 分钟记录一次数据	不到 5 分钟,扣 2 分			
开车操作	17分	先打开备用换热器的空气进出口阀门,后打开蒸汽阀门	顺序错误,扣 3 分			
		缓慢开闭换热器蒸汽进口阀	没有开闭,扣 2 分			
		蒸汽的出口阀,空气的进出口阀暂时不关闭	关闭一个,扣 1 分,直至扣 3 分为止			
		到空气的出口温度降至 50℃一下,关闭空气进出口阀门	温度超过 50℃就关闭时,扣 2 分,一直忘记关闭,扣 3 分			
		切换过程中每 5 分钟记录一次参数	不到 5 分钟,扣 2 分			
停工操作	10分	关闭蒸汽分配器上的蒸汽总管进汽阀门 VA136	没有关闭或关闭其他阀门,扣 1 分			
		待蒸汽分配器 R101 的放空口 VA135 没有蒸汽逸出后,关闭换热器蒸汽入口阀门 VA138	蒸汽分配器没有放空,就关闭换热器蒸汽入口阀门,扣 1 分			
		等空气出口温度降至 40℃后,关旋涡气泵电源	不到 40℃就关闭,扣 1 分			
		关闭换热器空气进出口阀门	有一处未关闭,扣 1 分,直到扣满 2 分			
		关闭蒸汽发生器加热开关,以及电源开关	有一处未关闭,扣 1 分,直到扣满 2 分			
		关闭仪表	未关闭,扣 1 分			
		关闭总电源	未关闭,扣 1 分			
		排空蒸汽发生器中水	未排放,扣 1 分			
结果处理	20分	换热器正常操作共记录 5 组数据	少一组扣 1 分,直到扣满 5 分			
		换热器 A→B 切换操作共记录 5 组数据	少一组扣 1 分,直到扣满 5 分			
		操作稳定后,任取两组数据进行处理,计算出传热速度	少一组扣 5 分,直到扣满 10 分			

续表

项目	分值	考核内容	考核标准	实际扣分	小计	备注
安全文明操作与质量管理	10分	是否服从考评员的组织管理	发生一次不服从扣10分；发生第二次不服从，取消考试资格			
		操作中伤害到他人或自己等不安全操作次数	每发生一次扣2分，直至扣完本项总分值			
		安全帽、工作服及手套等穿戴是否规范	穿戴不齐，各扣2分			
		物品坠落、违规使用工具等	每发生一次扣2分，直至扣完本项总分值			
		完成时间要求	规定时间内完成不扣分；每超时5分钟扣3分；超时10分钟，终止考试。			
总计得分						

2.数据记录与结论

表1 换热器正常操作记录

Ⅰ)日期： 年 月 日(星期) 时 分至 时 分							
Ⅱ)操作人员名单：							
Ⅲ)实训项目：换热器正常运行操作							
Ⅳ)设备代号：( )换热器； 设备编号：第( )套							
介质 时间	蒸汽		空气				
	压力 kPa (PI01)	压力 kPa (PIC02)	压力 kPa (PI03)	流量 m^3/h (FIC01)	进口温度℃ (TI01)	出口温度℃ (TI02)	出口总管温度℃(TI05)

表2 数据处理

时间	空气						
	t_1℃	t_2℃	t_2-t_1℃	CpkJ/(kg □℃)	$q_v m^3/h$	$\rho kg/m^3$	QkW

表 3　换热器 A→B 切换操作记录表

<table>
<tr><td colspan="9">Ⅰ)日期：　　年　　月　　日(星期　　)　　时　　分至　　时　　分</td></tr>
<tr><td colspan="9">Ⅱ)操作人员名单：</td></tr>
<tr><td colspan="9">Ⅲ)实训项目:换热器切换操作</td></tr>
<tr><td colspan="9">Ⅳ)设备代号:(　　　　)换热器；　　设备编号:第(　　)套</td></tr>
<tr><td rowspan="2">编号</td><td rowspan="2">时间</td><td rowspan="2">蒸汽压力
(kPa)</td><td rowspan="2">空气流量
(m^3/h)</td><td colspan="2">换热器 A</td><td colspan="2">换热器 B</td><td rowspan="2">空气出口总管温度 TI05
(℃)</td></tr>
<tr><td>t_{A1}℃</td><td>t_{A2}℃</td><td>t_{B1}℃</td><td>t_{B2}℃</td></tr>
<tr><td>1</td><td></td><td></td><td></td><td></td><td></td><td></td><td></td><td></td></tr>
<tr><td>2</td><td></td><td></td><td></td><td></td><td></td><td></td><td></td><td></td></tr>
<tr><td>3</td><td></td><td></td><td></td><td></td><td></td><td></td><td></td><td></td></tr>
<tr><td>4</td><td></td><td></td><td></td><td></td><td></td><td></td><td></td><td></td></tr>
</table>

附表　干空气的物理性质(101.33kPa)

温度 t ℃	密度 ρ kg/m^3	比热容 c_p kJ/(kg℃)	导热系数 $\lambda\times10^2$　W/(m℃)	黏度 $\mu\times10^5$ Pa s
20	1.205	1.005	2.593	1.81
30	1.165	1.005	2.675	1.86
40	1.128	1.005	2.756	1.91
50	1.093	1.005	2.826	1.96
60	1.060	1.005	2.896	2.01
70	1.029	1.009	2.966	2.06
80	1.000	1.009	3.047	2.11
90	0.972	1.009	3.128	2.15
100	0.946	1.009	3.21	2.19
120	0.898	1.009	3.387	2.29
140	0.854	1.013	3.489	2.37
160	0.815	1.017	3.64	2.45
180	0.779	1.022	3.780	2.53
200	0.746	1.026	3.931	2.60

成绩＿＿＿＿＿＿＿＿

考评员签字：＿＿＿＿＿＿＿＿＿＿＿＿

成绩评定时间：　　年　　月　　日

三、精馏操作技能考核评分标准

(一)总体要求

根据测定要求和现场装置完成如下任务：

1. 掌握精馏装置构成、物料流程及操作控制点(阀门)。

2. 在规定时间内完成开车准备、开车和停车操作。

3. 能控制塔顶温度、回流比,维持精馏正常运行。

4. 正确判断精馏的运行状态,分析不正常现象的原因,采取相应措施,排除干扰,恢复正常操作。

5. 正确使用控制和指示仪表,用酒精计测量乙醇含量。

(二)技能要求

1. 所有规定任务必须在 90 分钟内完成。

2. 能正确进行离心泵的开停车,操作规范。

3. 熟练使用操作平台,操作规范。

(三)操作说明

1. 每组四名学员,由抽签确定。

2. 考核开始,考评员开始计时。

3. 完成开车前准备工作,举手示意,经考评员允许后方可开车。

4. 若需重新进行开车前准备调整,计入考试时间,并扣除相应分数。

5. 一次性完成开停车。重复测量计入考试时间,并扣除相应分数。

6. 测量完毕后,完成停车前准备,举手示意,经考评员允许后方可停车。

7. 若需重新进行停车前准备调整,计入考试时间,并扣除相应分数。

8. 举手示意,完成考核。

11. 考评员整体检查后,记下情况并进行整体评定。

12. 总体时间不能超过 90 分钟,考评员终止考核后,没有完成考核的选手退场,考评员根据完成情况评分。

（四）精馏装置操作技能考核评分细则

1. 精馏装置操作技能考核评分表

学员姓名________________　装置编号____________　考核时间：____年____月____日

操作时间起于__________　止于____________　用时__________分钟

操作阶段/规定时间	考核内容	操作要求	标准分值	评分标准与说明	得分
设备功能说明，流程叙述（20分钟）	装置构成与功能说明	塔釜、塔板、再沸器、全凝器、馏出罐、釜液与原料热交换器	10	1. 考评员指定三名选手之一叙述说明，其他选手不得提示、补充 2. 评判点及分值 ①精馏装置6个设备的作用（3分）；错或漏一个设备，扣0.5分 ②气、液相物料流程及传质传热过程说明（4分），气、液相物料流程各占2分；叙述说明缺项或错误，扣1分 ③规定时间完成（2分），否则，扣1分	
	气相物料流程叙述	塔釜—各层塔板筛孔—板上液层—全凝器			
	液相物料流程叙述	原料：原料罐—进料泵—加料板—各板—塔釜—热交换器—釜液罐 凝液：全凝器—馏出罐—采出泵—产品罐 全凝器—馏出罐—回流泵—塔顶—各塔板			
开车准备（20分钟）	检查水、电、仪、阀、泵，检查储罐；分析原料组成	1. 检查冷却水系统 2. 检查各阀门状态 3. 检查记录塔釜、原料罐、馏出罐液位 4. 检查电源和仪表显示 5. 用酒精计分析原料罐料液浓度，记录原料罐储量和含量	10	评判点及分值 ①打开冷却水回水、上水阀，查有无供水，关上水阀（1分） ②检查并确定工艺流程中各阀门功能和状态（2分） ③记录釜液位液位（1分） ④开启总电源、仪表盘电源，查看电压表、温度显示、实时监控仪（2分） ⑤酒精计测料液浓度，记录浓度（4分）；取样静置、测量、记录，错或漏一步，扣1分	
全回流操作（60分钟）	工艺指标合理性	进料温度	10	①进料温度控制在78±0.5℃	
		再沸器液位		②再沸器液位需要维持稳定在260mm左右	
	全回流操作及其稳定状态的判断	1. 开全凝器给水阀，调节流量至适宜 2. 打开电加热器以150～200V加热 3. 观察、记录馏出罐液位、塔内情况 4. 当馏出罐液位达到15cm时，开回流阀、启动回流泵，进行全回流操作 5. 维持馏出罐液位（15±1cm），至全回流操作稳定20分钟，间隔5分钟取样分析馏出液乙醇浓度 6. 取样分析，保持全回流操作稳定	40	评判点及分值： 1. 操作步骤（3分）。错或漏1步，扣1分 2. 升温（2分）。30分钟内升温到全回流操作；超时，扣1分 3. 馏出罐液位变化±10以内（2分），液位变化超过10，扣1分 4. 全回流操作质量（10分），全回流稳定后间隔5分钟取样两次交考评员分析：ΔC（%）：0～0.2，10分；0.2～0.6，8分；0.6～1.0，5分；1.0，2分。（说明：①ΔC——两次取样分析结果的质量浓差；②$\Delta C \leqslant 1.00\%$，若时间允许可继续全回流操作直至理想数值，若时间不允许，则可进入部分回流操作；③若$\Delta C \geqslant 1.00\%$，继续全回流操作，至$\Delta C \leqslant 1.00\%$；超时在相应等级上扣3分；④取样须在全回流操作稳定时，否则在相应等级上扣2分；⑤取样须放掉取样管内滞留液，否则扣全部质量分。）	

续表

操作阶段/规定时间	考核内容	操作要求	标准分值	评分标准与说明	得分
正常停车(20分钟)		1.按短期停车程序操作 ①关闭进料泵及相应管线上阀门 ②关闭再沸器电加热 ③关闭回流泵 ④记录各储罐液位 ⑤各阀门恢复开车前状态 ⑦关闭上水阀、回水阀 ⑧关仪表电源和总电源	10	评判点及分值。(操作顺序错误,扣相应步骤分) ①关闭进料泵、相应管线上阀门(2分),缺或错1步,扣1分 ②关闭再沸器电加热(1分) ③关闭回流泵(1分) ④记录各储罐液位(2分)检查和记录各1分,缺漏1步,扣1分。 ⑤各阀门恢复初始开车前的状态(1分) ⑥关闭上水阀、回水阀(1分) ⑦关仪表电源和总电源(1分)	
技术指标	产品浓度评分	测定回流罐中最终产品浓度	10	90%～95%(0分～满分)	
安全文明操作	安全、文明、礼貌	1.正确操作设备、使用工具 2.操作环境整洁、有序 3.文明礼貌,服从考评人员	5	评判点及分值 ①正确操作设备、使用工具(3分)错误,扣1分,损坏,扣10分。 ②操作环境整洁、有序(1分) ③服从考评员人员(1分)	
记录与报告	记录与报告	开车5分钟记录一次数据,顶温达60℃以上时,2分钟记录一次,顶温度稳定后5分钟记录一次,记录符合要求,清晰、准确	5	评判点及分值 ①记录规范真实(2分) ②报告规范、真实、准确(3分) 不规范、不及时、不完整,发现一次,扣1分,若发现数据记录誊抄、报告结果虚假,扣10分	

成绩____________________

考评员签字:________________

成绩评定时间:　　年　　月　　日

四、吸收—解吸操作技能考核评分标准

(一)总体要求

根据测定要求和现场装置完成如下任务:

1.掌握吸收—解吸装置构成、物料流程及操作控制点(阀门)。

2.在规定时间内完成开车准备、开车和停车操作。

3.能控制塔顶温度、回流比,维持精馏正常运行。

4. 正确判断精馏的运行状态，分析不正常现象的原因，采取相应措施，排除干扰，恢复正常操作。

5. 正确使用控制和指示仪表，用酒精计测量乙醇含量。

(二)技能要求

1. 所有规定任务必须在 90 分钟内完成。
2. 能正确进行离心泵的开停车，操作规范。
3. 熟练使用操作平台，操作规范。

(三)操作说明

1. 每组四名学员，由抽签确定。
2. 考核开始，考评员开始计时。
3. 完成开车前准备工作，举手示意，经考评员允许后方可开车。
4. 若需重新进行开车前准备调整，计入考试时间，并扣除相应分数。
5. 一次性完成开停车。重复测量计入考试时间，并扣除相应分数。
6. 测量完毕后，完成停车前准备，举手示意，经考评员允许后方可停车。
7. 若需重新进行停车前准备调整，计入考试时间，并扣除相应分数。
8. 举手示意，完成考核。

11. 考评员整体检查后，记下情况并进行整体评定。

12. 总体时间不能超过 90 分钟，考评员终止考核后，没有完成考核的选手退场，考评员根据完成情况评分。

(四)吸收—解吸装置操作技能考核评分细则

1. 吸收—解吸装置操作技能考核评分表

学员姓名________ 装置编号________ 考核时间：____年____月____日

操作时间起于________ 止于________ 用时________分钟

项目	分值	考核内容	考核标准	实际扣分	小计	备注
开车准备	10分	现场工艺流程的检查	不巡视，扣 2 分			
		公用工程(水、电、气)的检查	不检查，扣 2 分			
		现场仪表的检查	不检查，扣 2 分			
		检查吸收液储槽，是否有足够空间储存实训过程的吸收液	不检查，扣 2 分			
		检查解吸液储槽，是否有足够解吸液供实训使用	不检查，扣 2 分			

续表

项目	分值	考核内容	考核标准	实际扣分	小计	备注
正常开车	20分	开总电,仪表电	不开,扣2分			
		将空气压缩机电源接上,按规范打开空压机	不开,扣3分			
		确认阀门VA111处于关闭状态,启动解吸液泵P201,逐渐打开阀门VA111	不调节,扣2分			
		将吸收剂流量设定为规定值(25～40L/h),观测孔板流量计FIC03显示和解吸液入口压力PI03显示	打开错误,扣2分			
		当吸收塔底的液位LI01达到规定值时,启动空气压缩机,将空气流量设定为规定值(15～25L/min)	不检查,扣2分			
		观测吸收液储槽的液位LIC03,待其大于规定液位高度(150～200mm)后,启动旋涡气泵P202,将空气流量设定为规定值(3.0～4.5m^3/h),调节空气流量FIC01到此规定值	不在范围内,扣3分			
		确认阀门VA112处于关闭状态,启动吸收液泵P101,观测泵出口压力PI02打开阀门VA112。	不操作,扣3分			
		将阀门VA118逐渐关小至半开,观察空气流量FIC01的示值。气液两相被引入吸收塔后,开始正常操作	不操作,扣3分			
开车操作	20分	打开二氧化碳钢瓶阀门,调节二氧化碳流量到规定值(0.1－0.3MPa)	超过,扣5分			
		开空气入口阀,将二氧化碳和空气混合后制成实训用混合气从塔底进入吸收塔	未开,扣5分			
		操作稳定20分钟后,分析吸收塔顶放空气体(AI03)、解吸塔顶放空气体(AI05)	未分析,扣5分			
		每5分钟记录一次数据	不到5分钟扣2分,直到扣满5分			
停工操作	20分	关闭二氧化碳总阀	未关闭,扣5分			
		关闭二氧化碳减压阀	未关闭,扣4分			
		10min后关闭解吸液泵,再关闭空气进口阀	未关闭,扣2分			
		吸收液流量变为零后,关闭吸收液泵	未关闭,扣2分			
		5min后关闭漩涡泵	未关闭,扣2分			
		关闭总电源	未关闭,扣5分			

续表

项目	分值	考核内容	考核标准	实际扣分	小计	备注
结果处理	20分	正常操作共记录 5 组数据	少一组扣 2 分,直到扣满 10 分			
		操作稳定后,数据进行处理,计算出吸收率	少一组扣 2 分,直到扣满 10 分			
安全文明操作与质量管理	10分	是否服从考评员的组织管理	发生一次不服从扣 10 分;发生第二次不服从,取消考试资格			
		操作中伤害到他人或自己等不安全操作次数	每发生一次扣 2 分,直至扣完本项总分值。			
		安全帽、工作服及手套等穿戴是否规范	穿戴不齐,各扣 2 分			
		物品坠落、违规使用工具等	每发生一次扣 2 分,直至扣完本项总分值			
		完成时间要求	规定时间内完成不扣分;每超时 5 分钟扣 3 分;超时 10 分钟,终止考试			
总计得分						

成绩__________

考评员签字:

成绩评定时间:____ 年____月____日

模块三

化工总控工技能大赛模拟试卷

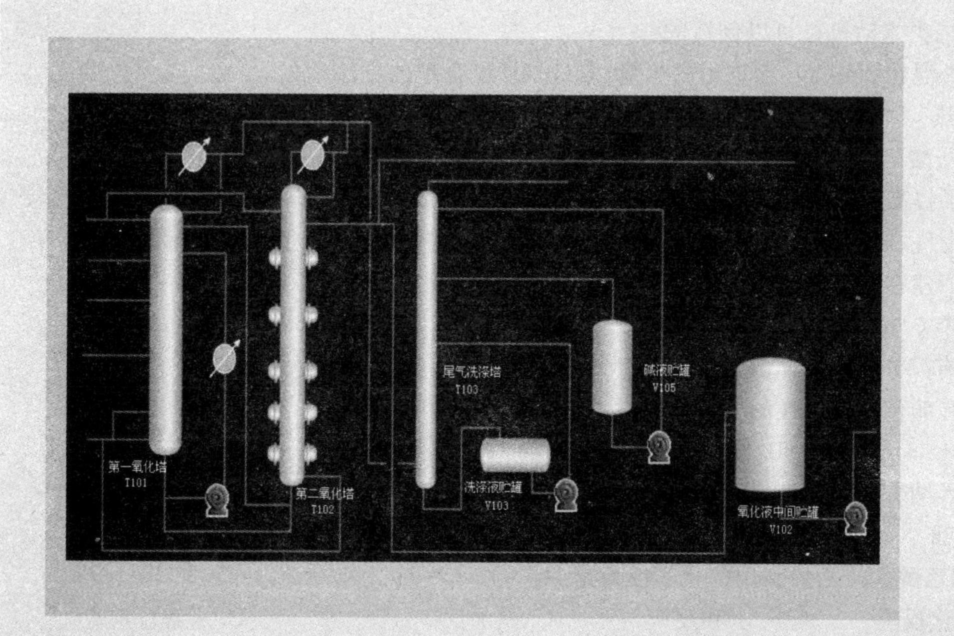

化工总控工技能大赛模拟题(一)

1. 反应 $2A(g) \rightleftharpoons 2B(g)+E(g)$(正反应为吸热反应)达到平衡时,要使正反应速率降低,A 的浓度增大,应采取的措施是(　　)。

A. 加压　　B. 减压　　C. 减小 E 的浓度　　D. 降温

2. 要同时除去 SO_2 气体中的 SO_3(气)和水蒸气,应将气体通入(　　)。

A. NaOH 溶液　　B. 饱和 $NaHSO_3$ 溶液

C. 浓 H_2SO_4　　D. CaO 粉末

3. 在乡村常用明矾溶于水,其目的是(　　)。

A. 利用明矾使杂质漂浮而得到纯水　　B. 利用明矾吸附后沉降来净化水

C. 利用明矾与杂质反应而得到纯水　　D. 利用明矾杀菌消毒来净化水

4. 下列物质不需用棕色试剂瓶保存的是(　　)。

A. 浓 HNO_3　　B. $AgNO_3$　　C. 氯水　　D. 浓 H_2SO_4

5. 关于热力学第一定律正确的表述是(　　)。

A. 热力学第一定律就是能量守恒与转化的定律

B. 第一类永动机是可以创造的

C. 在隔离体系中,自发过程向着熵增大的方向进行

D. 第二类永动机是可以创造的

6. 除去混在 Na_2CO_3 粉末中的少量 $NaHCO_3$ 最合理的方法是(　　)。

A. 加热　　B. 加 NaOH 溶液

C. 加盐酸　　D. 加 $CaCl_2$ 溶液

7. 为了提高硫酸工业的综合经济效益,下列做法正确的是(　　)。(1)对硫酸工业生产中产生的废气、废渣和废液实行综合利用。(2)充分利用硫酸工业生产中的"废热"。(3)不把硫酸工厂建在人口稠密的居民区和环保要求高的地区。

A. 只有(1)　　B. 只有(2)

C. 只有(3)　　D. (1)(2)(3)全正确

8. 既有颜色又有毒性的气体是(　　)。

A. Cl_2　　B. H_2　　C. CO　　D. CO_2

9. 金属钠着火时,可以用来灭火的物质或器材是(　　)。

A. 煤油　　B. 砂子　　C. 泡沫灭火器　　D. 浸湿的布

10. 用乙醇生产乙烯利用的化学反应是(　　)。

A. 氧化反应　　B. 水和反应　　C. 脱水反应　　D. 水解反应

11. 通常用来衡量一个国家石油化工发展水平的标志是(　　)。

A. 石油产量　　B. 乙烯产量　　C. 苯的产量　　D. 合成纤维产量

12. 下列各组液体混合物能用分液漏斗分开的是(　　)。

A. 乙醇和水　　B. 四氯化碳和水　　C. 乙醇和苯　　D. 四氯化碳和苯

13. 禁止用工业酒精配制饮料酒，是因为工业酒精中含有下列物质中的(　　)。

A. 甲醇　　B. 乙二醇　　C. 丙三醇　　D. 异戊醇

14. 在铁的催化剂作用下，苯与液溴反应，使溴的颜色逐渐变浅直至无色，属于(　　)。

A. 取代反应　　B. 加成反应　　C. 氧化反应　　D. 萃取反应

15. 芳烃 C_9H_{10} 的同分异构体有(　　)。

A. 3 种　　B. 6 种　　C. 7 种　　D. 8 种

16. 下列哪种方法不能制备氢气?(　　)

A. 电解食盐水溶液　　B. Zn 与稀硫酸　　C. Zn 与盐酸　　D. Zn 与稀硝酸

17. 实验室不宜用浓 H_2SO_4 与金属卤化物制备 HX 气体的有(　　)。

A. HF 和 HI　　B. HBr 和 HI　　C. HF、HBr 和 HI　　D. HF 和 HBr

18. 实验室用 FeS 和酸作用制备 H_2S 气体，所使用的酸是(　　)。

A. HNO_3　　B. 浓 H_2SO_4　　C. 稀 HCl　　D. 浓 HCl

19. 下列关于氨的性质的叙述中，错误的是(　　)。

A. 金属钠可取代干燥氨气中的氢原子，放出氢气

B. 氨气可在空气中燃烧生成氮气和水

C. 以"NH_2—"取代 $COCl_2$ 中的氯原子，生成 $CO(NH_2)_2$

D. 氨气与氯化氢气体相遇，可生成白烟

20. 置于空气中的铝片能与(　　)反应。

A. 水　　B. 浓冷硝酸　　C. 浓冷硫酸　　D. NH_4Cl 溶液

21. 下列物质的水溶液呈碱性的是(　　)。

A. 氯化钙　　B. 硫酸钠　　C. 甲醇　　D. 碳酸氢钠

22. 金属钠应保存在(　　)。

A. 酒精中　　B. 液氨中　　C. 煤油中　　D. 空气中

23. 下列滴定方法不属于滴定分析类型的是(　　)。

A. 酸碱滴定法　　B. 浓差滴定法

C. 配位滴定法　　D. 氧化还原滴定法

24. 有外观相似的两种白色粉末，已知它们分别是无机物和有机物，可用下列哪个简便方法将它们鉴别出来?(　　)

A. 分别溶于水，不溶于水的为有机物

B. 分别溶于有机溶剂，易溶的是有机物

C. 分别测熔点，熔点低的为有机物

D. 分别灼烧，能燃烧或炭化变黑的为有机物

25. 从石油分馏得到的固体石蜡，用氯气漂白后，燃烧时会产生含氯元素的气体，这是由于石蜡在漂白时与氯气发生过(　　)。

A. 加成反应　　B. 取代反应　　C. 聚合反应　　D. 催化裂化反应

26. 将石油中的(　　)转变为芳香烃的过程，叫做石油的芳构化。

A. 烷烃或脂环烃　　B. 乙烯　　C. 炔烃　　D. 醇

27. 一定量的某气体，压力增为原来的 4 倍，绝对温度是原来的 2 倍，那么气体体积变化的倍数是(　　)。

A. 8　　B. 2　　C. 1/2　　D. 1/8

28. 当可逆反应：$2Cl_2(g)+2H_2O \rightleftharpoons 4HCl(g)+O_2(g)+Q$ 达到平衡时，下面(　　)的操作，能使平衡向右移动。

A. 增大容器体积　　B. 减小容器体积

C. 加入氧气　　D. 加入催化剂

29. 可逆反应：$C(s)+H_2O \rightleftharpoons CO(g)+H_2(g)$　$DH>0$，下列说法正确的是(　　)。

A. 达到平衡时，反应物的浓度和生成物的浓度相等

B. 达到平衡时，反应物和生成物的浓度不随时间的变化而变化

C. 由于反应前后分子数相等，所以增加压力对平衡没有影响

D. 升高温度使正反应速度增大，逆反应速度减小，结果平衡向右移

30. 配平下列反应式：$FeSO_4+HNO_3+H_2SO_4=Fe_2(SO_4)_3+NO\uparrow+H_2O$，下列答案中系数自左到右正确的是(　　)。

A. 6,2,2,3,2,4　　B. 6,2,3,3,2,4

C. 6,2,1,3,2,1　　D. 6,2,3,3,2,9

31. 下列电子运动状态正确的是(　　)。

A. n=1、l=1、m=0　　B. n=2、l=0、m=±1

C. n=3,l=3,m=±1　　D. n=4,l=3、m=±1

32. 关于 NH_3 分子描述正确的是(　　)。

A. N 原子采取 SP_2 杂化，键角为 107.3°

B. N 原子采取 SP_3 杂化，包含一条 σ 键三条 π 键，键角 107.3°

C. N 原子采取 SP_3 杂化，包含一条 σ 键二条 π 键，键角 109.5°

D. N 原子采取不等性 SP_3 杂化，分子构形为三角锥形，键角 107.3°

33. 硼砂是治疗口腔炎中成药冰硼散的主要成分，其分子式为(　　)。

A. H_3BO_3　　B. $Na_2B_4O_7\cdot 8H_2O$

C. $Na_2B_4O_7\cdot 10H_2O$　　D. $Na_2BO_3\cdot 10H_2O$

34. 化学反应速率随反应浓度增加而加快，其原因是(　　)。

A. 活化能降低

B. 反应速率常数增大

C. 活化分子数增加，有效碰撞次数增大

D. 活化分子百分数增加，有效碰撞次数增大

35. 熔化时只破坏色散力的是(　　)。

A. NaCl(s)　　B. 冰　　C. 干冰　　D. SiO_2

36. 下列各组物质沸点高低顺序中正确的是(　　)。

A. HI>HBr>HCl>HF　　B. $H_2Te>H_2Se>H_2S>H_2O$

C. $NH_3>AsH_3>PH_3$　　D. $CH_4>GeH_4>SiH_4$

37. 下列物质中，分子之间不存在氢键的是(　　)。

A. C_2H_5OH　　B. CH_4　　C. H_2O　　D. HF

38. 滴定分析中，化学计量点与滴定终点间的关系是(　　)。

A. 两者必须吻合　　B. 两者互不相干

C. 两者愈接近,滴定误差愈小　　D. 两者愈接近,滴定误差愈大

39. 下列化合物中不溶于水的是(　　)。

A. 醋酸　　B. 乙酸乙酯　　C. 乙醇　　D. 乙胺

40. 下列化合物与 $FeCl_3$ 发生显色反应的是(　　)。

A. 对苯甲醛　　B. 对甲苯酚　　C. 对甲苯甲醇　　D. 对甲苯甲酸

41. 下列关于氯气的叙述正确的是(　　)。

A. 在通常情况下,氯气比空气轻

B. 氯气能与氢气化合生成氯化氢

C. 红色的铜丝在氯气中燃烧后生成蓝色的 $CuCl_2$

D. 液氯与氯水是同一种物质

42. 对于 H_2O_2 性质的描述正确的是(　　)。

A. 只有强氧化性　　B. 既有氧化性,又有还原性

C. 只有还原性　　D. 很稳定,不易发生分解

43. 氮分子的结构很稳定的原因是(　　)。

A. 氮原子是双原子分子

B. 氮是分子晶

C. 在常温常压下,氮分子是气体

D. 氮分子中有个三键,其键能大于一般的双原子分子

44. 下列气体的制取中,与氨气的实验室制取装置相同的是(　　)。

A. Cl_2　　B. CO_2　　C. H_2　　D. O_2

45. 下列金属常温下能和水反应的是(　　)。

A. Fe　　B. Cu　　C. Mg　　D. Na

46. 氧和臭氧的关系是(　　)。

A. 同位素　　B. 同素异形体　　C. 同分异构体　　D. 同一物质

47. 工业上广泛采用的大规模制取氯气的方法是(　　)。

A. 浓硫酸与二氧化锰反应　　B. 电解饱和食盐水溶液

C. 浓硫酸与高锰酸钾反应　　D. 二氧化锰、食盐与浓硫酸反应

48. 实验室制取氯气的收集方法应采用(　　)。

A. 排水集气法　　B. 向上排气集气法

C. 向下排气集气法　　D. 排水和排气法都可以

49. 氯化氢的水溶性是(　　)。

A. 难溶　　B. 微溶　　C. 易溶　　D. 极易溶

50. 氯化氢气体能使(　　)。

A. 干燥的石蕊试纸变红色　　B. 干燥的石蕊试纸变蓝色

C. 湿润的石蕊试纸变红色　　D. 湿润的石蕊试纸变蓝色

51. 实验室制取氯化氢的方法是(　　)。

A. 氯化钠溶液与浓硫酸加热反应　　B. 氯化钠溶液与稀硫酸加热反应

C. 氯化钠晶体与浓硫酸加热反应　　D. 氯化钠晶体与稀硫酸加热反应

52. 在冷浓硝酸中最难溶解的金属是(　　)。

A. Cu B. Ag C. Al D. Zn

53. 某盐水溶液，无色，加入硝酸银溶液后，产生白色沉淀，加入氢氧化钙并加热，有刺激性气味气体放出。该盐可能是（ ）。

A. 氯化钠 B. 氯化铵 C. 醋酸锌 D. 硝酸汞

54. 欲制备干燥的氨，所需的药品是（ ）。

A. 氯化铵、熟石灰、浓硫酸 B. 氯化铵、生石灰、五氧化二磷

C. 氯化铵、熟石灰、碱石灰 D. 硫酸铵、熟石灰

55. 盛烧碱溶液的瓶口，常有白色固体物质，其成分是（ ）。

A. 氧化钠 B. 氢氧化钠 C. 碳酸钠 D. 过氧化钠

56. 下列物质能用铝容器保存的是（ ）。

A. 稀硫酸 B. 稀硝酸 C. 冷浓硫酸 D. 冷浓盐酸

57. 钢中含碳量（ ）。

A. 小于 0.2% B. 大于 1.7% C. 0.2%～1.7% D. 任意值

58. 要准确量取 25.00ml 的稀盐酸，可用的仪器是（ ）。

A. 25ml 移液管 B. 25ml 量筒

C. 25ml 酸式滴定管 D. 25ml 碱式滴定管

59. 使用碱式滴定管进行滴定的正确操作是（ ）。

A. 用左手捏稍低于玻璃珠的近旁 B. 用左手捏稍高于玻璃珠的近旁

C. 用右手捏稍低于玻璃珠的近旁 D. 用右手捏稍高于玻璃珠的近旁

60. 讨论实际气体时，若压缩因子 $Z>1$，则表示该气体（ ）。

A. 容易液化

B. 在相同温度和压力下，其内压为零

C. 在相同温度和压力下，其 Vm 较理想气体摩尔体积大

D. 该气体有较大的对比压力

61. $(CH_3CH_2)_3CH$ 所含的伯、仲、叔碳原子的个数比是（ ）。

A. 3∶3∶1 B. 3∶2∶3 C. 6∶4∶1 D. 9∶6∶1

62. 要准确量取一定量的液体，最适当的仪器是（ ）。

A. 量筒 B. 烧杯 C. 试剂瓶 D. 滴定管

63. 在只含有 Cl^- 和 Ag^+ 的溶液中，能产生 AgCl 沉淀的条件是（ ）。

A. 离子积＞溶度积 B. 离子积＜溶度积

C. 离子积＝溶度积 D. 不能确定

64. 下列物质中属于酸碱指示剂的是（ ）。

A. 钙指示剂 B. 铬黑 T C. 甲基红 D. 二苯胺

65. 对于真实气体，下列与理想气体相近的条件是（ ）。

A. 高温高压 B. 高温低压 C. 低温高压 D. 低温低压

66. 影响化学反应平衡常数数值的因素是（ ）。

A. 反应物浓度 B. 温度 C. 催化剂 D. 产物浓度

67. 利用下列方法能制备乙醇的是（ ）。

A. 乙烯通入水中 B. 溴乙烷与水混合加热

C. 淀粉在稀酸下水解　　D. 乙醛蒸气和氢气通过热的镍丝

68. 缓冲容量的大小与组分比有关，总浓度一定时，缓冲组分的浓度比接近(　　)时，缓冲容量最大。

A. 2∶1　　B. 1∶2　　C. 1∶1　　D. 3∶1

69. 封闭系统经任意循环过程，则(　　)。

A. $Q=0$　　B. $W=0$　　C. $Q+W=0$　　D. 以上均不对

70. 相同条件下，质量相同的下列物质，所含分子数最多的是(　　)。

A. 氢气　　B. 氯气　　C. 氯化氢　　D. 二氧化碳

71. 在分光光度计中，其原理为(　　)。

A. 牛顿定律　　B. 朗伯－比尔定律　　C. 布朗定律　　D. 能斯特定律

72. 化合物①乙醇、②碳酸、③水、④苯酚的酸性由强到弱的顺序是(　　)。

A. ①②③④　　B. ②③①④　　C. ④③②①　　D. ②④③①

73. 气体 CO 与 O_2 在一坚固的绝热箱内发生化学反应，系统的温度升高，该过程(　　)。

A. $dU=0$　　B. $dH=0$　　C. $dS=0$　　D. $dG=0$

74. 下列气体中不能用浓硫酸做干燥剂的是(　　)。

A. NH_3　　B. Cl_2　　C. N_2　　D. O_2

75. 在酸性溶液中用高锰酸钾标准溶液滴定草酸盐反应的催化剂是(　　)。

A. $KMnO_4$　　B. Mn^{2+}　　C. MnO_2　　D. Ca_{2+}

76. 烷烃①正庚烷、②正己烷、③2-甲基戊烷、④正癸烷的沸点由高到低的顺序是(　　)。

A. ①②③④　　B. ③②①④　　C. ④③②①　　D. ④①②③

77. 对于二组分系统能平衡共存的最多相数为(　　)。

A. 1　　B. 2　　C. 3　　D. 4

78. 氢气还原氧化铜的实验过程中，包含四步操作：①加热盛有氧化铜的试管；②通入氢气；③撤去酒精灯；④继续通入氢气直至冷却。正确的操作顺序是(　　)。

A. ①②③④　　B. ②①③④　　C. ②①④③　　D. ①②④③

79. 下列物质中，不能由金属和氯气反应制得的是(　　)。

A. $MgCl_2$　　B. $AlCl_3$　　C. $FeCl_2$　　D. $CuCl_2$

80. 下列气体中无毒的是(　　)。

A. CO_2　　B. Cl_2　　C. SO_2　　D. H_2S

81. 下列气态氢化物中，最不稳定的是(　　)。

A. NH_3　　B. H_2S　　C. PH_3　　D. H_2O

82. 下列物质被还原可生成红棕色气体的是(　　)。

A. 溴化氢　　B. 一氧化氮　　C. 稀硫酸　　D. 浓硝酸

83. 下列不能通过电解食盐水得到的是(　　)。

A. 烧碱　　B. 纯碱　　C. 氢气　　D. 氯气

84. 既能跟盐酸，又能跟氢氧化钠反应，产生氢气的物质是(　　)。

A. 铝　　B. 铁　　C. 铜　　D. 氧化铝

85. 用盐酸滴定氢氧化钠溶液时，下列操作不影响测定结果的是(　　)。

A. 酸式滴定管洗净后直接注入盐酸　　B. 锥形瓶用蒸馏水洗净后未经干燥

C. 锥形瓶洗净后再用碱液润洗　　D. 滴定至终点时,滴定管尖嘴部位有气泡

86. 下列化合物,属于烃类的是(　　)。

A. CH_3CHO　　B. CH_3CH_2OH　　C. C_4H_{10}　　D. C_6H_5Cl

87. 下列属于可再生燃料的是(　　)。

A. 煤　　B. 石油　　C. 天然气　　D. 柴草

88. 目前,工业上乙烯的主要来源是(　　)。

A. 乙醇脱水　　B. 乙炔加氢　　C. 煤的干馏　　D. 石油裂解

89. 范德瓦尔斯方程对理想气体方程做了哪两项修正?(　　)

A. 分子间有作用力,分子本身有体积

B. 温度修正,压力修正

C. 分子不是球形,分子间碰撞有规律可循

D. 分子间有作用力,温度修正

90. 化学反应活化能的概念是(　　)。

A. 基元反应的反应热　　B. 基元反应,分子反应需吸收的能量

C. 一般反应的反应热　　D. 一般反应,分子反应需吸收的能量

91. 热力学第一定律和第二定律表明的是(　　)。

A. 敞开体系能量守恒定律和敞开体系过程方向和限度

B. 隔离体系能量守恒定律和隔离体系过程方向和限度

C. 封闭体系能量守恒定律和隔离体系过程方向和限度

D. 隔离体系能量守恒定律和封闭体系过程方向和限度

92. 实际气体与理想气体的区别是(　　)。

A. 实际气体分子有体积

B. 实际气体分子间有作用力

C. 实际气体与理想气体间并无多大本质区别

D. 实际气体分子不仅有体积,实际气体分子间还有作用力

93. 滴定管在待装溶液加入前应(　　)。

A. 用水润洗　　B. 用蒸馏水润洗

C. 用待装溶液润洗　　D. 只要用蒸馏水洗净即可

94. 在氧化还原法滴定中,高锰酸钾法使用的是(　　)。

A. 特殊指示剂　　B. 金属离子指示剂

C. 氧化还原指示剂　　D. 自身指示剂

95. 对完全互溶的双液系 A、B 组分来说,若组成一个具有最高恒沸点相图,其最高恒沸点对应的组成为 C,如体系点在 A、C 之间,则完全分(　　)。

A. 塔底为 A,塔顶为 C　　B. 塔底为 C,塔顶为 A

C. 塔底为 B,塔顶为 C　　D. 塔底为 C,塔顶为 B

96. 一个人精确地计算了他一天当中做功所需付出的能量,包括工作、学习、运动、散步、读书、看电视、甚至做梦,等等,共 12800kJ。所以他认为每天所需摄取的能量总值就是 12800kJ。这个结论是否正确?(　　)

A. 正确　　B. 违背热力学第一定律

C. 违背热力学第二定律　　D. 很难说

97. 下列物质久置空气中会变质的是(　　)。

A. 烧碱　　B. 亚硝酸钠　　C. 氢硫酸　　D. 硫单质

98. 下列反应中既表现了浓硫酸的酸性,又表现了浓硫酸的氧化性的是(　　)。

A. 与铜反应　　B. 使铁钝化　　C. 与碳反应　　D. 与碱反应

99. “三苯”指的是(　　)。

A. 苯,甲苯,乙苯　　B. 苯,甲苯,苯乙烯

C. 苯,苯乙烯,乙苯　　D. 苯,甲苯,二甲苯

100. 关于氨的下列叙述中,错误的是(　　)。

A. 是一种制冷剂　　B. 氨在空气中可以燃烧

C. 氨易溶于水　　D. 氨水是弱碱

化工总控工技能大赛模拟题(二)

1. 设备分类代号中表示容器的字母为(　　)。

A. T　　B. V　　C. P　　D. R

2. 阀体涂颜色为灰色,表示阀体材料为(　　)。

A. 合金钢　　B. 不锈钢　　C. 碳素钢　　D. 工具钢

3. 高温管道是指温度高于(　　)的管道

A. 30℃　　B. 350℃　　C. 450℃　　D. 500℃

4. 公称直径为125mm,工作压力为0.8MPa的工业管道应选用(　　)。

A. 普通水煤气管道　　B. 无缝钢管　　C. 不锈钢管　　D. 塑料管

5. 普通水煤气管,适用于工作压力不超出(　　)MPa的管道

A. 0.6　　B. 0.8　　C. 1.0　　D. 1.6

6. 疏水阀用于蒸汽管道上自动排除(　　)。

A. 蒸汽　　B. 冷凝水　　C. 空气　　D. 以上均不是

7. 锯割操作,上锯条时,锯齿应向(　　)。

A. 前　　B. 后　　C. 上　　D. 下

8. 表示化学工业部标准符号的是(　　)。

A. GB　　B. JB　　C. HG　　D. HB

9. 在方案流程图中,设备的大致轮廓线应用(　　)表示。

A. 粗实线　　B. 细实线　　C. 中粗实线　　D. 双点画线

10. 有关杠杆百分表的使用问题,以下哪种说法不正确?(　　)

A. 适用于测量凹槽、孔距等

B. 测量头可拨动180°

C. 尽可能使测量杆轴线垂直于工件尺寸线

D. 不能测平面

11. (　　)方式在石油化工管路的连接中应用极为广泛。

A. 螺纹连接　　B. 焊接　　C. 法兰连接　　D. 承插连接

12. 含硫热油泵的泵轴一般选用(　　)钢。

A. 45　　B. 40Cr　　C. 3Cr13　　D. 1Cr18Ni9Ti

13. 氨制冷系统用的阀门不宜采用(　　)。

A. 铜制　　B. 钢制　　C. 塑料　　D. 铸铁

14. (　　)是装于催化裂化装置再生器顶部出口与放空烟囱之间,用以控制再生器的压力,使之与反应器的压力基本平衡。

A. 节流阀　　B. 球阀　　C. 单动滑阀　　D. 双动滑阀

15. 化工工艺流程图是一种表示(　　)的示意性图样,根据表达内容的详略,分为方案流程图和施工流程图。

A. 化工设备　　B. 化工过程　　C. 化工工艺　　D. 化工生产过程

16. 化工工艺流程图中的设备用(　　)线画出,主要物料的流程线用(　　)实线表示。

A. 细,粗　　B. 细,细　　C. 粗,细　　D. 粗,细

17. 设备布置图和管路布置图主要包括反映设备、管路水平布置情况的(　　)图和反映某处立面布置情况的(　　)图。

A. 平面,立面　　B. 立面,平面　　C. 平面,剖面　　D. 剖面,平面

18. 用于泄压起保护作用的阀门是(　　)。

A. 截止阀　　B. 减压阀　　C. 安全阀　　D. 止逆阀

19. 化工管路常用的连接方式有(　　)。

A. 焊接和法兰连接　　B. 焊接和螺纹连接

C. 螺纹连接和承插式连接　　D. A 和 C 都是

20. 对于使用强腐蚀性介质的化工设备,应选用耐腐蚀的不锈钢,且尽量使用(　　)不锈钢种。

A. 含锰　　B. 含铬镍　　C. 含铅　　D. 含钛

21. 碳钢和铸铁都是铁和碳的合金,它们的主要区别是含(　　)量不同。

A. 硫　　B. 碳　　C. 铁　　D. 磷

22. 水泥管的连接适宜采用的连接方式为(　　)。

A. 螺纹连接　　B. 法兰连接　　C. 承插式连接　　D. 焊接连接

23. 管路通过工厂主要交通干线时高度不得低于(　　)m。

A. 2　　B. 4.5　　C. 6　　D. 5

24. 下列阀门中,(　　)是自动作用阀。

A. 截止阀　　B. 节流阀　　C. 闸阀　　D. 止回阀

25. 阀门阀杆转动不灵活,不正确的处理方法为(　　)。

A. 适当放松压盖　　B. 调直修理　　C. 更换新填料　　D. 清理积存物

26. 指出常用的管路(流程)系统中的阀门图形符号(　　)是“止回阀”。

A. ─⋈─　　B. ─⋈─　　C. ─⋈─　　D. ─⧓─

27. 设备类别代号 T 涵义为(　　)。

A. 塔　　B. 换热器　　C. 容器　　D. 泵

28. (　　)在工艺设计中起主导作用,是施工安装的依据,同时又作为操作运行及检修的指南。

A. 设备布置图　　B. 管道布置图

C. 工艺管道及仪表流程图　　D. 化工设备图

29. 电动卷扬机应按规程做定期检查,每(　　)至少一次。

A. 周　　B. 月　　C. 季　　D. 年

30. 工艺流程图基本构成是(　　)。

A. 图形　　B. 图形和标注

C. 标题栏　　D. 图形、标注和标题栏

31. 管道的常用表示方法是(　　)。

A. 管径代号　　B. 管径代号和外径

C. 管径代号、外径和壁厚　　D. 管道外径

32. 管子的公称直径是指(　　)。

A. 内径　　B. 外径

C. 平均直径　　D. 设计、制造的标准直径

33. 在工艺管架中管路采用U型管的目的是(　　)。

A. 防止热胀冷缩　B. 操作方便　C. 安装需要　D. 调整方向

34. 中压容器设计压力在(　　)。

A. $0.98 \leqslant P < 1.2$MPa　　B. 1.2MPa$\leqslant$1.5MPa

C. 1.568MPa$\leqslant P <$9.8MPa　　D. 1.568MPa$\leqslant P \leqslant$98MPa

35. 管壳式换热器属于(　　)。

A. 直接混合式换热器　　B. 蓄热式换热器

C. 间壁式换热器　　D. 以上都不是

36. 化工工艺图包括:工艺流程图、设备布置图和(　　)。

A. 物料流程图　B. 管路立面图　C. 管路平面图　D. 管路布置图

37. 常用的检修工具有:起重工具、(　　)、检测工具和拆卸与装配工具。

A. 扳手　B. 电动葫芦　C. 起重机械　D. 钢丝绳

38. 一般化工管路由:管子、管件、阀门、支管架、(　　)及其他附件所组成。

A. 化工设备　B. 化工机器　C. 法兰　D. 仪表装置

39. 法兰或螺纹连接的阀门应在(　　)状态下安装

A. 开启　B. 关闭　C. 半开启　D. 均可

40. 阀门发生关闭件泄漏,检查出产生故障的原因为密封面不严,则排除的方法(　　)。

A. 正确选用阀门　　B. 提高加工或修理质量

C. 校正或更新阀杆　　D. 安装前试压、试漏,修理密封面

41. 阀门阀杆升降不灵活,是由于阀杆弯曲,则排除的方法(　　)。

A. 更换阀门　　B. 更换阀门弹簧

C. 使用短杠杆开闭阀杆　　D. 设置阀杆保护套

42. 化工设备常用材料的性能可分为:工艺性能和(　　)。

A. 物理性能　B. 使用性能　C. 化学性能　D. 力学性能

43. 化工容器按工作原理和作用的不同可分为:反应容器、换热容器、储存容器和(　　)。

A. 过滤容器　　B. 蒸发容器

C. 分离容器　　D. 气体净化分离容器

44. 型号为J41W-16P的截止阀,其中"16"表示(　　)。

A. 公称压力为16MPa　　B. 公称压力为16Pa

C. 公称压力为1.6MPa　　D. 公称压力为1.6Pa

45. 不锈钢1Cr18Ni9Ti表示平均含碳量为(　　)。

A. 0.9×10^{-2}　B. 2×10^{-2}　C. 1×10^{-2}　D. 0.1×10^{-2}

46. 阅读以下阀门结构图,表述正确的是(　　)。

A. ①属于截止阀　　B. ①②属于截止阀

C. ①②③属于截止阀　　D. ①②③④都属于截止阀

47. 游标卡尺上与游标0线对应的零件尺寸为28mm，游标总长度为19mm，有20个刻度，游标与主尺重合刻度线为5，该零件的实际尺寸是(　　)。

A. 28.5mm　B. 28.25mm　C. 28.1mm　D. 28.75mm

48. 下列管路图例中(　　)代表夹套管路。

A. ─▭─　B. ┼┼┼┼　C. ×××××　D. ─◇◇◇─

49. 有一条蒸汽管道和两条涂漆管道相向并行，这些管道垂直面排列时由上而下排列顺序是(　　)。

A. 粉红—红—深绿　B. 红—粉红—深绿

C. 红—深绿—粉红　D. 深绿—红—粉红

50. 用塞尺测量两个对接法兰的端面间隙是为了检查两个法兰端面的(　　)偏差。

A. 法兰轴线与端面的垂直度　B. 两个法兰端面的平行度

C. 密封间隙　D. 表面粗糙度

51. 表示有(　　)根管线投影重叠。

A. 5　B. 4　C. 3　D. 2

52. 下列(　　)化工设备的代号是E。

A. 管壳式余热锅炉　B. 反应釜　C. 干燥器　D. 过滤器

53. 管道轴测图一般定Z轴为(　　)。

A. 东西方向　B. 南北方向　C. 上下方向　D. 左右方向

54. 使用台虎钳时，所夹工件尺寸不得超过钳口最大行程的(　　)。

A. 1/3　B. 1/2　C. 2/3　D. 3/4

55. 波形补偿器应严格按照管道中心线安装，不得偏斜，补偿器两端应设(　　)。

A. 至少一个导向支架　B. 至少各有一个导向支架

C. 至少一个固定支架　D. 至少各有一个固定支架

56. 管道工程中，(　　)的闸阀，可以不单独进行强度和严密性试验。

A. 公称压力小于1MPa，且公称直径小于或等于600mm

B. 公称压力小于1MPa，且公称直径大于或等于600mm

C. 公称压力大于1MPa，且公称直径小于或等于600mm

D. 公称压力大于1MPa，且公称直径大于或等于600mm

57. 化工制图中工艺物料管道用(　　)线条绘制流程图。

A. 细实线　B. 中实线　C. 粗实线　D. 细虚线

58. 浓硫酸贮罐的材质应选择(　　)。

A. 不锈钢　B. 碳钢　C. 塑料材质　D. 铅质材料

59. 化工企业中压力容器泄放压力的安全装置有：安全阀与(　　)等。

A. 疏水阀　B. 止回阀　C. 防爆膜　D. 节流阀

60. 在化工工艺流程图中，仪表控制点以(　　)在相应的管道上用符号画出。

A. 虚线　B. 细实线　C. 粗实线　D. 中实线

61. 带控制点的工艺流程图构成有(　　)。

A. 设备、管线、仪表、阀门、图例和标题栏　B. 厂房

C. 设备和厂房　D. 方框流程图

62. 20 号钢表示钢中含碳量为(　　)。

A. 0.02%　　B. 0.2%　　C. 2.0%　　D. 20%

63. 下列指标中(　　)不属于机械性能指标。

A. 硬度　　B. 塑性　　C. 强度　　D. 导电性

64. 阀门填料函泄漏的原因不是下列哪项?(　　)

A. 填料装的不严密　B. 压盖未压紧　C. 填料老化　D. 堵塞

65. 管道标准为 W1022-25×2.5B,其中 10 的含义是(　　)。

A. 物料代号　　B. 主项代号　　C. 管道顺序号　　D. 管道等级

66. 在管道布置中管道用(　　)。

A. 不论什么管道都用单线绘制

B. 不论什么管道都用双线绘制

C. 公称直径大于或等于 400mm 的管道用双线,小于和等于 350mm 的管道用单线绘制

D. 不论什么管道都用粗实线绘制

67. 化工管件中,管件的作用是(　　)。

A. 连接管子　　B. 改变管路方向　　C. 接出支管和封闭管路　　D. A、B、C 全部包括

68. 阀门的主要作用是(　　)。

A. 启闭作用　　B. 调节作用

C. 安全保护作用　　D. 前三种作用均具备

69. 化工管路的连接方法,常用的有(　　)。

A. 螺纹连接　　B. 法兰连接　　C. 轴承连接和焊接　　D. A、B、C 均可

70. 高温下长期受载的设备,不可轻视(　　)。

A. 胀性破裂　　B. 热膨胀性　　C. 蠕变现象　　D. 腐蚀问题

71. 化工设备一般都采用塑性材料制成,其所受的压力一般都应小于材料的(　　),否则会产生明显的塑性变形。

A. 比例极限　　B. 弹性极限　　C. 屈服极限　　D. 强度极限

72. 以下属于化工容器常用低合金钢的是(　　)。

A. Q235A. F　　B. 16Mn　　C. 65Mn　　D. 45 钢

73. 压力容器用钢的基本要求是有较高的强度,良好的塑性、韧性、制造性能和与介质相容性,硫和磷是钢中最有害的元素,我国压力容器对硫和磷含量控制在(　　)以下。

A. 0.2%和 0.3%　　B. 0.02%和 0.03%

C. 2%和 3%　　D. 0.002%和 0.003%

74. 针对压力容器的载荷形式和环境条件选择耐应力腐蚀的材料,高浓度的氯化物介质,一般选用(　　)。

A. 低碳钢　　B. 含镍、铜的低碳高铬铁素体不锈钢

C. 球墨铸铁　　D. 铝合金

75. —|⋈|—表示(　　)。

A. 螺纹连接,手动截止阀　　B. 焊接连接,自动闸阀

C. 法兰连接,自动闸阀　　D. 法兰连接,手动截止阀

76. 在设备分类代号中哪个字母代表换热器?填写在括号内(　　)。

A. T　　B. E　　C. F　　D. R

77. 在工艺管道及仪表流程图中,设备是用(　　)绘制的。

A. 粗实线　　B. 细虚线　　C. 细实线　　D. 点画线

78. 在工艺管道及仪表流程图中,是由图中的(　　)反映实际管道的粗细的。

A. 管道标注　　B. 管线粗细　　C. 管线虚实　　D. 管线长短

79. 在化工管路中,对于要求强度高、密封性能好、能拆卸的管路,通常采用(　　)。

A. 法兰连接　　B. 承插连接　　C. 焊接　　D. 螺纹连接

80. 利用阀杆升降带动与之相连的圆形阀盘,改变阀盘与阀座间的距离达到控制启闭的阀门是(　　)。

A. 闸阀　　B. 截止阀　　C. 蝶阀　　D. 旋塞阀

81. (　　)在管路上安装时,应特别注意介质出入阀口的方向,使其“低进高出”。

A. 闸阀　　B. 截止阀　　C. 蝶阀　　D. 旋塞阀

82. 闸阀的阀盘与阀座的密封面泄漏,一般是采用(　　)方法进行修理。

A. 更换　　B. 加垫片　　C. 研磨　　D. 防漏胶水

83. 工作压力为 8MPa 的反应器属于(　　)。

A. 低压容器　　B. 中压容器　　C. 高压容器　　D. 超高压容器

84. 下列比例中,(　　)是优先选用的比例。

A. 4∶1　　B. 1∶3　　C. 5∶1　　D. 1∶1.5×10n

85. 下列符号中代表指示、控制的是(　　)。

A. TIC　　B. TdRC　　C. PdC　　D. AC

86. 下列四种阀门图形中,表示截止阀的是(　　)。

A. ⋈　　B. ⋈　　C. ⍂　　D. ⋈

87. 在工艺流程图中,常用设备如换热器、反应器、容器、塔的符号表示顺序是(　　)。

A. “T、V、R、E”　　B. “R、F、V、T”

C. “E、R、V、T”　　D. “R、V、L、T”

88. 化工工艺流程图分为(　　)和施工流程图。

A. 控制流程图　　B. 仪表流程图　　C. 设备流程图　　D. 方案流程图

89. 带控制点工艺流程图又称为(　　)。

A. 方案流程图　　B. 施工流程图　　C. 设备流程图　　D. 电气流程图

90. 带控制点流程图一般包括:图形、标注、(　　)、标题栏等。

A. 图例　　B. 说明　　C. 比例说明　　D. 标准

91. 在带控制点工艺流程图中的图例是用来说明(　　)、管件、控制点等符号的意义。

A. 压力表　　B. 阀门　　C. 流量计　　D. 温度计

92. 工艺流程图中,容器的代号是(　　)。

A. R　　B. E　　C. P　　D. U

93. 工艺物料代号 PA 是(　　)。

A. 工艺气体　　B. 工艺空气

C. 气液两相工艺物料　　D. 气固两相工艺物料

94. PG1310—300A1A 为某一管道的标注，其中 300 是指(　　)。

A. 主项编号　　B. 管道顺序号　　C. 管径　　D. 管道等级

95. 为了减少室外设备的热损失，保温层外包的一层金属皮应采用(　　)。

A. 表面光滑，色泽较浅　　B. 表面粗糙，色泽较深

C. 表面粗糙，色泽较浅　　D. 表面光滑，色泽较深

96. 下列关于截止阀的特点叙述不正确的是(　　)。

A. 结构复杂　　B. 操作简单　　C. 不易于调节流量　　D. 启闭缓慢时无水锤

97. 法兰连接的优点不正确的是(　　)。

A. 强度高　　B. 密封性好　　C. 适用范围广　　D. 经济

98. 利用一可绕轴旋转的圆盘来控制管路的启闭，转角大小反映阀门的开启程度，这是(　　)。

A. 闸阀　　B. 蝶阀　　C. 球阀　　D. 旋塞阀

99. 合成氨中氨合成塔属于(　　)。

A. 低压容器　　B. 中压容器　　C. 高压容器　　D. 超高压容器

化工总控工技能大赛模拟题(三)

1. 我国工业交流电的频率为(　　)。

A. 50Hz　　B. 100Hz　　C. 314rad/s　　D. 3.14rad/s

2. 当三相负载的额定电压等于电源的相电压时,三相负载应做(　　)联接。

A. Y　　B. X　　C. Δ　　D. S

3. 热电偶温度计是基于(　　)的原理来测温的。

A. 热阻效应　　B. 热电效应　　C. 热磁效应　　D. 热压效应

4. 测高温介质或水蒸气的压力时要安装(　　)。

A. 冷凝器　　B. 隔离罐　　C. 集气器　　D. 沉降器

5. 一般情况下,压力和流量对象选(　　)控制规律。

A. D　　B. PI　　C. PD　　D. PID

6. 电路通电后,却没有电流,此时电路处于(　　)状态。

A. 导通　　B. 短路　　C. 断路　　D. 电阻等于零

7. 三相交流电中,A相、B相、C相与N(中性线)之间的电压都为220V,那么A相与B相之间的电压应为(　　)。

A. 0V　　B. 440V　　C. 220V　　D. 380V

8. 运行中的电机失火时,应采用(　　)灭火

A. 泡沫　　B. 干粉　　C. 水　　D. 喷雾水枪

9. 在自动控制系统中,仪表之间的信息传递都采用统一的信号,它的范围是(　　)。

A. 0～10mA　　B. 4～20mA　　C. 0～10V　　D. 0～5V

10. 某控制系统中,为使控制作用具有预见性,需要引入(　　)调节规律。

A. PD　　B. PI　　C. P　　D. I

11. 热电偶是测量(　　)参数的元件

A. 液位　　B. 流量　　C. 压力　　D. 温度

12. 两个电阻,当它们并联时的功率比为16∶9,若将它们串联,则两电阻上的功率比将是(　　)。

A. 4∶3　　B. 9∶16　　C. 3∶4　　D. 16∶9

13. 一个电热器接在10V的直流电源上,产生一定的热功率。把它改接到交流电源上,使产生的热功率与直流电时相同,则交流电源电压的最大值是(　　)。

A. 7.07V　　B. 5V　　C. 14V　　D. 10V

14. 根据"化工自控设计技术规定",在测量稳定压力时,最大工作压力不应超过测量上限值的(　　)测量脉动压力时,最大工作压力不应超过测量上限值的(　　)。

A. 1/3、1/2　　B. 2/3、1/2　　C. 1/3、2/3　　D. 2/3、1/3

15. 在XCZ101型动圈式显示仪表安装位置不变的情况下,每安装一次测温元件时,都要重新调整一次外接电阻的数值,当配用热电偶时,使R外为(　　)W。

A. 10 B. 15 C. 5 D. 2. 5

16. 在自动控制系统中,用( )控制器可以达到无余差。

A. 比例 B. 双位 C. 积分 D. 微分

17. 电子电位差计是( )显示仪表。

A. 模拟式 B. 数字式 C. 图形 D. 无法确定

18. 变压器绕组若采用交叠式放置,为了绝缘方便,一般在靠近上下磁轭(铁芯)的位置安放( )。

A. 低压绕组 B. 中压绕组 C. 高压绕组 D. 无法确定

19. 防止静电的主要措施是( )。

A. 接地 B. 通风 C. 防爆 D. 防潮

20. 我国低压供电电压单相为220伏,三相线电压为380伏,此数值指交流电压的( )。

A. 平均值 B. 最大值 C. 有效值 D. 瞬时值

21. 自动控制系统中完成比较、判断和运算功能的仪器是( )。

A. 变送器 B. 执行装置 C. 检测元件 D. 控制器

22. 基尔霍夫第一定律指出,电路中任何一个节点的电流( )。

A. 矢量和相等 B. 代数和等于零 C. 矢量和大于零 D. 代数和大于零

23. 正弦交流电的三要素是( )。

A. 电压、电流、频率 B. 周期、频率、角频率

C. 最大值、初相角、角频率 D. 瞬时值、最大值、有效值

24. 在负载星形连接的电路中,线电压与相电压的关系为( )。

A. U线$=U$相 B. U线$=3U$相 C. U线$=\sqrt{3}U$相 D. U线$=1/\sqrt{3}U$相

25. 热电偶通常用来测量( )500℃的温度。

A. 高于等于 B. 低于等于 C. 等于 D. 不等于

26. 在选择控制阀的气开和气关形式时,应首先从( )考虑。

A. 产品质量 B. 产品产量 C. 安全 D. 节约

27. 在研究控制系统过渡过程的品质指标时,一般都以在阶跃干扰(包括设定值的变化)作用下的( )过程为依据。

A. 发散振荡 B. 等幅振荡 C. 非周期衰减 D. 衰减振荡

28. 用万用表检查电容器好坏时,( ),则该电容器是好的。

A. 指示满度 B. 指示零位

C. 指示从大到小变化 D. 指示从小到大变化

29. 提高功率因数的方法是( )。

A. 并联电阻 B. 并联电感 C. 并联电容 D. 串联电容

30. 某异步电动机的磁极数为4,该异步电动机的同步转速为( )r/min

A. 3000 B. 1500 C. 1000 D. 750

31. 测量氨气的压力表,其弹簧管应用( )材料。

A. 不锈钢 B. 钢 C. 铜 D. 铁

32. 某自动控制系统采用比例积分作用调节器,某人用先比例后加积分的试凑法来整定

调节器的参数。若在纯比例作用下,比例度的数值已基本合适,在加入积分作用的过程中,则(　　)。

A. 应大大减小比例度　　B. 应适当减小比例度
C. 应适当增加比例度　　D. 无需改变比例度

33. 在热电偶测温时,采用补偿导线的作用是(　　)。

A. 冷端温度补偿　　B. 冷端的延伸
C. 热电偶与显示仪表的连接　　D. 热端温度补偿

34. 将电气设备金属外壳与电源中性线相连接的保护方式称为(　　)。

A. 保护接零　　B. 保护接地　　C. 工作接零　　D. 工作接地

35. 检测、控制系统中字母 FRC 是指(　　)。

A. 物位显示控制系统　　B. 物位纪录控制系统
C. 流量显示控制系统　　D. 流量记录控制系统

36. 热继电器在电路中的作用是(　　)。

A. 短路保护　　B. 过载保护　　C. 欠压保护　　D. 失压保护

37. 在三相负载不对称交流电路中,引入中线可以使(　　)。

A. 三相负载对称　　B. 三相电流对称　　C. 三相电压对称　　D. 三相功率对称

38. Ⅲ型仪表标准气压信号的范围是(　　)。

A. 10～100kPa　　B. 20～100kPa　　C. 30～100kPa　　D. 40～100kPa

39. 控制系统中 PI 调节是指(　　)。

A. 比例积分调节　　B. 比例微分调节　　C. 积分微分调节　　D. 比例调节

40. 三相异步电动机的“异步”是指(　　)。

A. 转子转速与三相电流频率不同　　B. 三相电流周期各不同
C. 旋转磁场转速始终小于转子转速　　D. 转子转速始终小于磁场转速

41. 以下哪种方法不能消除人体静电?(　　)

A. 洗手　　B. 双手相握,使静电中和
C. 触摸暖气片　　D. 用手碰触铁门

42. 以下哪种器件不是节流件?(　　)

A. 孔板　　B. 文丘里管　　C. 实心圆板　　D. 喷嘴

43. 变压器的损耗主要有(　　)。

A. 铁损耗　　B. 铜损耗　　C. 铁损耗和铜损耗　　D. 无损耗

44. 三相对称交流电动势相位依次滞后(　　)。

A. 300　　B. 600　　C. 900　　D. 1200

45. 保护接零是指在电源中性点已接地的三相四线制供电系统中,将电气设备的金属外壳与(　　)相连。

A. 接地体　　B. 电源零线　　C. 电源火线　　D. 绝缘体

46. 压力表安装时,测压点应选择在被测介质(　　)的管段部分。

A. 直线流动　　B. 管路拐弯　　C. 管路分叉　　D. 管路的死角

47. 热电偶温度计是用(　　)导体材料制成的,插入介质中,感受介质温度。

A. 同一种　　B. 两种不同　　C. 三种不同　　D. 不同四种

48. 一个“220V,60W”的白炽灯,接在220V的交流电源上,其电阻为(　　)。

A. 100Ω　　B. 484Ω　　C. 3.6Ω　　D. 807Ω

49. 要使三相异步电动机反转,只需改变(　　)。

A. 电源电压　　B. 电源相序　　C. 电源电流　　D. 负载大小

50. 为了使异步电动机能采用Y－△降压启动,前提条件是电动机额定运行时为(　　)。

A. Y联结　　B. △联结　　C. Y/△联结　　D. 延边三角形联结

51. 热电偶测量时,当导线断路时,温度记录仪表的指示在(　　)。

A. 0℃　　B. 机械零点　　C. 最大值　　D. 原测量值不变

52. 在国际单位制中,压力的法定计量位是(　　)。

A. MPa　　B. Pa　　C. mmH_2O　　D. mmHg

53. PI控制规律是指(　　)。

A. 比例控制　　B. 积分控制　　C. 比例积分控制　　D. 微分控制

54. 三相负载不对称时应采用的供电方式为(　　)。

A. △角形连接并加装中线　　B. Y形连接

C. Y形连接并加装中线　　D. Y形连接并在中线上加装熔断器

55. 电力变压器的基本结构是由(　　)所组成。

A. 铁芯和油箱　　B. 绕组和油箱　　C. 定子和油箱　　D. 铁芯和绕组

56. 当高压电线接触地面,人体在事故点附近发生的触电称为(　　)。

A. 单相触电　　B. 两相触电　　C. 跨步触电　　D. 接地触电

57. 某仪表精度为0.5级,使用一段时间后其最大相对误差为±0.8%,则此表精度为(　　)级。

A. ±0.8%　　B. 0.8　　C. 1.0　　D. 0.5

58. 控制系统中控制器正、反作用的确定依据(　　)。

A. 实现闭环回路正反馈　　B. 系统放大倍数合适

C. 生产的安全性　　D. 实现闭环回路负反馈

59. 停止差压变送器时应(　　)。

A. 先开平衡阀,后开正负室压阀　　B. 先开平衡阀,后关正负室压阀

C. 先关平衡阀,后开正负室压阀　　D. 先关平衡阀,后关正负室压阀

60. 在一三相交流电路中,一对称负载采用Y形连接方式时,其线电流有效值I,则采用△形连接方式时,其线电流有效值为(　　)。

A. I　　B. I　　C. $3I$　　D. I

61. 某温度控制系统,要求控制精度较高,控制规律应该为(　　)。

A. 比例控制、较弱的积分控制、较强的微分控制

B. 比例控制、较强的积分控制、较弱的微分控制

C. 比例控制、较弱的积分控制、较弱的微分控制

D. 比例控制、较强的积分控制、较强的微分控制

62. 在控制系统中,调节器的主要功能是(　　)。

A. 完成偏差的计算　　B. 完成被控量的计算

C. 直接完成控制　　D. 完成检测

63. 在利用热电阻传感器检测温度时,热电阻与仪表之间采用(　　)连接。

A. 二线制　　B. 三线制　　C. 四线制　　D. 五线制

64. 在电力系统中,具有防触电功能的是(　　)。

A. 中线　　B. 地线　　C. 相线　　D. 连接导线

65. 仪表输出的变化与引起变化的被测量变化值之比称为仪表的(　　)。

A. 相对误差　　B. 灵敏限　　C. 灵敏度　　D. 准确度

66. 自动控制系统的控制作用不断克服(　　)的过程。

A. 干扰影响　　B. 设定值变化　　C. 测量值影响　　D. 中间量变化

67. 日光灯电路中,启辉器的作用是(　　)。

A. 限流作用　　B. 电路的接通与自动断开

C. 产生高压　　D. 提高发光效率

68. 对称三相四线制供电电路,若端线(相线)上的一根保险丝熔断,则保险丝两端的电压为(　　)。

A. 线电压　　B. 相电压

C. 相电压+线电压　　D. 线电压的一半

69. 三相异步电动机直接启动造成的危害主要指(　　)。

A. 启动电流大,使电动机绕组被烧毁

B. 启动时在线路上引起较大电压降,使同一线路负载无法正常工作

C. 启动时功率因数较低,造成很大浪费

D. 启动时起动转矩较低,无法带负载工作

70. 人体的触电方式中,以(　　)最为危险。

A. 单相触电　　B. 两相触电　　C. 跨步电压触电　　D. 都不对

71. 正弦交流电电流 $I=10\sin(314t-30^\circ)$ A,其电流的最大值为(　　)A。

A. $10\sqrt{2}$　　B. 10　　C. $10\sqrt{3}$　　D. 20

72. 变压器不能进行以下(　　)变换。

A. 电流变换　　B. 电压变换　　C. 频率变换　　D. 阻抗变换

73. 在工业生产中,可以通过以下(　　)方法达到节约用电的目的。

A. 选择低功率的动力设备　　B. 选择大功率的动力设备

C. 提高电路功率因素　　D. 选择大容量的电源变压器

74. 热电偶测温时,使用补偿导线是为了(　　)。

A. 延长热电偶　　B. 使参比端温度为 0℃

C. 作为连接导线　　D. 延长热电偶且保持参比端温度为 0℃

75. 与热电阻配套使用的动圈式显示仪表,为保证仪表指示的准确性,热电阻应采用三线制连接,并且每根连接导线的电阻取(　　)。

A. 15W　　B. 25W　　C. 50W　　D. 5W

76. 气动执行器有气开式和气关式两种,选择的依据是(　　)。

A. 负反馈　　B. 安全　　C. 方便　　D. 介质性质

77. 化工自动化仪表按其功能不同,可分为四个大类,即(　　)、显示仪表、调节仪表和

执行器。

A. 现场仪表　B. 异地仪表　C. 检测仪表　D. 基地式仪表

78. 某工艺要求测量范围在0～300℃，最大绝对误差不能大于±4℃，所选仪表的精确度为(　　)。

A. 0.5　B. 1.0　C. 1.5　D. 4.0

79. 在中性点不接地的三相电源系统中，为防止触电，将电器设备的金属外壳与大地可靠连接称为(　　)。

A. 工作接地　B. 工作接零　C. 保护接地　D. 保护接零

80. 异步电动机的功率不超过(　　)，一般可以采用直接启动。

A. 5kW　B. 10kW　C. 15kW　D. 12kW

81. 压力表的使用范围一般在量程的1/3～2/3处，如果低于1/3，则(　　)。

A. 因压力过低，仪表没有指示　B. 精度等级下降

C. 相对误差增加　D. 压力表接头处焊口有漏

82. 用电子电位差计配用热电偶测量温度，热端温度升高2℃，室温(冷端温度)下降2℃，则仪表示值(　　)。

A. 升高4℃　B. 升高2℃　C. 下降2℃　D. 下降4℃

83. 积分调节的作用是(　　)。

A. 消除余差　B. 及时有力　C. 超前　D. 以上三个均对

84. 转子流量计指示稳定时，其转子上下的压差是由(　　)决定的。

A. 流体的流速　B. 流体的压力　C. 转子的重量　D. 流道截面积

85. 车床照明灯使用的电压为(　　)。

A. 12V　B. 24V　C. 220V　D. 36V

86. 热电偶温度计是基于(　　)的原理来测温的。

A. 热阻效应　B. 热电效应　C. 热磁效应　D. 热压效应

87. 测高温介质或水蒸气的压力时要安装(　　)。

A. 冷凝器　B. 隔离罐　C. 集气器　D. 沉降器

88. 如果工艺上要求测量650℃的温度，测量结果要求自动记录，可选择的测量元件和显示仪表是(　　)。

A. 热电阻配电子平衡电桥　B. 热电偶配电子电位差计

C. 热电阻配动圈表XCZ102　D. 热电偶配动圈表XCZ101

89. 工艺上要求采用差压式流量计测量蒸汽的流量，一般情况下取压点应位于节流装置的(　　)。

A. 上半部　B. 下半部　C. 水平位置　D. 上述三种均可

90. 如果工艺上要求测量650℃的温度，测量结果要求远传指示，可选择的测量元件和显示仪表是(　　)。

A. 热电阻配电子平衡电桥　B. 热电偶配电子电位差计

C. 热电阻配动圈表XCZ102　D. 热电偶配动圈表XCZ101

91. 如工艺上要求采用差压式流量计测量液体的流量，则取压点应位于节流装置的(　　)。

A. 上半部　B. 下半部　C. 水平位置　D. 上述三种均可

92. 如果工艺上要求测量150℃的温度，测量结果要求远传指示，可选择的测量元件和显示仪表是(　　)。

A. 热电阻配电子平衡电桥　　B. 热电偶配电子电位差计

C. 热电阻配动圈表XCZ102　　D. 热电偶配动圈表XCZ101

93. 如工艺上要求采用差压式流量计测量气体的流量，则取压点应位于节流装置的(　　)。

A. 上半部　　B. 下半部　　C. 水平位置　　D. 上述三种均可

94. 下列设备中，其中(　　)必是电源。

A. 发电机　　B. 蓄电池　　C. 电视机　　D. 电炉

95. 当被控变量为温度时，控制器应选择(　　)控制规律。

A. P　　B. PI　　C. PD　　D. PID

96. DDZ-Ⅲ型电动单元组合仪表的标准统一信号和电源为(　　)。

A. 0～10mA，220VAC　　B. 4～20mA，24VDC

C. 4～20mA，220VAC　　D. 0～10mA，24VDC

97. 下列说法正确的是(　　)。

A. 电位随着参考点(零电位点)的选取不同数值而变化

B. 电位差随着参考点(零电位点)的选取不同数值而变化

C. 电路上两点的电位很高，则其间电压也很高

D. 电路上两点的电位很低，则其间电压也很小

98. 欧姆表一般用于测量(　　)。

A. 电压　　B. 电流　　C. 功率　　D. 电阻

99. 一般三相异步电动机在额定工作状态下的转差率为(　　)。

A. 30％～50％　　B. 2％～5％　　C. 15％～30％　　D. 100％

100. 容易随着人的呼吸而被吸入呼吸系统，危害人体健康的气溶胶是(　　)。

A. 有毒气体　　B. 有毒蒸汽　　C. 烟　　D. 不能确定

化工总控工技能大赛模拟题(四)

(一)选择题

1. 下列说法错误的是(　　)。

A. 回流比增大时,操作线偏离平衡线越远越接近对角线

B. 全回流时所需理论板数最小,生产中最好选用全回流操作

C. 全回流有一定的实用价值

D. 实际回流比应在全回流和最小回流比之间

2. 不影响理论塔板数的是进料的(　　)。

A. 位置　　B. 热状态　　C. 组成　　D. 进料量

3. 精馏塔中自上而下(　　)。

A. 分为精馏段、加料板和提馏段三个部分

B. 温度依次降低

C. 易挥发组分浓度依次降低

D. 蒸汽质量依次减少

4. 最小回流比(　　)。

A. 回流量接近于零　　B. 在生产中有一定应用价值

C. 不能用公式计算　　D. 是一种极限状态,可用来计算实际回流比

5. 由气体和液体流量过大两种原因共同造成的是(　　)现象。

A. 漏夜　　B. 液沫夹带　　C. 气泡夹带　　D. 液泛

6. 其他条件不变的情况下,增大回流比能(　　)。

A. 减少操作费用　　B. 增大设备费用

C. 提高产品纯度　　D. 增大塔的生产能力

7. 从温度组成(t-x-y)图中的气液共存区内,当温度增加时,液相中易挥发组分的含量会(　　)。

A. 增大　　B. 增大及减少　　C. 减少　　D. 不变

8. 只要求从混合液中得到高纯度的难挥发组分,采用只有提馏段的半截塔,则进料口应位于塔的(　　)部。

A. 顶　　B. 中　　C. 中下　　D. 底

9. 在四种典型塔板中,操作弹性最大的是(　　)型。

A. 泡罩　　B. 筛孔　　C. 浮阀　　D. 舌

10. 从节能观点出发,适宜回流比 R 应取(　　)倍最小回流比 R_{min}。

A. 1.1　　B. 1.3　　C. 1.7　　D. 2.0

11. 二元溶液连续精馏计算中,物料的进料状态变化将引起(　　)的变化。

A. 相平衡线　　B. 进料线和提馏段操作线

C. 精馏段操作线　　D. 相平衡线和操作线

12. 加大回流比，塔顶轻组分组成将(　　)。

A. 不变　　B. 变小　　C. 变大　　D. 忽大忽小

13. 下述分离过程中不属于传质分离过程的是(　　)。

A. 萃取分离　　B. 吸收分离　　C. 精馏分离　　D. 离心分离

14. 若要求双组分混合液分离成较纯的两个组分，则应采用(　　)。

A. 平衡蒸馏　　B. 一般蒸馏　　C. 精馏　　D. 无法确定

15. 以下说法正确的是(　　)。

A. 冷液进料 $q=1$　　B. 气液混合进料 $0<q<1$

C. 过热蒸气进料 $q=0$　　D. 饱和液体进料 $q<1$

16. 某精馏塔的馏出液量是 50kmol/h，回流比是 2，则精馏段的回流量是(　　)。

A. 100kmol/h　　B. 50kmol/h　　C. 25kmol/h　　D. 125kmol/h

17. 当分离沸点较高，而且又是热敏性混合液时，精馏操作压力应采用(　　)。

A. 加压　　B. 减压　　C. 常压　　D. 不确定

18. 蒸馏操作的依据是组分间的(　　)差异。

A. 溶解度　　B. 沸点　　C. 挥发度　　D. 蒸汽压

19. 塔顶全凝器改为分凝器后，其他操作条件不变，则所需理论塔板数(　　)。

A. 增多　　B. 减少　　C. 不变　　D. 不确定

20. 某二元混合物，若液相组成 x_A 为 0.45，相应的泡点温度为 t_1 气相组成 y_A 为 0.45，相应的露点温度为 t_2，则(　　)。

A. $t_1<t_2$　　B. $t_1=t_2$　　C. $t_1>t_2$　　D. 不能判断

21. 两组分物系的相对挥发度越小，则表示分离该物系越(　　)。

A. 容易　　B. 困难　　C. 完全　　D. 不完全

22. 在相同的条件 R、x_D、x_F、x_W 下，q 值越大，所需理论塔板数(　　)。

A. 越少　　B. 越多　　C. 不变　　D. 不确定

23. 在再沸器中溶液(　　)而产生上升蒸汽，是精馏得以连续稳定操作一个必不可少的条件。

A. 部分冷凝　　B. 全部冷凝　　C. 部分气化　　D. 全部气化

24. 正常操作的二元精馏塔，塔内某截面上升气相组成 Y_{n+1} 和下降液相组成 X_n 的关系是(　　)。

A. $Y_{n+1}>X_n$　　B. $Y_{n+1}<X_n$　　C. $Y_{n+1}=X_n$　　D. 不能确定

25. 精馏过程设计时，增大操作压强，塔顶温度(　　)。

A. 增大　　B. 减小　　C. 不变　　D. 不能确定

26. 某精馏塔的理论板数为 17 块(包括塔釜)，全塔效率为 0.5，则实际塔板数为(　　)块。

A. 34　　B. 31　　C. 33　　D. 32

27. 若仅仅加大精馏塔的回流量，会引起以下哪个结果？(　　)

A. 塔顶产品中易挥发组分浓度提高　　B. 塔底产品中易挥发组分浓度提高

C. 提高塔顶产品的产量　　D. 降低塔釜产品的产量

28. 冷凝器的作用是提供(　　)产品及保证有适宜的液相回流。

A. 塔顶气相　　B. 塔顶液相　　C. 塔底气相　　D. 塔底液相

29. 连续精馏中，精馏段操作线随(　　)而变。

A. 回流比　　B. 进料热状态　　C. 残液组成　　D. 进料组成

30. 精馏塔塔顶产品纯度下降，可能是(　　)。

A. 提馏段板数不足　　B. 精馏段板数不足

C. 塔顶冷凝量过多　　D. 塔顶温度过低

31. 精馏塔塔底产品纯度下降，可能是(　　)。

A. 提馏段板数不足　　B. 精馏段板数不足

C. 再沸器热量过多　　D. 塔釜温度升高

32. 精馏塔操作时，回流比与理论塔板数的关系是(　　)。

A. 回流比增大时，理论塔板数也增多

B. 回流比增大时，理论塔板数减少

C. 全回流时，理论塔板数最多，但此时无产品

D. 回流比为最小回流比时，理论塔板数最小

33. 降低精馏塔的操作压力，可以(　　)。

A. 降低操作温度，改善传热效果　　B. 降低操作温度，改善分离效果

C. 提高生产能力，降低分离效果　　D. 降低生产能力，降低传热效果

34. 操作中的精馏塔，若选用的回流比小于最小回流比，则(　　)。

A. 不能操作　　B. x_D、x_W 均增加

C. x_D、x_W 均不变　　D. x_D 减少，x_W 增加

35. 在常压下苯的沸点为 80.1℃，环乙烷的沸点为 80.73℃，欲使该两组分混合物得到分离，则宜采用(　　)。

A. 恒沸精馏　　B. 普通精馏　　C. 萃取精馏　　D. 水蒸气蒸馏

36. 精馏塔的下列操作中，先后顺序正确的是(　　)。

A. 先通加热蒸汽再通冷凝水　　B. 先全回流再调节回流比

C. 先停再沸器再停进料　　D. 先停冷却水再停产品产出

37. 精馏塔的操作压力增大(　　)。

A. 气相量增加　　B. 液相和气相中易挥发组分的浓度都增加

C. 塔的分离效率增大　　D. 塔的处理能力减少

38. 塔板上造成气泡夹带的原因是(　　)。

A. 气速过大　　B. 气速过小　　C. 液流量过大　　D. 液流量过小

39. 有关灵敏板的叙述，正确的是(　　)。

A. 操作条件变化时，塔内温度变化最大的那块板

B. 板上温度变化，物料组成不一定都变

C. 板上温度升高，反应塔顶产品组成下降

D. 板上温度升高，反应塔底产品组成增大

40. 下列叙述错误的是(　　)。

A. 板式塔内以塔板作为气、液两相接触传质的基本构件

B. 安装出口堰是为了保证气、液两相在塔板上有充分的接触时间

C. 降液管是塔板间液流通道,也是溢流液中所夹带气体的分离场所

D. 降液管与下层塔板的间距应大于出口堰的高度

41. 精馏塔中由塔顶向下的第 n－1、n、n＋1 层塔板,其气相组成关系为(　　)。

A. $y_{n+1}>y_n>y_{n-1}$　　B. $y_{n+1}=y_n=y_{n-1}$

C. $y_{n+1}<y_n<y_{n-1}$　　D. 不确定

42. 若进料量、进料组成、进料热状况都不变,要提高 x_D,可采用(　　)。

A. 减小回流比　　B. 增加提馏段理论板数

C. 增加精馏段理论板数　　D. 塔釜保温良好

43. 在一定操作压力下,塔釜、塔顶温度可以反映出(　　)。

A. 生产能力　　B. 产品质量　　C. 操作条件　　D. 不确定

44. 蒸馏生产要求控制压力在允许范围内稳定,大幅度波动会破坏(　　)。

A. 生产效率　　B. 产品质量　　C. 气—液平衡　　D. 不确定

45. 自然循环型蒸发器中溶液的循环是由于溶液产生(　　)。

A. 浓度差　　B. 密度差　　C. 速度差　　D. 温度差

46. (　　)是保证精馏过程连续稳定操作的必要条件之一。

A. 液相回流　　B. 进料　　C. 侧线抽出　　D. 产品提纯

47. (　　)是指离开这种板的气液两相相互成平衡,而且塔板上的液相组成也可视为均匀的。

A. 浮阀板　　B. 喷射板　　C. 理论板　　D. 分离板

48. 回流比的(　　)值为全回流。

A. 上限　　B. 下限　　C. 平均　　D. 混合

49. 某二元混合物,进料量为 100kmol/h,$x_F=0.6$,要求塔顶 x_D 不小于 0.9,则塔顶最大产量为(　　)。

A. 60kmol/h　　B. 66.7kmol/h　　C. 90kmol/h　　D. 100kmol/h

50. 某二元混合物,$\alpha=3$,全回流条件下 $x_n=0.3$,$y_{n+1}=$(　　)。

A. 0.9　　B. 0.3　　C. 0.854　　D. 0.794

51. 在吸收操作中,吸收剂(如水)用量突然下降,产生的原因可能是(　　)。

A. 溶液槽液位低、泵抽空　　B. 水压低或停水

C. 水泵坏　　D. 以上三种原因

52. 在吸收操作中,塔内液面波动,产生的原因可能是(　　)。

A. 原料气压力波动　　B. 吸收剂用量波动

C. 液面调节器出故障　　D. 以上三种原因

53. 根据双膜理论,在气液接触界面处(　　)。

A. 气相组成大于液相组成　　B. 气相组成小于液相组成

C. 气相组成等于液相组成　　D. 气相组成与液相组成平衡

54. 溶解度较小时,气体在液相中的溶解度遵守(　　)定律。

A. 拉乌尔　　B. 亨利　　C. 开尔文　　D. 依数性

55. 用水吸收下列气体时,(　　)属于液膜控制。

A. 氯化氢　　B. 氨　　C. 氯气　　D. 三氧化硫

56. 从解吸塔出来的半贫液一般进入吸收塔的( ),以便循环使用。

A. 中部 B. 上部 C. 底部 D. 上述均可

57. 只要组分在气相中的分压( )液相中该组分的平衡分压,吸收就会继续进行,直至达到一个新的平衡为止。

A. 大于 B. 小于 C. 等于 D. 不能确定

58. 吸收塔内,不同截面处吸收速率( )。

A. 各不相同 B. 基本相同 C. 完全相同 D. 均为 0

59. 在吸收操作中,操作温度升高,其他条件不变,相平衡常数 m( )。

A. 增加 B. 不变 C. 减小 D. 不能确定

60. 填料塔以清水逆流吸收空气、氨混合气体中的氨。当操作条件一定时(Y_1、L、V 都一定时),若塔内填料层高度 Z 增加,而其他操作条件不变,出口气体的浓度 Y_2 将( )。

A. 上升 B. 下降 C. 不变 D. 无法判断

61. 化工厂常见的间壁式换热器是( )。

A. 固定管板式换热器 B. 板式换热器

C. 釜式换热器 D. 蛇管式换热器

62. 在卧式列管换热器中,用常压饱和蒸汽对空气进行加热(冷凝液在饱和温度下排出),饱和蒸汽应走( ),蒸气流动方向( )。

A. 管程,从上到下 B. 壳程,从下到上

C. 管程,从下到上 D. 壳程,从上到下

63. 在间壁式换热器中,冷、热两流体换热的特点是( )。

A. 直接接触换热 B. 间接接触换热 C. 间歇换热 D. 连续换热

64. 会引起列管式换热器冷物料出口温度下降的事故有( )。

A. 正常操作时,冷物料进口管堵 B. 热物料流量太大

C. 冷物料泵坏 D. 热物料泵坏

65. 在列管式换热器操作中,不需停车的事故有( )。

A. 换热器部分管堵 B. 自控系统失灵

C. 换热器结垢严重 D. 换热器列管穿孔

66. 对于列管式换热器,当壳体与换热管温度差( )时,产生的温度差应力具有破坏性,因此需要进行热补偿。

A. 大于 45℃ B. 大于 50℃ C. 大于 55℃ D. 大于 60℃

67. 有两台同样的列管式换热器用于冷却气体,在气、液流量及进口温度一定的情况下,为使气体温度降到最低,拟采用( )。

A. 气体走管内,串连逆流操作 B. 气体走管内,并连逆流操作

C. 气体走管外,串连逆流操作 D. 气体走管外,并连逆流操作

68. 某换热器中冷热流体的进出口温度分别为 $T_1=400K$、$T_2=300K$、$t_1=200K$、$t_2=230K$,逆流时,$\triangle t_m=$( )K。

A. 170 B. 100 C. 200 D. 132

69. 总传热系数与下列哪个因素无关?( )

A. 传热面积 B. 流体流动状态 C. 污垢热阻 D. 传热间壁壁厚

70. 以下不能提高传热速率的途径是(　　)。
A. 延长传热时间　B. 增大传热面积　C. 增加传热温差劲　D. 提高传热系数 K
71. 换热器经常使用须进行定期检查,检查内容不正确的是(　　)。
A. 外部连接是否完好　B. 是否存在内漏
C. 对腐蚀性强的流体,要检测壁厚　D. 检查传热面粗糙度
72. 下列不能提高对流传热膜系数的是(　　)。
A. 利用多管程结构　B. 增大管径
C. 在壳程内装折流挡板　D. 冷凝时在管壁上开一些纵槽
73. 可在器内设置搅拌器的是(　　)换热器。
A. 套管　B. 釜式　C. 夹套　D. 热管
74. 蒸汽中若含有不凝结气体,将(　　)凝结换热效果
A. 大大减弱　B. 大大增强
C. 不影响　D. 可能减弱也可能增强
75. 列管式换热器在停车时,应先停(　　),后停(　　)。
A. 热流体、冷流体　B. 冷流体、热流体　C. 无法确定　D. 同时停止
76. 列管式换热器一般不采用多壳程结构,而采用(　　)以强化传热效果。
A. 隔板　B. 波纹板　C. 翅片板　D. 折流挡板
77. 管式换热器与板式换热器相比(　　)。
A. 传热效率高　B. 结构紧凑　C. 材料消耗少　D. 耐压性能好
78. 下列叙述正确的是(　　)。
A. 空气的相对湿度越大,吸湿能力越强　B. 湿空气的比体积为 1kg 湿空气的体积
C. 湿球温度与绝热饱和温度必相等　D. 对流干燥中,空气是最常用的干燥介质
79. (　　)越少,湿空气吸收水汽的能力越大
A. 湿度　B. 绝对湿度　C. 饱和湿度　D. 相对湿度
80. 50kg 湿物料中含水 10kg,则干基含水量为(　　)%。
A. 15　B. 20　C. 25　D. 40
81. 进行干燥过程的必要条件是干燥介质的温度大于物料表面温度,使得(　　)。
A. 物料表面所产生的湿分分压大于气流中湿分分压
B. 物料表面所产生的湿分分压小于气流中湿分分压
C. 物料表面所产生的湿分分压等于气流中湿分分压
D. 物料表面所产生的湿分分压大于或小于气流中湿分分压
82. 以下关于对流干燥的特点,不正确的是(　　)。
A. 对流干燥过程是气、固两相热、质同时传递的过程
B. 对流干燥过程中气体传热给固体
C. 对流干燥过程中湿物料的水被气化进入气相
D. 对流干燥过程中湿物料表面温度始终恒定于空气的湿球温度
83. 将氯化钙与湿物料放在一起,使物料中水分除去,这是采用哪种去湿方法?(　　)
A. 机械去湿　B. 吸附去湿　C. 供热去湿　D. 无法确定
84. 在总压 101.33kPa,温度 20℃下,某空气的湿度为 0.01kg 水/kg 干空气,现维持总

压不变，将空气温度升高到50℃，则相对湿度(　　)。

A. 增大　　B. 减小　　C. 不变　　D. 无法判断

85. 下面关于湿空气的干球温度 t，湿球温度 t_W，露点 t_d，三者关系中正确的是(　　)。

A. $t>t_W>t_d$　　B. $t>t_d>t_W$　　C. $t_d>t_W>t$　　D. $t_W>t_d>t$

86. 反映热空气容纳水气能力的参数是(　　)。

A. 绝对湿度　　B. 相对湿度　　C. 湿容积　　D. 湿比热容

87. 用对流干燥方法干燥湿物料时，不能除去的水分为(　　)。

A. 平衡水分　　B. 自由水分　　C. 非结合水分　　D. 结合水分

(二)判断题

1. 在进行圆柱管螺纹连接时，螺纹连接前必须在外螺纹上加填料，填料在螺纹上的缠绕方向，应与螺纹的方向一致。(　　)

2. 管路焊接时，应先点焊定位，焊点应在圆周均布，然后经检查其位置正确后方可正式焊接。(　　)

3. 闸阀具有流体阻力小、启闭迅速、易于调节流量等优点。(　　)

4. 表示集中仪表盘面安装的温度记录控制仪。(　　)

5. 截止阀的泄漏可分为外漏和内漏两种情况，由阀盘与阀座间的结合不紧密造成的泄漏属于内漏。(　　)

6. 按照容器的管理等级分类有一类压力容器、二类压力容器、三类压力容器。高压或超高压容器属于一类压力容器。(　　)

7. 拆卸阀门时垫片一定要更换，否则重新安装后容易造成泄漏。(　　)

8. 工艺流程图中的标注，是注写设备位号及名称、管段编号、控制点及必要的说明等。(　　)

9. 施工流程图是设备布置和管道布置设计的依据。(　　)

10. 图纸中的文字说明部分文字字体大小是根据图形比例来确定的。(　　)

11. 化工工艺流程图只包含施工流程图。(　　)

12. 方案流程图一般仅画出主要设备和主要物料的流程线，用于粗略地表示生产流程。(　　)

13. 某工件实际尺寸为长20m、宽10m、高5m。当图形被缩小100倍后，则其尺寸标注为 $200\times100\times50mm^3$。(　　)

化工总控工技能大赛模拟题(五)

1. 固体催化剂的组成主要有主体和(　　)两部分组成。

A. 主体　　B. 助催化剂　　C. 载体　　D. 阻化剂

2. 使用固体催化剂时一定要防止其中毒,若中毒后其活性可以重新恢复的中毒是(　　)。

A. 永久中毒　　B. 暂时中毒　　C. 碳沉积　　D. 钝化

3. 流化床反应器主要由四个部分构成,即气体分布装置,换热装置,气体分离装置和(　　)。

A. 搅拌器　　B. 内部构件　　C. 导流筒　　D. 密封装置

4. 固定床反应器具有反应速度快、催化剂不易磨损、可在高温高压下操作等特点,床层内的气体流动可看成(　　)。

A. 湍流　　B. 对流　　C. 理想置换流动　　D. 理想混合流动

5. 下列性质不属于催化剂三大特性的是(　　)。

A. 活性　　B. 选择性　　C. 稳定性　　D. 溶解性

6. 固体催化剂的组成不包括下列哪种组分?(　　)

A. 活性组分　　B. 载体　　C. 固化剂　　D. 助催化剂

7. 与平推流反应器比较,进行同样的反应过程,全混流反应器所需要的有效体积要(　　)。

A. 大　　B. 小　　C. 相同　　D. 无法确定

8. 流化床的实际操作速度显然应(　　)临界流化速度。

A. 大于　　B. 小于　　C. 相同　　D. 无关

9. 在石油炼制过程中占有重要地位的催化剂是(　　)。

A. 金属氧化物催化剂　　B. 酸催化剂

C. 分子筛催化剂　　D. 金属硫化物催化剂

10. 对于中温一氧化碳变换催化剂如果遇 H_2S 发生中毒可采用下列哪种方法再生?(　　)

A. 空气处理　　B. 用酸或碱溶液处理

C. 蒸汽处理　　D. 通入还原性气体

11. 工业上甲醇氧化生产甲醛所用的反应器为(　　)。

A. 绝热式固定床反应器　　B. 流化床反应器

C. 具换热式固定床反应器　　D. 釜式反应器

12. 当固定床反应器操作过程中发生超压现象,需要紧急处理时,应按以下哪种方式操作?(　　)

A. 打开入口放空阀放空　　B. 打开出口放空阀放空

C. 降低反应温度　　D. 通入惰性气体

13. 关于催化剂的作用,下列说法中不正确的是(　　)。

A. 催化剂改变反应途径　　B. 催化剂能改变反应的指前因子

C. 催化剂能改变体系的始末态　　D. 催化剂改变反应的活化能

14. 在对峙反应 $A+B \rightleftharpoons C+D$ 中加入催化剂(k_1、k_2 分别为正、逆向反应速率常数),

则(　　)。

A. k_1、k_2 都增大，k_1/k_2 增大　　B. k_1 增大，k_2 减小，k_1/k_2 增大

C. k_1、k_2 都增大，k_1/k_2 不变　　D. k_1 和 k_2 都增大，k_1/k_2 减小

15. 催化剂使用寿命短，操作较短时间就要更新或活化的反应，比较适用(　　)反应器。

A. 固定床　　B. 流化床　　C. 管式　　D. 釜式

16. 对于非均相液液分散过程，要求被分散的"微团"越小越好，釜式反应器应优先选择(　　)搅拌器。

A. 桨式　　B. 螺旋桨式　　C. 涡轮式　　D. 锚式

17. 在固体催化剂所含物质中，对反应具有催化活性的主要物质是(　　)。

A. 活性成分　　B. 助催化剂　　C. 抑制剂　　D. 载体

18. 催化剂具有(　　)特性。

A. 改变反应速度

B. 改变化学平衡

C. 既改变反应速度又改变化学平衡

D. 反应速度和化学平衡均不改变，只改变反应途径

19. 平推流的特征是(　　)。

A. 进入反应器的新鲜质点与留存在反应器中的质点能瞬间混合

B. 出口浓度等于进口浓度

C. 流体物料的浓度和温度在与流动方向垂直的截面上处处相等，不随时间变化

D. 物料一进入反应器，立即均匀地发散在整个反应器中

20. 一个反应过程在工业生产中采用什么反应器并无严格规定，但首先以满足(　　)为主。

A. 工艺要求　　B. 减少能耗　　C. 操作简便　　D. 结构紧凑

21. 制备好的催化剂在使用的活化过程常伴随着(　　)和(　　)。

A. 化学变化和物理变化　　B. 化学变化和热量变化

C. 物理变化和热量变化　　D. 温度变化和压力变化

22. (　　)温度最高的某一部位的温度，称为热点温度。

A. 反应器内　　B. 催化剂层内　　C. 操作中　　D. 升温时

23. 固定床反应器(　　)。

A. 原料气从床层上方经分布器进入反应器

B. 原料气从床层下方经分布器进入反应器

C. 原料气可以从侧壁均匀地分布进入

D. 反应后的产物也可以从床层顶部引出

24. 釜式反应器可用于不少场合，除了(　　)。

A. 气－液　　B. 液－液　　C. 液－固　　D. 气－固

25. 按(　　)分类，一般催化剂可分为过渡金属催化剂、金属氧化物催化剂、硫化物催化剂、固体酸催化剂等。

A. 催化反应类型　　B. 催化材料的成分

C. 催化剂的组成　　D. 催化反应相态

26. 下列(　　)项不属于预防催化剂中毒的工艺措施。

A. 增加清净工序　　B. 安排预反应器

C. 更换部分催化剂　　D. 装入过量催化剂

27. 对于如下特征的G—S相催化反应,(　　)应选用固定床反应器。

A. 反应热效应大　　B. 反应转化率要求不高

C. 反应对温度敏感　　D. 反应使用贵金属催化剂

28. 化学反应器的分类方式很多,按(　　)的不同可分为管式、釜式、塔式、固定床、流化床等。

A. 聚集状态　　B. 换热条件　　C. 结构　　D. 操作方式

29. 催化剂的主要评价指标是(　　)。

A. 活性、选择性、状态、价格　　B. 活性、选择性、寿命、稳定性

C. 活性、选择性、环保性、密度　　D. 活性、选择性、环保性、表面光洁度

30. 固体催化剂的组分包括(　　)。

A. 活性组分、助催化剂、引发剂　　B. 活性组分、助催化剂、溶剂

C. 活性组分、助催化剂、载体　　D. 活性组分、助催化剂、稳定剂

31. 固定床反应器内流体的温差比流化床反应器(　　)。

A. 大　　B. 小　　C. 相等　　D. 不确定

32. 对G—S相流化床反应器,操作气速应(　　)。

A. 大于临界流化速度　　B. 小于临界流化速度

C. 大于临界流化速度而小于带出速度　　D. 大于带出速度

33. 催化剂的活性随运转时间变化的曲线可分为(　　)三个时期。

A. 成熟期－稳定期－衰老期　　B. 稳定期－衰老期－成熟期

C. 衰老期－成熟期－稳定期　　D. 稳定期－成熟期－衰老期

34. 催化剂具有(　　)特性。

A. 改变反应速度

B. 改变化学平衡

C. 既改变反应速度,又改变化学平衡

D. 反应速度和化学平衡均不改变,只改变反应途径

35. 当化学反应的热效应较小,反应过程对温度要求较宽,反应过程要求单程转化率较低时,可采用(　　)反应器。

A. 自热式固定床反应器　　B. 单段绝热式固定床反应器

C. 换热式固定床反应器　　D. 多段绝热式固定床反应器

36. 在硫酸生产中,硫铁矿沸腾焙烧炉属于(　　)。

A. 固定床反应器　　B. 流化床反应器

C. 管式反应器　　D. 釜式反应器

37. 关于催化剂的描述下列哪一种是错误的?(　　)

A. 催化剂能改变化学反应速度　　B. 催化剂能加快逆反应的速度

C. 催化剂能改变化学反应的平衡　　D. 催化剂对反应过程具有一定的选择性

38. 催化剂的作用与下列哪个因素无关?(　　)

A. 反应速度　　B. 平衡转化率

C. 反应的选择性　　D. 设备的生产能力

39. 在同样的反应条件和要求下，为了更加经济的选择反应釜，通常选择(　　)。

A. 全混釜　　B. 平推流反应器　　C. 间歇反应器　　D. 不能确定

40. 催化剂中具有催化性能的是(　　)。

A. 载体　　B. 助催化剂　　C. 活性组分　　D. 抑制剂

41. 载体是固体催化剂的特有成分，载体一般具有(　　)的特点。

A. 大结晶、小表面、多孔结构　　B. 小结晶、小表面、多孔结构

C. 大结晶、大表面、多孔结构　　D. 小结晶、大表面、多孔结构

42. 当固定床反应器在操作过程中出现超压现象时，需要紧急处理的方法是(　　)。

A. 打开出口放空阀放空　　B. 打开入口放空阀放空

C. 加入惰性气体　　D. 降低温度

43. 对低黏度均相液体的混合，搅拌器的循环流量从大到小的顺序为(　　)。

A. 推进式、桨式、涡轮式　　B. 涡轮式、推进式、桨式

C. 推进式、涡轮式、桨式　　D. 桨式、涡轮式、推进式

44. 在实验室衡量一个催化剂的价值时，下列哪个因素不加以考虑？(　　)

A. 活性　　B. 选择性　　C. 寿　　D. 价格

45. 催化剂失活的类型下列错误的是(　　)。

A. 化学　　B. 热的　　C. 机械　　D. 物理

46. 各种类型反应器采用的传热装置中，描述错误的是(　　)。

A. 间歇操作反应釜的传热装置主要是夹套和蛇管，大型反应釜传热要求较高时，可在釜内安装列管式换热器

B. 对外换热式固定床反应器的传热装置主要是列管式结构

C. 鼓泡塔反应器中进行的放热反应，必须设置如夹套、蛇管、列管式冷却器等塔内换热装置或设置塔外换热器进行换热

D. 同样反应所需的换热装置，传热温差相同时，流化床所需换热装置的换热面积一定小于固定床换热器

47. 既适用于放热反应，也适用于吸热反应的典型固定床反应器类型是(　　)。

A. 列管结构对外换热式固定床　　B. 多段绝热反应器

C. 自身换热式固定床　　D. 单段绝热反应器

48. 加氢反应的催化剂的活性组分是(　　)。

A. 单质金属　　B. 金属氧化物　　C. 金属硫化物　　D. 都不是

49. 薄层固定床反应器主要用于(　　)。

A. 快速反应　　B. 强放热反应　　C. 可逆平衡反应　　D. 可逆放热反应

50. 釜式反应器的换热方式有夹套式、蛇管式、回流冷凝式和(　　)。

A. 列管式　　B. 间壁式　　C. 外循环式　　D. 直接式

51. 在下列热力学数据中，属于状态函数的是(　　)。

A. 内能、自由焓、焓　　B. 功、内能、焓

C. 自由焓、焓、热　　D. 功、焓、热

52. 对于同一个反应,反应速度常数主要与(　　)有关。

A. 温度、压力、溶剂等　　B. 压力、溶剂、催化剂等

C. 温度、溶剂、催化剂等　　D. 温度、压力、催化剂等

53. 导热系数是衡量物质导热能力的物理量。一般来说(　　)的导热系数最大。

A. 金属　　B. 非金属　　C. 液体　　D. 气体

54. 在氯苯硝化生产一硝基氯化苯生产车间,收率为 92%,选择性为 98%,则氯化苯的转化率为(　　)。

A. 93.9%　　B. 90.18%　　C. 96.5%　　D. 92.16%

55. 在制冷循环中,获得低温流体的方法是用高压、常温的流体进行(　　)来实现的。

A. 绝热压缩　　B. 蒸发　　C. 冷凝　　D. 绝热膨胀

56. 流体流经节流阀前后,(　　)不变。

A. 焓值　　B. 熵值　　C. 内能　　D. 压力

57. 以下哪种措施不能提高蒸汽动力循环过程的热效率?(　　)

A. 提高蒸汽的温度　　B. 提高蒸汽的压力

C. 采用再热循环　　D. 提高乏汽的温度

58. 导热系数的 SI 单位为(　　)。

A. W/(m·℃)　　B. W/(m^2·℃)　　C. J/(m·℃)　　D. J/(m^2·℃)

59. 100mol 苯胺在用浓硫酸进行焙烘磺化时,反应物中含 88.2mol 对氨基苯磺酸、1mol 邻氨基苯磺酸、2mol 苯胺,另有一定数量的焦油物,则以苯胺计的对氨基苯磺酸的理论收率是(　　)。

A. 98.0%　　B. 86.4%　　C. 90.0%　　D. 88.2%

60. 以下有关空间速度的说法,不正确的是(　　)。

A. 空速越大,单位时间单位体积催化剂处理的原料气量就越大

B. 空速增加,原料气与催化剂的接触时间缩短,转化率下降

C. 空速减小,原料气与催化剂的接触时间增加,主反应的选择性提高

D. 空速的大小影响反应的选择性与转化率

61. 用铁制成三个大小不同的球体,则三个球体的密度是(　　)。

A. 体积小的密度大　　B. 体积大的密度也大

C. 三个球体的密度相同　　D. 不能确定

62. 相变潜热是指(　　)。

A. 物质发生相变时吸收的热量或释放的热量

B. 物质发生相变时吸收的热量

C. 物质发生相变时释放的热量

D. 不能确定

63. 化学反应热不仅与化学反应有关,而且与(　　)。

A. 反应温度和压力有关　　B. 参加反应物质的量有关

C. 物质的状态有关　　D. 以上三种情况有关

64. 温度对流体的黏度有一定的影响,当温度升高时,(　　)。

A. 液体和气体的黏度都降低

B. 液体和气体的黏度都升高

C. 液体的黏度升高、而气体的黏度降低

D. 液体的黏度降低、而气体的黏度升高

65. 由于乙烷裂解制乙烯，投入反应器的乙烷量为 5000kg/h，裂解气中含有未反应的乙烷量为 1000kg/h，获得的乙烯量为 3400kg/h，乙烷的转化率为（ ）。

A. 68％　B. 80％　C. 90％　D. 91.1％

66. 由于乙烷裂解制乙烯，投入反应器的乙烷量为 5000kg/h，裂解气中含有未反应的乙烷量为 1000kg/h，获得的乙烯量为 3400kg/h，乙烯的收率为（ ）。

A. 54.66％　B. 72.88％　C. 81.99％　D. 82.99％

67. 在 100kPa 时，水的沸点是（ ）℃。

A. 100　B. 98.3　C. 99.6　D. 99.9

68. 水在（ ）时的密度为 1000kg/m³。

A. 0℃　B. 100℃　C. 4℃　D. 25℃

69. 在法定单位中，恒压热容和恒容热容的单位都是（ ）。

A. $kJ\cdot mol^{-1}\cdot K^{-1}$　B. $kcal\cdot mol^{-1}\cdot K^{-1}$　C. $J\cdot mol^{-1}\cdot K^{-1}$　D. $kJ\cdot kmol^{-1}\cdot K^{-1}$

70. 化学反应速度常数与下列哪个因素无关？（ ）

A. 温度　B. 浓度　C. 反应物特性　D. 活化能

71. 在吸收操作中，以气相分压差（$P_A-P_A^*$）为推动力的总传质系数 Kg 中不包含（ ）。

A. 气相传质系数 kg　B. 液相传质系数 kl

C. 溶解度系数 H　D. 亨利系数 E

72. 某一化学反应器中的 A 原料每小时进料 500 公斤，进冷却器的 A 原料每小时 50 公斤，该反应选择性为 90％。反应的转化率、收率为（ ）。

A. 90％，90％　B. 95％，85％　C. 90％，81％　D. 85％，95％

73. 下列 4 次平行测定的实验结果中，精密度最好的是（ ）。

A. 30％，31％，33％，34％　B. 26％，29％，35％，38％

C. 34％，35％，35％，34％　D. 32％，31％，33％，38％

74. 对于某一反应系统，存在如下两个反应：

(1) $A+2B \rightleftharpoons C+D$　①主反应，目的产物为 C

(2) $3A+4B \rightleftharpoons E+F$　②副反应

已知反应器入口 A＝10mol，出口 C＝6mol，E＝1mol，则此反应系统中反应物 A 的转化率、目的产物的选择性分别为（ ）。

A. 80％、85％　B. 90％、66.67％　C. 85％、66.67％　D. 60％、75％

75. 单程转化率指（ ）。

A. 目的产物量/进入反应器的原料总量

B. 目的产物量/参加反应的原料量

C. 目的产物量/生成的副产物量

D. 参加反应的原料量/进入反应器的原料总量

76. 通常用（ ）作判据来判断化学反应进行的方向。

A. 热力学能　B. 焓　C. 熵　D. 吉布斯函数

77. 乙炔与氯化氢加成生产氯乙烯。通入反应器的原料乙炔量为1000kg/h,出反应器的产物组成中乙炔含量为300kg/h。已知按乙炔计生成氯乙烯的选择性为90%,则按乙炔计氯乙烯的收率为(　　)。

A. 30%　　B. 70%　　C. 63%　　D. 90%

78. 气体的黏度随温度的升高而(　　)。

A. 无关　　B. 增大　　C. 减小　　D. 不确定

79. 在间歇反应器中进行一级如反应时间为1小时转化率为0.8,如反应时间为2小时转化率为(　　),如反应时间为0.5小时转化率为(　　)。

A. 0.9,0.5　　B. 0.96,0.55　　C. 0.96,0.5　　D. 0.9,0.55

80. 由乙烯制取二氯乙烷,反应式为 $C_2H_4+Cl_2 \longrightarrow ClH_2C-CH_2Cl$。通入反应的乙烯量为600kg/h,其中乙烯含量为92%(wt%),反应后得到二氯乙烷为1700kg/h,并测得尾气中乙烯量为40kg/h,则乙烯的转化率、二氯乙烷的产率及收率分别是(　　)。

A. 93.3%,94%,92.8%　　B. 93.3%,95.1%,93.2%

C. 94.1%,95.4%,93.1%　　D. 94.1%,95.6%,96.7%

81. mol/L是(　　)的计量单位。

A. 浓度　　B. 压强　　C. 体积　　D. 功率

82. 合成氨生产的特点是(　　)、易燃易爆、有毒有害。

A. 高温高压　　B. 大规模　　C. 生产连续　　D. 高成本低回报

83. "二水法"湿法磷酸生产的萃取温度一般选(　　)℃。

A. 60～75　　B. 70～80　　C. 95～105　　D. 110或更高

84. 下列过程中既有传质又有传热的过程是(　　)。

A. 精馏　　B. 间壁换热　　C. 萃取　　D. 流体输送

85. 合成尿素中,提高氨碳比的作用是:(1)使平衡向生成尿素的方向移动(2)防止缩二脲的生成(3)有利于控制合成塔的操作温度(4)减轻甲铵液对设备的腐蚀。以上正确的有(　　)。

A. (1)　　B. (1),(2)　　C. (1),(2),(3)　　D. 4条皆是

86. PET是(　　)的缩写代码。

A. 聚丙烯、丙纶　　B. 聚氯乙烯、氯纶

C. 聚对苯二甲酸乙二醇酯、涤纶　　D. 聚丙烯腈、腈纶

87. 氯丁橡胶的单体是(　　)。

A. 氯乙烯　　B. 三氯乙烯　　C. 3-氯丁二烯　　D. 2-氯丁二烯

88. 蒸馏塔正常操作时,仪表用压缩空气断了,应当先(　　)。

A. 停进料预热器和塔釜加热器　　B. 停止进料

C. 停止采出　　D. 等待来气

89. 以下对硫酸生产中二氧化硫催化氧化采用"两转两吸"流程叙述正确的是(　　)。

A. 最终转化率高,尾气中二氧化硫低　　B. 进转化器中的炉气中二氧化硫的起始浓度高

C. 催化剂利用系数高　　D. 用于该流程的投资较其他流程的投资少

90. 若标准吉氏函数值大于零,则表示(　　)。

A. 反应能自发进行　　B. 反应不能自发进行

C. 反应处于平衡状态　　D. 不一定

91. 以乙烯为原料经催化剂催化聚合而得的一种热聚性化合物是(　　)。

A. PB　　B. PE　　C. PVC　　D. PP

92. 所谓"三烯、三苯、一炔、一萘"是最基本的有机化工原料,其中的三烯是指(　　)。

A. 乙烯、丙烯、丁烯　　B. 乙烯、丙烯、丁二烯

C. 乙烯、丙烯、戊烯　　D. 丙烯、丁二烯、戊烯

93. 硝酸生产的原料是(　　)。

A. H_2　　B. N_2　　C. Ar　　D. NH_3

94. 高压聚乙烯是(　　)。

A. PP　　B. LDPE　　C. HDPE　　D. PAN

95. 属于热固性塑料的是(　　)。

A. PS　　B. PVC　　C. EP　　D. PP

96. 固定层发生炉要求燃料的灰熔点一般大于(　　)。

A. 900℃　　B. 1000℃　　C. 1250℃　　D. 1350℃

97. 有利 SO_2 氧化向正方向进行的条件是(　　)。

A. 增加温度　　B. 降低温度　　C. 降低压力　　D. 增加催化剂

98. 下列高聚物哪个柔性大?(　　)

A. 聚丙烯　　B. 聚氯乙烯　　C. 聚丙烯腈　　D. 聚乙烯醇

99. 下列哪种单体适合进行阳离子型聚合反应?(　　)

A. 聚乙烯　　B. 聚丙烯　　C. 聚丙烯睛　　D. 聚氯乙烯

100. 从反应动力学角度考虑,增高反应温度使(　　)。

A. 反应速率常数值增大　　B. 反应速率常数值减小

C. 反应速率常数值不变　　D. 副反应速率常数值减小